数 学 模 型

张景祥　胡满峰　唐旭清　杨永清　主编

科学出版社

北　京

内 容 简 介

本书是在江南大学数学建模教练组的教学讲义基础上修订而成。主要内容包括引论,MATLAB 简介,数学规划模型,多元统计分析,微分方程模型,树、网络和网络流模型,插值和数据拟合,综合评价和决策方法,论文写作。同时还收录了部分江南大学学生参加数学建模竞赛的案例,供读者批评指正。

本书以介绍数学建模的一般方法为主线,以江南大学学生参加数学建模竞赛的论文为案例,方法与案例相辅相成,简单与复杂相互搭配,取材广泛,可读性强,有助于学生自学和建模实践。本书实战性较强,针对大学生建模竞赛的各个环节。读者可选读任何感兴趣的章节而不会影响对问题的理解。

本书适合用作高等学校数学建模课程或数学建模竞赛培训教材,也可供科技人员参考使用。

图书在版编目(CIP)数据

数学模型/张景祥等主编. —北京:科学出版社,2018.12
ISBN 978-7-03-059140-1

Ⅰ. ①数… Ⅱ. ①张… Ⅲ. ①数学模型 Ⅳ. ①O22

中国版本图书馆 CIP 数据核字(2018)第 242434 号

责任编辑:胡 凯 许 蕾/责任校对:杨聪敏
责任印制:张 伟/封面设计:许 瑞

科 学 出 版 社 出版
北京东黄城根北街 16 号
邮政编码:100717
http://www.sciencep.com

北京九州迅驰传媒文化有限公司 印刷
科学出版社发行 各地新华书店经销
*
2018 年 12 月第 一 版 开本:787×1092 1/16
2019 年 7 月第二次印刷 印张:18 1/2
字数:439 000
定价:79.00 元
(如有印装质量问题,我社负责调换)

前　　言

近年来，随着科技的发展和社会的进步，数学方法越来越广泛地应用到各个领域。随着计算机技术的飞速发展，科学计算的作用越来越引起人们的广泛重视，它已经与科学理论和科学实验并列成为人们探索和研究自然界、人类社会的三大基本方法。为了适应这种社会的变革，培养和造就出一批又一批适应高度信息化社会、具有创新能力的高素质的工程技术和管理人才，各高校开设"数学建模"课程，培养学生的科学计算能力和创新能力，就成为这种新形势下的历史必然。

数学本身是一门理性思维科学，数学教学正是通过各个教学环节对学生进行严格的科学思维方法的训练，从而引发人的灵感思维，培养学生的创造性思维的能力。同时数学又是一门实用科学，它能直接用于生产和实践，解决工程实际中提出的问题，推动生产力的发展和科学技术的进步。

数学模型是对现实世界的特定对象，为了特定的目的，根据特有的内在规律，对其进行必要的抽象、归纳、假设和简化，运用适当的数学工具建立的一个数学结构。数学建模就是运用数学的思想方法、数学的语言去近似地刻画一个实际研究对象，构建一座沟通现实世界与数学世界的桥梁，并以计算机为工具，应用现代计算技术达到解决各种实际问题的目的。建立一个数学模型的全过程称为数学建模。因此"数学建模"（或数学实验）课程教学对于开发学生的创新意识，提升学生的数学素养，培养学生创造性地应用数学工具解决实际问题的能力，有着独特的功能。数学建模的应用越来越完善，在高新技术等前沿领域，数学建模扮演着不可或缺的角色。同时数学建模在许多新兴领域迅速地开拓了一批处女地。

数学建模在中国自古即有。据《太平御览》记载："伏羲坐于方坛之上，听八风之气，乃画八卦"，伏羲为大自然建模的过程：他上观天文，下察地理，研究生物的习性和与之适宜的环境，收集远近各种物证，从而创造了八卦，以宣扬神明之功德，以解释自然之规律。

现代社会竞争日趋激烈，具备良好的团队协作和沟通能力的优秀人才越来越受到社会的青睐。参加数学建模竞赛的学生团队，需要在规定的时间内完成确定选题、分析问题、建立模型、求解模型、结果分析，团队成员间只有相互尊重、相互信任、互补互助，发挥团队协作精神，才能形成默契、紧密的关系。

全书共九章，各章有一定的独立性，这样便于教师和学生按自身需要选择阅读。本书第一章、第二章和第三章由杨永清编写，第四章和第八章由张景祥编写，第五章和第九章由胡满峰编写，第六章和第七章由唐旭清编写，全书由张景祥统稿，徐振源教授、吴有炜教授担任本书主审，提出了许多宝贵意见。我们经常讨论，切磋写法、选择例题、相互补充，终于完成此书。本书的编写得到编者所在单位江南大学有关部门和理学院领导的大力支持和帮助，在此表示衷心感谢。

由于编者水平有限，不当之处在所难免，恳请广大专家、同仁和读者提出宝贵意见，我们将进一步改进。

编 者

2018 年 9 月

目 录

第一章 引 论

近几十年来，随着计算机技术的迅速发展，数学的应用不仅在工程技术、自然科学等领域发挥着越来越重要的作用，而且以空前的广度和深度向经济、管理、金融、生物、医学、环境、地质、人口、交通等新的领域渗透，数学技术已经成为当代高新技术的重要组成部分。不论是用数学方法在科技和生产领域解决实际问题，还是与其他学科相结合形成交叉学科，首要的和关键的一步是建立研究对象的数学模型，并加以计算求解。

数学模型(mathematical model)是指通过抽象与简化，使用数学符号、数学式子、程序、图形等对实际现象的一个近似刻画，是应用数学知识和计算机解决实际问题的一种有效的重要工具。数学模型一般并非现实问题的直接翻版，它的建立需要人们对现实问题深入细致的观察和分析并灵活巧妙地利用各种数学知识。这种应用知识从实际问题中抽象、提炼出数学模型的过程就称为数学建模(mathematical modeling)。

第一节 建立数学模型的方法与步骤

建立数学模型一般采用机理分析方法和统计分析方法两种。机理分析方法是指人们根据客观事物的特性，分析其内部的机理，弄清因果关系，再在适当的简化假设下，利用合适的数学工具得到描述事物特征的数学模型。统计分析方法是指人们一时得不到事物的机理特征，便通过测试得到数据，再利用数理统计知识对这些数据进行处理，从而得到最终的数学模型。建立数学模型需要哪些步骤并没有固定的模式，下面只是按照一般情况，提出一个建立模型的大体过程。

模型准备：了解问题的实际背景，明确建立模型的目的，掌握所研究问题的各种信息(如统计数据等)，弄清实际问题的特征。这一步往往要查阅资料，请教专家，以便对问题有透彻的了解。

模型假设：根据实际问题的特征和建模的目的，抓住主要因素，抛弃次要因素，对问题做必要的假设，尽量将问题简化。

模型建立：基于所做的假设，选用合适的数学方法，建立各个量之间的相互关系，确定其数学结构。建立模型常需要比较广阔的数学知识，除了微积分、微分方程、线性代数、概率统计等基础知识外，还会用到诸如运筹学、模糊数学、图论与网络等知识，推而广之，可以说任何一个数学分支都可以用到数学建模过程中。当然，数学建模时有一个原则，即尽量采用简单的数学工具，以便使更多的人了解和使用。

模型求解：对建立的模型进行求解，包括解方程、画图形、证明定理、逻辑运算及数值计算等，这些计算会用到传统和现代的数学方法，特别是计算机技术。

模型分析：对求得的模型结果进行数学分析。有时根据问题性质，分析各变量之间的依赖关系、稳定状态；有时根据所得结果给出数学预测；有时则给出数学上的最优决策与控制。

模型检验：这一步是把模型分析的结果"翻译"回到实际对象中去，用实际数据对模型进行检验，验证其合理性与适用性。如果检验结果不符合或部分不符合实际情况，那么必须回到建模之初，修改、补充假设，重新建模，如此类推。如果检验结果与实际情况相符，则可进行模型推广应用。

第二节　数学建模的逻辑思维方法

我们面临的需要建立数学模型的实际问题是丰富多彩的，所以不能指望用一种统一的方法来建立它们的数学模型。从认识论角度看，数学建模的过程是一种积极的思维活动，基本上都要经过分析与综合、抽象与概括、比较与类比、系统化与具体化的阶段，其中分析与综合是基础，抽象与概括是关键，归纳与演绎是必不可少的。下面举两个例子予以说明。

例 1.1 人们在日常生活中，经常会遇到这样一个问题：四条腿的家具，如椅子、桌子等，往往不能一次放稳，只有三只脚能着地，需要旋转调整几次，方可以使四只脚着地放稳。这个看来似乎与数学无关的现象能用数学语言表达，并用数学工具证实吗？

解　一、模型假设

① 椅子四条腿一样长（这样椅子在绕中心旋转时，仅与 θ 角有关，而且不会因为四条腿不一样长而与椅子腿有关）。椅子脚与地面接触处可视为一个点（只考虑几何位置），四只脚的连线呈正方形（图1.1）。

② 地面高度是连续变化的，即为连续曲面，在沿任何方向都不会出现间断（保证了 f、g 的连续性）。

③ 对于椅子脚的间距和椅子腿的长度而言，地面是相对平坦的，椅子在任何位置至少有三只脚同时着地。

二、模型的构成

将用自然语言描述的对象，翻译成形式化的数学语言。

设 $f(\theta)$、$g(\theta)$ 分别为 AC、BD 与地面距离之和。由假设②③可知，$f(\theta)$、$g(\theta)$ 为 θ 的连续函数且 $f(\theta)$、$g(\theta)$ 中至少有一个为零（即 $f(\theta)g(\theta)=0$）。当 $\theta=0$ 时，如果椅子处于没放稳的位置，即 $g(0)=0$、$f(0)>0$，若四只脚一样长，则旋转 $\frac{\pi}{2}$ 后，有 $f(\frac{\pi}{2})=g(0)=0$、$g(\frac{\pi}{2})=f(0)>0$，则椅子在不平的地面上是否放稳的问题可抽象成如下的数学问题：设 $f(\theta)$、$g(\theta)$ 为 $[0,\frac{\pi}{2}]$ 上的连续函数，满足 $f(\theta)g(\theta)=0$，如果 $g(0)=0$、$f(0)>0$、$f(\frac{\pi}{2})=0$、$g(\frac{\pi}{2})>0$，则 $\exists\theta_0\in(0,\frac{\pi}{2})$，使 $f(\theta_0)=g(\theta_0)=0$。

三、模型求解

令 $h(\theta)=f(\theta)-g(\theta)$ ，则 $h(0)=f(0)-g(0)>0$ 、$h(\frac{\pi}{2})=f(\frac{\pi}{2})-g(\frac{\pi}{2})<0$ 。

根据连续函数的介值定理，必存在 $\theta_0\in(0,\frac{\pi}{2})$ ，使 $h(\theta_0)=f(\theta_0)-g(\theta_0)=0$ ，即 $f(\theta_0)=g(\theta_0)$ 。 □

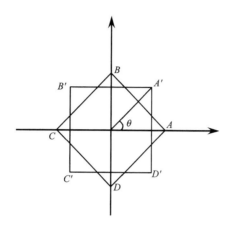

图 1.1 椅子位置图

例 1.2 15 世纪下半叶，欧洲商品经济的繁荣与航海业的发展，推动了天文观测精确程度的提高，动摇了"地心说"，哥白尼在天文观测的基础上，提出了"日心说"，伽利略利用观察方法证实了哥白尼的学说，开普勒经过长期分析前人对行星运动的观测数据，归纳出行星运动的三大规律，即

(1)行星绕太阳的轨道是一个椭圆，太阳位于其中的一个焦点上；

(2)在每颗行星的运动过程中，行星与太阳的连线在单位时间内扫过的面积是常数；

(3)各行星运动周期的平方与其椭圆轨道长半轴的 3 次方成正比。

上述定律只是说明行星的运动情况，并没有说明行星为什么如此运动。那么是什么力量使得行星按上述定律运动呢？

解 一、模型分析

开普勒三定律与牛顿第二定律是万有引力定律的基础，将它们作为模型假设条件。

二、模型假设

① 轨道方程设为 $r=\dfrac{\rho}{1+e\cos\theta}$ ，其中 $\rho=\dfrac{b^2}{a}$ 、$b^2=a^2(1-e^2)$ ，a、b 分别表示长、短半轴，e 为离心率；

② 设单位时间内向径 r 扫过的面积为常数 A ，且 $A=\dfrac{1}{2}r^2\dfrac{d\theta}{dt}$ ；

③ 设 T 为行星运动的周期，λ 为绝对常数，$T^2=\lambda a^3$ ；

④ 设行星所受的力为 $\boldsymbol{f}$ ，加速度 $\boldsymbol{a}=\dfrac{d^2\boldsymbol{r}}{dt^2}$ ，质量为 m ，则 $\boldsymbol{f}=m\dfrac{d^2\boldsymbol{r}}{dt^2}$ ；

三、模型建立与求解

取单位向量 $\begin{cases} \boldsymbol{u}_r = \cos\theta\boldsymbol{i} + \sin\theta\boldsymbol{j} \\ \boldsymbol{u}_\theta = -\sin\theta\boldsymbol{i} + \cos\theta\boldsymbol{j} \end{cases}$，则 $\boldsymbol{r} = r \cdot \boldsymbol{u}_r$。又

$$\frac{d\boldsymbol{u}_r}{dt} = -\sin\theta\frac{d\theta}{dt}\boldsymbol{i} + \cos\theta\frac{d\theta}{dt}\boldsymbol{j} = \frac{d\theta}{dt}\boldsymbol{u}_\theta$$

$$\frac{d\boldsymbol{u}_\theta}{dt} = -\cos\theta\frac{d\theta}{dt}\boldsymbol{i} - \sin\theta\frac{d\theta}{dt}\boldsymbol{j} = -\frac{d\theta}{dt}\boldsymbol{u}_r$$

所以，

$$\frac{d\boldsymbol{r}}{dt} = (r\cdot\boldsymbol{u}_r)' = \frac{dr}{dt}\boldsymbol{u}_r + r\frac{d\boldsymbol{u}_r}{dt}$$

$$\begin{aligned}\frac{d^2\boldsymbol{r}}{dt^2} &= \frac{d^2r}{dt^2}\boldsymbol{u}_r + \frac{dr}{dt}\frac{d\boldsymbol{u}_r}{dt} + \frac{dr}{dt}\frac{d\boldsymbol{u}_r}{dt} + r\frac{d^2\boldsymbol{u}_r}{dt^2} = \frac{d^2r}{dt^2}\boldsymbol{u}_r + 2\frac{dr}{dt}\left(\frac{d\theta}{dt}\boldsymbol{u}_\theta\right) + r\left(\frac{d\theta}{dt}\boldsymbol{u}_\theta\right)' \\ &= \left[\frac{d^2r}{dt^2} - r\left(\frac{d\theta}{dt}\right)^2\right]\boldsymbol{u}_r + \left(2\frac{dr}{dt}\frac{d\theta}{dt} + r\frac{d^2\theta}{dt^2}\right)\boldsymbol{u}_\theta\end{aligned} \tag{1.2.1}$$

由假设②得 $\dfrac{d\theta}{dt} = \dfrac{2A}{r^2}$，所以 $\dfrac{d^2\theta}{dt^2} = \dfrac{-4A\dfrac{dr}{dt}}{r^3}$，故 $2\dfrac{dr}{dt}\dfrac{d\theta}{dt} + r\dfrac{d^2\theta}{dt^2} = 2\dfrac{dr}{dt}\dfrac{2A}{r^2} + r\dfrac{-4A}{r^3}\dfrac{dr}{dt} = 0$，代入式 (1.2.1) 可得

$$\frac{d^2\boldsymbol{r}}{dt^2} = \left[\frac{d^2r}{dt^2} - r\left(\frac{d\theta}{dt}\right)^2\right]\boldsymbol{u}_r \tag{1.2.2}$$

由假设①②有 $r = \dfrac{\rho}{1 + e\cos\theta}$、$A = \dfrac{1}{2}r^2\dfrac{d\theta}{dt}$，

$$\therefore \quad \frac{dr}{dt} = \frac{\rho^2}{(1+e\cos\theta)^2}\cdot\frac{e}{\rho}\cdot\sin\theta\cdot\frac{d\theta}{dt} = r^2\frac{d\theta}{dt}\frac{e}{\rho}\cdot\sin\theta = \frac{2Ae}{\rho}\cdot\sin\theta$$

$$\therefore \quad \frac{d^2r}{dt^2} = \frac{2Ae}{\rho}\cdot\cos\theta\cdot\frac{d\theta}{dt} = \frac{4A^2e}{\rho r^2}\cdot\cos\theta = \frac{4A^2(\rho-r)}{\rho r^3}$$

代入式 (1.2.2) 并化简可得

$$\frac{d^2\boldsymbol{r}}{dt^2} = \left[\frac{4A^2(\rho-r)}{\rho r^3} - r\frac{4A^2}{r^4}\right]\boldsymbol{u}_r = \frac{-4A^2}{\rho r^2}\boldsymbol{u}_r$$

由假设④有

$$\boldsymbol{f} = m\frac{d^2\boldsymbol{r}}{dt^2} = -\frac{4mA^2}{\rho r^2}\boldsymbol{u}_r = -\frac{4mA^2}{\rho r^2}\frac{\boldsymbol{r}}{r} = -\frac{4mA^2}{\rho r^2}\boldsymbol{r}_0 \tag{1.2.3}$$

其中，$\boldsymbol{r}_0$ 表示单位向径（方向为向径 $\boldsymbol{r}$ 的方向）。

式 (1.2.3) 的物理意义：太阳对行星的作用力 $\boldsymbol{f}$ 的方向与向径 $\boldsymbol{r}$ 的方向相反，$\boldsymbol{f}$ 的大小与太阳至行星距离的平方成反比。式中 ρ、A 均不是绝对常数，它们的数值取决于所讨论的是哪一颗行星。

因为 A 是单位时间扫过的面积，行星在一个周期 T 内扫过的面积为椭圆的面积，所

以 $TA = \pi ab$，而 $\rho = \dfrac{b^2}{a}$，则 $\dfrac{A^2}{\rho} = \dfrac{a}{b^2} \cdot (\dfrac{\pi ab}{T})^2 = \dfrac{\pi^2 a^3}{T^2} = \dfrac{\pi^2}{\lambda}$，因此 $\boldsymbol{f} = -\dfrac{4\pi^2 m}{\lambda r^2} \boldsymbol{r}_0$。

与万有引力 $\boldsymbol{f} = -k\dfrac{Mm}{r^2}\boldsymbol{r}_0$ 相比较可知，$\dfrac{4\pi^2}{\lambda} = kM$（$k$ 为万有引力常数，M 为太阳的质量）为一个与太阳质量有关的量。这一点很好理解，因为我们选定的坐标系以太阳为焦点。

四、模型推广

利用开普勒三定律与牛顿第二定律 $\boldsymbol{f} = m\dfrac{d^2 \boldsymbol{r}}{dt^2}$ 得出引力大小表达式 $f = \dfrac{4\pi^2 m}{\lambda r^2} = \dfrac{4A^2 m}{\rho r^2}$，常数 $\dfrac{4A^2}{\rho}$ 取决于太阳的性质，m 为行星的质量。

牛顿设想这种引力对地球与月球也适用，由此引出的问题是：物体的什么性质决定了它对其他物体的吸引呢？若记地球与太阳的引力常数分别为 $(\dfrac{4A^2}{\rho})_{地}$、$(\dfrac{4A^2}{\rho})_{太}$，那么有理由假设物体的引力常数 $\dfrac{4A^2}{\rho}$ 取决于该物体的质量，最简单的假设是这一引力常数与物体的质量成正比，即 $(\dfrac{4A^2}{\rho})_{地} = G \cdot m_{地}$、$(\dfrac{4A^2}{\rho})_{太} = G \cdot m_{太}$，这样便有 $f = G\dfrac{m_1 \cdot m_2}{r^2}$。

后经测定 $G = 6.67 \times 10^{11} \mathrm{N} \cdot \mathrm{m}^2 / \mathrm{kg}^2$，且与产生引力的物体无关，与物体间的距离也无关，故 G 称为万有引力常数。 □

第二章 MATLAB 简介

MATLAB(Matrix Laborator)是 MathWorks 公司开发的科学与工程计算软件,该软件以矩阵运算为基础,可以实现工程计算、数据分析与处理、科学与工程绘图、应用软件开发、图形、图像处理等。

MATLAB 由基本部分和功能各异的工具箱组成。基本部分是 MATLAB 的核心;工具箱是其扩展部分,用于解决某一方面的专门问题。数学建模常用的工具箱如下:

优化工具箱(Optimization Toolbox)

偏微分方程工具箱(Partial Differential Equation Toolbox)

统计工具箱(Statistics Toolbox)

控制系统工具箱(Control System Toolbox)

信号处理工具箱(Signal Processing Toolbox)

神经网络工具箱(Neural Network Toolbox)

第一节 MATLAB 概述

一、MATLAB 变量的命名规则

变量名必须以字母开头,其组成可以是字母、数字、下划线,但不能含有空格和标点符号(如,.%等),变量名不能超过 63 个字符,区分字母的大小写。MATLAB 有一些自己的特殊变量(表 2.1),当 MATLAB 启动时驻留在内存。

表 2.1 特殊变量表

特殊变量	取值
ans	运算结果的默认变量名
pi	圆周率 π
eps	计算机的最小数
flops	浮点运算数
inf	无穷大,如 1/0
NaN 或 nan	非数,如 0/0、∞/∞、0×∞
i 或 j	$i=j=\sqrt{-1}$
nargin	函数的输入变量数目
nargout	函数的输出变量数目
realmin	最小的可用正实数
realmax	最大的可用正实数

二、矩阵和数组的概念

在 MATLAB 的运算中，经常要使用矩阵、标量、向量，定义如下：

矩阵：是指 m 行 n 列的二维数组。

标量：是指 $1×1$ 的矩阵，即为只含一个数的矩阵。

向量：是指 $1×n$ 或 $n×1$ 的矩阵，即只有一行或者一列的矩阵。

注：$0×0$ 矩阵为空矩阵([　])。

(一)通过显式元素列表输入矩阵

　　A=[1 2;3 4;5 3*2]　　%　[　]表示构成矩阵，分号分隔行，空格(或逗号)分隔元素

(二)通过语句生成矩阵

使用 from:step:to 或(from:to)方式生成向量。

注：from、step 和 to 分别表示开始值、步长和结束值。当 step 省略时，则默认为 step=1。

(三)由矩阵生成函数产生特殊矩阵

MATLAB 提供了许多能够产生特殊矩阵的函数和矩阵运算函数，各函数的功能如表 2.2 和表 2.3 所示。

表 2.2　矩阵生成函数

函数名	zeros(m,n)	ones(m,n)	eye(m,n)	rand(m,n)	randn(m,n)	magic(N)
功能	产生 $m×n$ 的全 0 矩阵	产生 $m×n$ 的全 1 矩阵	产生 $m×n$ 的单位矩阵	产生[0,1]区间内均匀分布的随机矩阵	产生标准正态分布的随机矩阵	产生 N 阶魔方矩阵

注：zeros、ones、rand、randn 和 eye 函数当只有一个参数 n 时，则为 $n×n$ 的方阵；当 eye(m,n)函数的参数 m 和 n 不相等时则单位矩阵会出现全 0 行或列。

表 2.3　常用矩阵运算函数

函数名	det(X)	rank(X)	inv(X)	[v,d]=eig(X)	diag(X)	[l,u]=lu(X)	[q,r]=qr(X)	[u,s,v]=svd(X)
功能	计算方阵行列式	求矩阵的秩	求矩阵的逆阵	计算矩阵特征值和特征向量	X 为矩阵，以对角元素产生向量；X 为向量，产生对角阵	方阵分解为一个准下三角方阵和一个上三角方阵的乘积	$m×n$ 阶矩阵 X 分解为一个正交方阵 q 和一个与 X 同阶的上三角矩阵 r 的乘积	$m×n$ 阶矩阵 X 分解为三个矩阵的乘积

三、 矩阵的算术运算

（一） 矩阵的加 "＋"、减 "－" 运算

A 和 B 矩阵必须是同形矩阵才可以进行加减运算。如果 A、B 中有一个是标量，则该标量与矩阵的每个元素进行运算。

（二） 矩阵的乘法 "＊" 运算

矩阵 A 的列数必须等于矩阵 B 的行数，除非其中有一个是标量。

（三） 矩阵的左除 "\" 和右除 "/" 运算

当矩阵 A 与 B 可逆时，A\B=inv(A)*B，A/B= A*inv(B)。

当矩阵 A 与 B 不可逆或不是方阵时，如在求解线性方程组 A*X=B 中，X=A\B 为方程的最小二乘解。

（四） 矩阵的乘方

矩阵乘方的运算表达式为 "A^B"，其中 A 可以是矩阵或标量。

（1）当 A 为矩阵，必须为方阵：

B 为正整数时，表示 A 矩阵自乘 B 次；

B 为负整数时，表示先将矩阵 A 求逆，再自乘 $|B|$ 次，仅对非奇异阵成立；

B 为矩阵时不能运算，会出错；

B 为非整数时，将 A 分解成 A=W*D/W，D 为对角阵，则有 A^B=W*D^B/W。

（2）当 A 为标量：

B 为矩阵时，将 A 分解成 A=W*D/W，D 为对角阵，则有 A^B=W*diag(D.^B)/W。

注：在 MATLAB 中，还定义了一类数组运算如下：

A.*B，矩阵元素乘法运算，表示矩阵 A 和矩阵 B 中的对应元素相乘，A 和 B 必须是同形矩阵，除非其中有一个是标量。

A.\B 和 A./B，分别表示矩阵相应元素的左除和右除，A 和 B 必须是同形矩阵，除非其中有一个是标量。

A.^B 表示表示矩阵相应元素的乘方：

当 A 为矩阵，B 为标量时，则将 $A(i,j)$ 自乘 B 次；

当 A 为矩阵，B 为矩阵时，A 和 B 数组必须大小相同，则将 $A(i,j)$ 自乘 $B(i,j)$ 次；

当 A 为标量，B 为矩阵时，将 $A^{\wedge} B(i,j)$ 构成新矩阵的第 i 行第 j 列元素。

（五）矩阵的转置

矩阵的转置运算：

　　A'

表示矩阵 A 的转置矩阵，如果矩阵 A 为复数矩阵，则为共轭转置。

（六）矩阵的数学函数

MATLAB 中数学函数对数组的每个元素进行运算。数组的基本函数如表 2.4 所示。

表 2.4　基本函数

函数名	含义	函数名	含义
abs	绝对值或者复数模	rat	有理数近似
sqrt	平方根	mod	模除求余
real	实部	round	四舍五入到整数
imag	虚部	fix	向最接近 0 取整
conj	复数共轭	floor	向最接近 $-\infty$ 取整
sin	正弦	ceil	向最接近 $-\infty$ 取整
cos	余弦	sign	符号函数
tan	正切	rem	求余数留数
asin	反正弦	exp	自然指数
acos	反余弦	log	自然对数
atan	反正切	log10	以 10 为底的对数
atan2	第四象限反正切	pow2	2 的幂
sinh	双曲正弦	bessel	贝赛尔函数
cosh	双曲余弦	gamma	伽马函数
tanh	双曲正切		

第二节　MATLAB 计算的可视化

MATLAB 具有非常强大的二维和三维绘图功能,尤其擅长于各种科学运算结果的可视化。

一、　二维曲线的绘制

（一）基本绘图命令 plot

plot(x,y)　　%绘制以 x 为横坐标 y 为纵坐标的二维曲线

注：*x* 和 *y* 可以是向量或矩阵。

如果 *x* 是向量，而 *y* 是矩阵，则 *x* 的长度与矩阵 *y* 的行数或列数必须相等。如果 *x* 的长度与 *y* 的列数相等，则将向量 *x* 与 *y* 的每行对应画一条曲线。如果 *x* 的长度与 *y* 的行数相等，则将向量 *x* 与矩阵 *y* 的每列对应画一条曲线；如果 *y* 是方阵且 *x* 的长度与 *y* 的行数列数都相等，则将向量 *x* 与矩阵 *y* 的每列对应画一条曲线；如果 *x* 和 *y* 都是矩阵，则大小必须相同，矩阵 *x* 的每列和 *y* 的每列对应画一条曲线。

```
plot(x1,y1,x2,y2,…)      %绘制多条曲线
```

plot 命令还可以同时绘制多条曲线，用多个矩阵对为参数，MATLAB 自动以不同的颜色绘制不同曲线。每一对矩阵 (x_i, y_i) 均按照前面的方式解释，不同的矩阵对之间，其维数可以不同。

例 2.1 绘制三条三角函数曲线，如图 2.1 所示。

解 x=0:0.01:2*pi;

```
plot(x,sin(x),x,cos(x),x,-sin(x))   %画三条曲线
```                                                      □

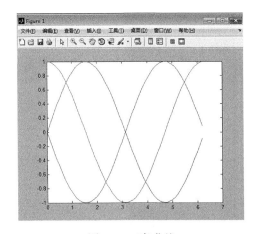

图 2.1　三条曲线

多个图形绘制的方法：

```
figure(n)          %产生新图形窗口
```

注：如果该窗口不存在，则产生新图形窗口并设置为当前图形窗口，该窗口名为"Figure No.*n*"，而不关闭其他窗口。

```
subplot(m,n,k)     %使 m×n 幅子图中的第 k 幅成为当前图
```

注：将图形窗口划分为 *m×n* 个子图，*k* 是当前子图的编号。子图编排原则是：先从左向右后再从上向下依次排列，子图彼此之间独立。

例 2.2 用 subplot 命令画四个子图，如图 2.2 所示。

解 x=0:0.01:2*pi;

```
subplot(2,2,1)          %分割为 2×2 个子图，左上方为当前图
plot(x,sin(x))
subplot(2,2,2)          %右上方为当前图
plot(x,cos(x))
subplot(2,2,3)          %左下方为当前图
plot(x,-sin(x))
subplot(2,2,4)          %右下方为当前图
plot(x,-cos(x))
```
□

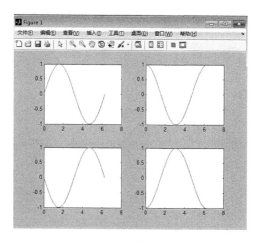

图 2.2　四个子图

其他图形绘制命令：

```
clf             %清除子图
hold on         %保留当前图形
hold off        %不保留当前图形
```

注：在设置了"hold on"后，如果画多个图形对象，则在生成新的图形时保留当前坐标系中已存在的图形对象，MATLAB 会根据新图形的大小，重新改变坐标系的比例。

例 2.3　在同一窗口画出函数 $\sin x$ 在区间 $[0,2\pi]$ 的曲线和 $\cos x$ 在区间 $[-\pi,\pi]$ 的曲线，如图 2.3 所示。

解　
```
x1=0:0.1:2*pi;
plot(x1,sin(x1))
hold on
x2=-pi:0.1:pi;
plot(x2,cos(x2))
```
□

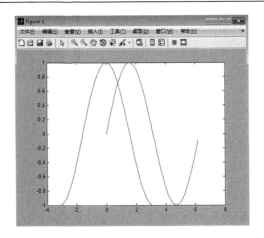

图 2.3　例 2.3 图(坐标系范围由 0~2π 转变为–π~π)

(二)曲线的线型、颜色和数据点形

plot 命令还可以设置曲线的线段类型、颜色和数据点形等，如表 2.5 所示。

```
plot(x,y,s)
```

注： *x* 为横坐标矩阵，*y* 为纵坐标矩阵，*s* 为类型说明字符串参数；*s* 字符串可以是线段类型、颜色和数据点形三种类型的符号之一，也可以是三种类型符号的组合。

表 2.5　线段、颜色与数据点形

颜色		数据点间连线		数据点形	
类型	符号	类型	符号	类型	符号
黄色	y	实线(默认)	-	实点标记	.
品红色(紫色)	m	点线	:	圆圈标记	o
青色	c	点划线	-.	叉号形×	x
红色	r	虚线	--	十字形＋	+
绿色	g			星号标记＊	*
蓝色	b			方块标记□	s
白色	w			钻石形标记◇	d
黑色	k			向下的三角形标记	v
				向上的三角形标记	^
				向左的三角形标记	<
				向右的三角形标记	>
				五角星标记☆	p
				六连形标记	h

例 2.4 用不同线段类型、颜色和数据点形画出 sin$x$ 和 cos$x$ 的曲线，如图 2.4 所示。

解 　x=0:0.1:2*pi;

```
plot(x,sin(x),'r-.')          %用红色点划线画出曲线
hold on
plot(x,cos(x),'b:o')          %用蓝色圆圈画出曲线，用点线连接          □
```

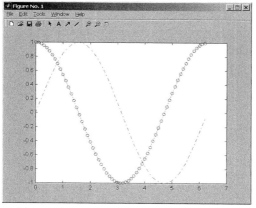

图 2.4　在同一窗口画出 sin$x$ 和 cos$x$ 的曲线

二、MATLAB 的三维图形绘制

(一) 绘制三维曲线

```
plot3(x,y,z, 's')                      %绘制三维曲线
plot3(x1,y1,z1, 's1',x2,y2,z2, 's2',…)     %绘制多条三维曲线
```

例 2.5 三维曲线绘图，如图 2.5 所示。

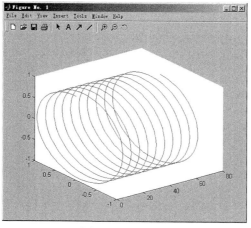

图 2.5　三维曲线

解　x=0:0.1:20*pi;

　　plot3(x,sin(x),cos(x))　　　　　　　　%按系统默认设置绘图　　　　□

(二)绘制三维网线图和曲面图

meshgrid 命令:

　　[X,Y]=meshgrid(x,y)

注:X、Y是栅格点的坐标矩阵;x、y为向量。

例如,将 $x(1×m)$向量和 $y(1×n)$向量转换为 $(n×m)$的矩阵:

x=[1 2 3 4];

y=[5 6 7];

[xx,yy]=meshgrid(x,y)

xx =

　　1　　　2　　　3　　　4

　　1　　　2　　　3　　　4

　　1　　　2　　　3　　　4

yy =

　　5　　　5　　　5　　　5

　　6　　　6　　　6　　　6

　　7　　　7　　　7　　　7

三维曲面图:

　mesh(x,y,z)　　　　　%画三维网线图

　surf(x,y,z,c)　　　　%画三维曲面图

例 2.6　画出函数 $z = 3(1-x)^2 e^{-[x^2-(y+1)^2]} - 10(\frac{x}{5} - x^3 - y^5)e^{-x^2-y^2} - \frac{1}{3}e^{-(x+1)^2-y^2}$ 的三维网线图和三维曲面图,如图 2.6 所示。

解　x=linspace(-5,5,100);

　　y=linspace(-5,5,100);

　　[xx,yy]=meshgrid(x,y);

　　zz=3*(1-xx).^2.*exp(-(xx.^2)-(yy+1).^2)-10*(xx/5-xx.^3-yy.^5).*exp(-xx.^2-yy.^2)-1/3*exp(-(xx+1).^2-yy.^2);

　　Figure(1)

```
mesh(xx,yy,zz)
figure(2)
surf (xx,yy,zz)                                            □
```

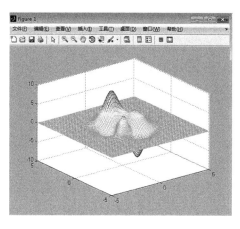 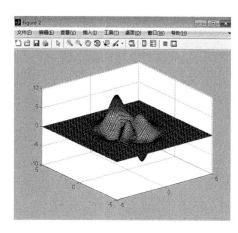

(a)三维网线图　　　　　　　　　　　(b)三维曲面图

图 2.6　例 2.6 函数三维图

三、MATLAB 的特殊图形绘制

(一) 条　形　图

条形图常用于对统计数据进行作图，其命令函数如表 2.6 所示。

```
bar(x,y,width,'参数')          %画二维条形图
bar3(x,y,width,'参数')         %画三维条形图
```

注：x 是 m 维向量；y 是纵坐标，可以是向量或矩阵，当 y 是向量时每个元素对应一个竖条，当 y 是 $m×n$ 的矩阵时，将画出 m 组竖条每组包含 n 条；width 是竖条的宽度，省略时默认宽度是 0.8，如果宽度大于 1，则条与条之间将重叠；'参数' 有 grouped(分组式) 和 stacked(累加式)，省略时默认为 grouped。

表 2.6　条形图函数

函数	功能	函数	功能
bar	垂直条形图	bar3	三维垂直条形图
barh	水平条形图	bar3h	三维水平条形图

例 2.7　用条形图表示某年一月份中 3~6 日连续四天的温度数据，y 矩阵的各列分别表示平均温度、最高温度和最低温度，如图 2.7 所示。

解　x=1:4;

```
y=[8.1  12.2   1;6.2 10.3 -0.7;4.7   6.1   0.6;1.2   4.7   -3.5]
bar(x,y)                    %画二维条形图
bar3(x,y)                   %画三维条形图                          □
```

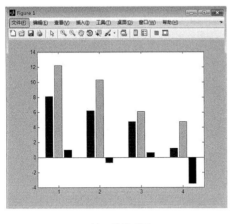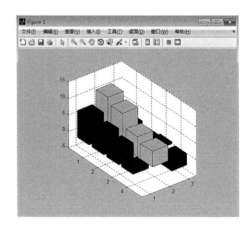

(a)二维条形图　　　　　　　　　　　　　　　(b)三维条形图

图 2.7　例 2.7 图

(二)直　方　图

```
hist(y,m)                   %统计每段的元素个数并画出直方图
hist(y,x)
```

注：m 是分段的个数，省略时则默认为 10；x 是向量，用于指定所分每个数据段的中间值；y 可以是向量或矩阵，如果是矩阵则按列分段。

例 2.8　用直方图表示正态分布的随机数分布，如图 2.8 所示。

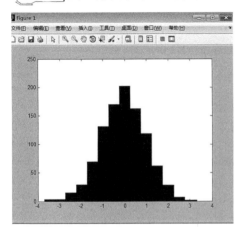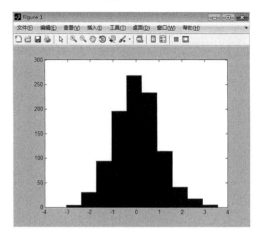

(a)10 段元素个数直方图　　　　　　　　　(b)x 附近元素的个数直方图

图 2.8　例 2.8 图

解　y=randn(1000,1)　　　%产生 1000 个服从正态分布的随机数

　　　　figure(1)

　　　　hist(y)　　　　　　　%绘制 10 段元素的个数直方图(图 2.8(a))

　　　　figure(2)

　　　　x=-3:0.5:3;

　　　　hist(y,x)　　　　　　%绘制在 x 附近元素的个数直方图(图 2.8(b))　　□

（三）饼　图

饼图是用于显示向量中的各元素占向量元素总和的百分比。

　　　　pie(x,explode,'label')　　　　　　%画二维饼图

　　　　pie3(x,explode,'label')　　　　　%画三维饼图

说明：x 是向量；explode 是与 x 同长度的向量，用来决定是否从饼图中分离对应的一部分块；'label' 是用来标注饼图的字符串数组。

例 2.9　绘制四个季度消费的饼图，如图 2.9 所示。

解　y=[120 240 240 480];

　　　　explode=[2 0 0 0];

　　　　pie(y,explode,{'第一季度','第二季度','第三季度','第四季度'})　□

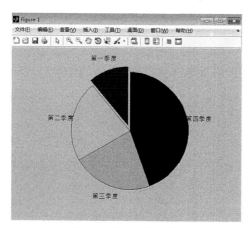

图 2.9　例 2.9 消费饼图

（四）极 坐 标 图

polar(theta,radius,'参数')　　　　　　　%绘制极坐标图

说明：theta 为相角；radius 为离原点的距离。

例 2.10　用极坐标图画出函数曲线，如图 2.10 所示。

解　`theta=0:0.01:2*pi;`
　　`rho=sin(2*theta).*cos(2*theta);`
　　`figure`
　　`polar(theta,rho,'--r')`　　　　　　　　　　　　　　　□

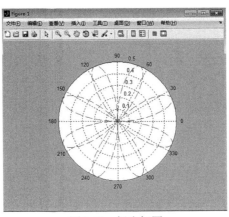

图 2.10　极坐标图

（五）等　高　线　图

　　`contour(Z,n)`　　　　　　　%绘制 Z 矩阵的等高线
　　`contour(x,y,z,n)`　　　　　%绘制以 x 和 y 指定 x、y 坐标的等高线
注：n 为等高线的条数，省略时为自动条数。

例 2.11　绘制 peaks 函数的等高线，如图 2.11 所示。

解　`[x,y,z]=peaks;`
　　`contour(x,y,z)`　　　　　%画二维等高线
　　`contour3(z,30)`　　　　　%画 30 条三维等高线　　　　　□

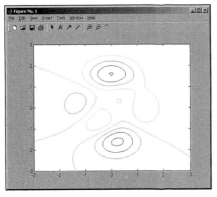
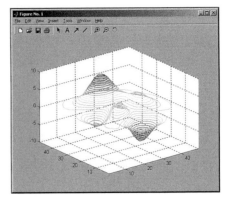

(a)二维等高线　　　　　　　　　　　　(b)三维等高线

图 2.11　例 2.11 图

第三节 利用 MATLAB 函数命令进行数值计算

在 MATLAB 中，有大量进行数值计算函数命令。其命令格式如下：

　　[输出变量列表]=函数名(h_fun,输入变量列表)

　　[输出变量列表]=函数名('funname',输入变量列表)

注：h_fun 是要被执行的 M 函数文件的句柄，或者是内联函数和字符串；'funname' 是 M 函数文件名。

一、求代数方程零点

fzero 函数可以寻找一维函数的零点，即求 $f(x)=0$ 的根。

```
x=fzero(h_fun,x0,tol,trace)
x=fzero('funname',x0,tol,trace)
```

注：h_fun 是待求零点的函数；$x0$ 为方程根的所在区间和搜索起点；tol 为求解的相对精度，默认值为 eps；trace 指定迭代信息是否在运算中显示，默认为 0，表示不显示迭代信息。tol 和 trace 都可以省略。

例 2.12 求解方程 $\sin(5x)=\ln x$。

解 先画出函数 $y=\sin(5x)-\ln x$ 的图像（图 2.12）。

```
clear
x=0.1:0.01:5;
y=sin(5*x)-log(x);
plot(x,y)
grid on
```

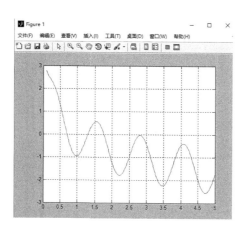

图 2.12 函数 $y=\sin(5x)-\ln x$ 的图像

根据函数图形选初值解方程:

```
xzero=fzero('sin(5*x)-log(x)',1)          %求在 1 附近的零点
xzero=0.707
xzero=fzero('sin(5*x)-log(x)',1.5)        %求在 1.5 附近的零点
xzero=1.3116
xzero=fzero('sin(5*x)-log(x)',1.8)        %求在 1.8 附近的零点
xzero=1.7642
xzero=fzero('sin(5*x)-log(x)',[0.5,5])   %求在区间[0.5,5]内的零点
xzero=0.707
xzero=fzero('sin(5*x)-log(x)',[1,5])     %求在区间[1,5]内的零点
```

结果如下:

```
错误使用 fzero (line 274)
区间端点处的函数值必须具有不同的符号
出错 Untitled (line 1)
xzero=fzero('sin(5*x)-log(x)',[1,5])
```
□

二、数 值 积 分

有关积分的 MATLAB 命令有

```
s=int(s,x,a,b)
s=quad(@funname,x1,x2)
s=quadl(@funname,x1,x2)
s=trapz(x,y)
```

注:命令 int 返回符号表达式 s 关于变量 x 在区间$[a,b]$上的定积分;quad 表示以抛物线法计算定积分;quadl 表示以 NewtonCotes 法计算定积分;x1 和 x2 分别是积分的上、下限;trapz 表示以梯形法计算定积分,x 为积分区间离散化变量,y 表示被积函数,与 x 同维。

例 2.13 分别用 int、quad、quadl、trapz 函数求定积分 $I = \int_0^1 \frac{\sin x^2}{1+x} dx$ 的值。

解
```
clear
syms x
I1=int(sin(x^2)/(1+x),x,0,1)      %用符号积分法计算定积分
I1=vpa(I1)                         %转化为近似值
I1=int(sin(x^2)/(1+x),x,0,1)
I1=0.18078960388585054800427355469842
```

```
function y=fun(x)
y=sin(x.^2)./(1+x);


clear
I2==quad(@fun,0,1)              %用抛物线法计算定积分
I2=0.1808


I3=quad(@fun,0,1)              %用 NewtonCotes 法计算定积分
I3=0.1808


x=0:0.01:1;
y=fun(x);
I4=trapz(x,y)                  %用梯形计算定积分
I4=0.1808
```
□

三、　微分方程的数值解

微分方程多数不易或不能求其解析解，基于常用微分方程数值求解方法，如 Eular 法、Runge-Kutta 法等，MATLAB 提供 ode23、ode45 和 ode113 等多个函数求解微分方程组的数值解，其函数命令格式如下：

```
[t,y]=ode23(@funname,tspan,y0,options,p1,p2…)
[t,y]=ode45(@funname,tspan,y0,options,p1,p2…)
[t,y]=ode113(@funname,tspan,y0,options,p1,p2…)
```

说明：h_fun 是函数句柄，函数以 dx 为输出，以 t、y 为输入量；tspan=[起始值　终止值]，表示积分的起始值和终止值；$y0$ 是初始状态列向量；options 可以定义函数运行时的参数，可省略；$p1,p2,\cdots$ 是函数的输入参数，可省略。

例 2.14 求下列微分方程数值解，并绘图：

$$\begin{pmatrix} \dfrac{dy_1}{dt} \\ \dfrac{dy_2}{dt} \end{pmatrix} = \begin{pmatrix} y_1(a_1 - b_1 y_2) \\ -y_2(a_2 - b_2 y_1) \end{pmatrix}$$

解　(1)编写一个函数 myfun.m 文件，y_1 和 y_2 合并写成列向量 y。
函数 M 文件 myfun.m：
```
function yprime=myfun(t,y)
```

```
a1=3;b1=2;a2=2.5;b2=1;
yprime=[y(1)*(a1-b1*y(2));-y(2)*(a2-b2*y(1))];
```

(2)给定当前时间及 y_1 和 y_2 的初始值，解微分方程：

```
tspan=[0,30];              %起始值 0 和终止值 30
y0=[1;1];                  %初始值
[t,y]=ode45(@myfun,tspan,y0);    %解微分方程
y1=y(:,1);
y2=y(:,2);
figure(1)
plot(t,y1,':b',t,y2,'-r')        %画微分方程解
xlabel('t');
ylabel('y');
legend('y1','y2')
figure(2)
plot(y1,y2)                      %画相平面图
xlabel('y1');
ylabel('y2');
```

(3)绘出微分方程 y_1 和 y_2 在时间域的曲线图(图 2.13(a))以及以 y_1 为横坐标、y_2 为纵坐标的相平面图(图 2.13(b))。□

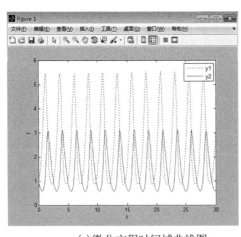
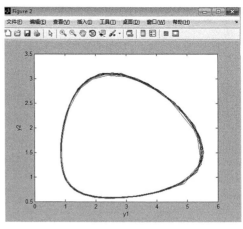

(a)微分方程时间域曲线图   (b)微分方程相平面图

图 2.13 例 2.14 图

第四节 随机数据的统计分析函数

MATLAB 软件提供了许多随机数据的统计分析函数命令，常用函数使用与功能如

表 2.7、表 2.8、表 2.9 所示。

表 2.7 几种常见密度函数(分布律)及其命令函数

常见分布	函数名	功能
二项分布	Binopdf(x,n,p)	计算参数为 n、p 的二项分布在 x 处的概率
泊松分布	poisspdf(x,lambda)	计算参数为 lambda 的泊松分布在 x 处的概率
均匀分布	unipdf(x,a,b)	计算区间$[a,b]$上的均匀分布在 x 处的概率
指数分布	exppdf(x,theta)	计算参数为 theta 的指数分布在 x 处的概率
正态分布	normpdf(x,mu,sigma)	计算参数为 mu、sigma 的正态分布在 x 处的概率
χ^2 分布	chi2pdf(x,n)	计算自由度为 n 的 χ^2 分布在 x 处的概率
t 分布	tpdf(x,n)	计算自由度为 n 的 t 分布在 x 处的概率
F 分布	fpdf(x,n,m)	计算自由度为 n、m 的 F 分布在 x 处的概率

表 2.8 几种常见分布随机数生成命令函数

常见分布	函数名	功能
二项分布	Binopdf(N,p,m,n)	生成参数为 N、p 的二项分布 $m×n$ 随机数矩阵
泊松分布	poisspdf(lambda,m,n)	生成参数为 lambda 的泊松分布 $m×n$ 随机数矩阵
均匀分布	unidrnd(a,b,m,n)	生成 $[a,b]$上均匀分布(离散)的 $m×n$ 随机数矩阵
均匀分布	unifrnd(a,b,m,n)	生成 $[a,b]$上均匀分布(连续)的 $m×n$ 随机数矩阵
指数分布	exprnd(theta,m,n)	生成参数为 theta 的指数分布 $m×n$ 随机数矩阵
正态分布	normrnd(mu,sigma,m,n)	生成参数为 mu、sigma 的正态分布 $m×n$ 随机数矩阵
χ^2 分布	chi2rnd(n,m,n)	生成自由度为 n 的 χ^2 分布 $m×n$ 随机数矩阵
t 分布	trnd(N,m,n)	生成自由度为 N 的 t 分布 $m×n$ 随机数矩阵
F 分布	fpdf(N,M,m,n)	生成自由度为 N、M 的 F 分布 $m×n$ 随机数矩阵

表 2.9 随机变量的数字特征命令函数

数字特征	函数名	功能
中位数	median(X)	X 为向量,返回 X 中各元素中位数;X 为矩阵,返回各列元素中位数组成的向量
几何平均数	geomean(X)	X 为向量,返回 X 中各元素几何平均数; X 为矩阵,返回各列元素几何平均数组成的向量
排序	sort(X)	X 为向量,返回 X 按由小到大排序后的向量; X 为矩阵,返回 X 的各列元素按由小到大排序后的矩阵
极差	range(X)	X 为向量,返回 X 中元素;X 为矩阵,返回 X 的各列元素按由小到大排序后的矩阵
平均值	mean(X)	X 为向量,返回 X 中各元素平均值;X 为矩阵,返回各列元素平均值组成的向量
方差	var(X)	X 为向量,返回向量 X 的样本方差; X 为矩阵,返回 X 中各列元素样本方差构成的行向量
标准差	std(X)	X 为向量,返回向量 X 的标准差;X 为矩阵,返回 X 中各列元素标准差构成的行向量
协方差	cov(X)	X 为向量,返回向量 X 的协方差;X 为矩阵,返回矩阵 X 的协方差矩阵
	cov(X,Y)	X、Y 为等长列向量,等同于 cov($[X,Y]$)
相关系数	corrcoef(X)	返回向量 X 的列向量相关系数矩阵

第五节　拟合和插值

　　曲线拟合和函数插值都要根据一组数据构造一个函数作为近似，由于近似的要求不同，两者在数学方法上是完全不同的。

　　若不要求曲线(面)通过所有数据点，而是要求它反映对象整体的变化趋势，这就是数据拟合，又称为曲线拟合或曲面拟合。

　　若要所求曲线(面)通过所给所有数据点，就是插值问题。相关 MATLAB 命令如下：

```
a=polyfit(x,y,n);
y=polyval(a,x)
```

　　注：polyfit 是以 x、y 为数据对拟合成 n 次多项式，返回多项式系数。polyval 是计算被拟合的多项式在 x 处的函数值。

```
yi=interp1(x,y,xi,method)
```

　　注：interp1 是以 x、y 为数据对按照指定的算法计算插值点 x_i 的函数插值 y_i。指定的算法有'nearest'，最邻近点插值；'linear'，线性插值；'spline'，三次样条插值；'cubic'，三次插值。

```
zi=interp2(x,y,z,xi,yi,method)
```

　　注：interp2 是二维插值，x、y、z 为原始数据点，x_i、y_i 为插值点，method 为插值算法，同上。

　　例2.15　在 1~12 的 11h 内，每隔 1h 测量一次温度，测得的温度依次为：5、8、9、15、25、29、31、30、22、25、27、24℃。试用拟合方法估计每隔 1/10h 的温度值(图 2.14)。

　　解
```
clear
hours=1:12;
temps=[5 8 9 15 25 29 31 30 22 25 27 24];
h=1:0.1:12;
a=polyfit(hours,temps,6);        %计算拟合多项式系数
y1=polyval(a,hours);
y2=polyval(a,h);
plot(hours,temps,'r*',hours,y1,h,y2,'m:')
xlabel('时间'),ylabel('温度')
```
□

　　例2.16　针对例 2.15 数据，用差值方法估计每隔 1/10h 的温度值(图 2.15)。

　　解
```
clear
hours=1:12;
temps=[5 8 9 15 25 29 31 30 22 25 27 24];
h=1:0.1:12;
t1=interp1(hours,temps,h,'nearest');
```

```
t2=interp1(hours,temps,h,'linear');
t3=interp1(hours,temps,h,'spline');
t4=interp1(hours,temps,h,'pchip');
plot(hours,temps,'r*',h,t1,'m:',h,t2,'b--',h,t3,'g-.',h,
t4,'k')
xlabel('时间'),ylabel('温度')                                       □
```

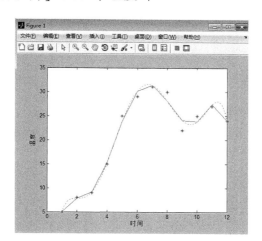

图 2.14　多项式拟合计算估值图

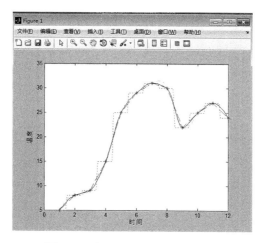

图 2.15　各种差值方法计算估值图

例 2.17　绘制山区地貌曲面图：在某山区测得一些地点的高程数据如表 2.10，平面区域为

$$1200\text{km}\leqslant x\leqslant 4000\text{km};\quad 1200\text{km}\leqslant y\leqslant 3600\text{km}$$

试作出该山区的地貌图。

表 2.10　山区地貌高程数据　　　　　　　　　（单位：km）

y \ x	1200	1600	2000	2400	2800	3200	3600	4000
1200	1130	1250	1280	1230	1040	900	500	700
1600	1320	1450	1420	1400	1300	700	900	850
2000	1390	1500	1500	1400	900	1100	1060	950
2400	1500	1200	1100	1350	1450	1200	1150	1010
2800	1500	1200	1100	1550	1600	1550	1380	1070
3200	1500	1550	1600	1550	1600	1600	1600	1550
3600	1480	1500	1550	1510	1430	1300	1200	980

解　(1)用基准数据绘制的山区的地貌曲面图(图 2.16)：

```
x=1200:400:4000;y=1200:400:3600;[xx,yy]=meshgrid(x,y);
zz=[1130 1250 1280 1230 1040 900 500 700;
    1320 1450 1420 1400 1300 700 900 850;
    1390 1500 1500 1400 900 1100 1060 950;
    1500 1200 1100 1350 1450 1200 1150 1010;
    1500 1200 1100 1550 1600 1550 1380 1070;
    1500 1550 1600 1550 1600 1600 1600 1550;
    1480 1500 1550 1510 1430 1300 1200 980];
surf(xx,yy,zz)
```

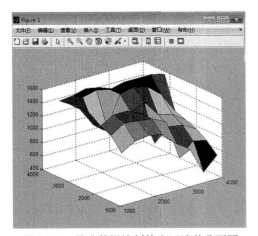

图 2.16　基准数据绘制的山区地貌曲面图

(2)通过插值绘制更细致的山形图(图 2.17)：

```
xi=linspace(1200,4000,100);yi=linspace(1200,3600,100);
[XI,YI]=meshgrid(xi,yi);
ZI=interp2(xx,yy,zz,XI,YI,'spline');
surf(XI,YI,ZI)
```

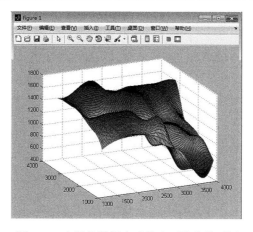

图 2.17　由插值数据生成的山区地貌曲面图

第六节　MATLAB 程序设计

一、M　文　件

M 文件大致可以理解为由一系列的语句组成的相对独立的一个运行体，分为 M 脚本文件与 M 函数文件。

M 脚本文件：M 脚本文件就是有一定的格式要求的 MATLAB 命令文件。MATLAB 在运行脚本文件时，只是简单地按顺序从文件中读取一条条命令，送到 MATLAB 命令窗口中去执行。运行产生的变量都驻留在 MATLAB 的工作空间（workspace）中，可以很方便地查看变量。

例 2.18　用 M 脚本文件绘制函数 $y = 1 - \dfrac{1}{2}e^{-0.5x}\sin(\dfrac{1}{2}x)$ 曲线（图 2.18）。

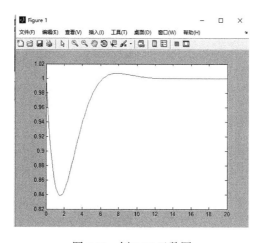

图 2.18　例 2.18 函数图

解
```
clear
x=0:0.1:20;
y1=1-1/2*exp(-0.5*x).*sin(0.5*x)
plot(x,y1,'r')
```
□

M 函数文件基本格式：

```
function[返回变量列表]=函数名(输入变量列表)
注释说明语句段，由%引导
输入、返回变量格式的检测
函数体语句
```

M 函数文件的特点： 第一行总是以"function"引导的函数声明行；函数文件在运行过程中产生的变量都存放在函数本身的工作空间；当文件执行完最后一条命令或遇到"return"命令时，就结束函数文件的运行，同时函数工作空间的变量就被清除。

例 2.19 用 M 函数文件绘制函数 $y=1-\dfrac{1}{2}e^{-0.5x}\sin(\dfrac{1}{2}x)$ 曲线。

解
```
function y=Ex219        %绘制函数曲线函数
x=0:0.1:20;
y=1-1/2*exp(-0.5*x).*sin(0.5*x);
plot(x,y)      %见图2.18
```
□

二、MATLAB 程序设计

(一)循 环 结 构

for…end 循环结构格式：

```
for 循环变量=array
    循环体
end
```

注：循环体被循环执行，执行的次数就是 array 的列数，array 既可以是向量，也可以是矩阵，循环变量依次取 array 的各列，每取一次循环体执行一次。

例 2.20 使用 for…end 循环的 array 向量编程求出 1+3+5+…+99 的值。
解
```
sum=0;
for n=1:2:100
    sum=sum+n;
end
```

```
y=sum
n=n
```

结果为 sum=2500，*n*=99。　　　　　　　　　　　　　　　　　　　　　　□

while…end 循环结构格式：

```
while 表达式
    循环体
end
```

注：只要表达式为逻辑真，就执行循环体；一旦表达式为假，就结束循环。

例 2.21　计算 1+3+5+…+99 的值。

解
```
sum=0;
n=1;
while n<=100
    sum=sum+n;
    n=n+2 ;
end
y=sum
n=n
```

结果为 sum=2500，*n*=101。　　　　　　　　　　　　　　　　　　　　□

（二）分 支 结 构

if…else…end 分支结构格式：

```
if 条件式 1
    语句段 1
elseif 条件式 2
    语句段 2
    ···
else
    语句段 n+1
end
```

注：当有多个条件时，条件式 1 为假再判断 elseif 的条件式 2，如果所有的条件式都不满足，则执行 else 的语句段 *n*+1，当条件式为真则执行相应的语句段；if…else…end结构也可以是没有 elseif 和 else 的简单结构。

例 2.22 画出下列分段函数所表示的曲面：

$$z = \begin{cases} 0.5e^{-0.7x_2^2-3x_1^2-1.5x_1} & (x_1+x_2>1) \\ 0.7e^{-x_2^2-6x_1^2} & (-1<x_1+x_2\leqslant 1) \\ 0.5e^{-0.7x_2^2-3x_1^2+1.5x_1} & (x_1+x_2\leqslant -1) \end{cases}$$

解
```
a=3;b=3;x=-a:0.2:a;y=-b:0.2:b;
for i=1:length(y)
  for j=1:length(x)
    if x(j)+y(i)>1
      z(i,j)=0.5*exp(-0.7*y(i)^2-3*x(j)^2-1.5*x(j));
    elseif x(j)+y(i)<=-1
      z(i,j)=0.5*exp(-0.7*y(i)^2-3*x(j)^2+1.5*x(j));
    else
      z(i,j)=0.7*exp(-y(i)^2-6*x(j)^2);
    end
  end
end
axis([-a,a,-b,b,min(min(z)),max(max(z))]);
colormap(flipud(winter));surf(x,y,z);
```
□

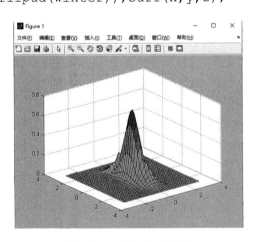

图 2.19　例 2.22 函数图

switch…case 分支结构格式：
```
switch 开关表达式
  case 表达式1
       语句段1
```

```
case 表达式 2
        语句段 2
            ...
otherwise
        语句段 n
end
```

注：(1)将开关表达式依次与 case 后面的表达式进行比较,如果表达式 1 不满足,则与下一个表达式 2 比较,如果都不满足则执行 otherwise 后面的语句段 n;一旦开关表达式与某个表达式相等,则执行其后面的语句段。

(2)开关表达式只能是标量或字符串。

(3)case 后面的表达式可以是标量、字符串或元胞数组,如果是元胞数组则将开关表达式与元胞数组的所有元素进行比较,只要某个元素与开关表达式相等,就执行其后的语句段。

例 2.23 对输入的成绩进行判别。

解
```
grade=yesinput('请输入成绩[0 100]');
grade=fix(grade/10)
switch grade
  case {9,10},
     sprintf('成绩优异')
  case {8},
     sprintf('成绩优秀')
  case {6,7},
     sprintf('成绩一般')
  otherwise,
        sprintf('还没有及格')
end
```
□

第七节　MATLAB 优化工具箱

优化工具箱(Optimization Toolbox)是对 MATLAB 数值计算环境扩展的一组函数,它包括以下最优化方法的内容:

(1)无约束非线性最小化(unconstrained nonlinear minimization);

(2)有约束非线性最小化(constrained nonlinear minimization);

(3)二次规划和线性规划(quadratic and linear programming);

(4)最小二乘和曲线拟合(nonlinear least squares and curve-fitting);

(5)非线性系统的方程求解(nonlinear system of equation solving);

(6)有约束线性最小二乘(constrained linear least squares)。

上述优化计算函数功能见表 2.11。

表 2.11　最小化问题

类型	模型说明	MATLAB 函数
单变量非线性函数最小值	$\min\limits_{X} f(X)$ s.t. $X_1 \leqslant X \leqslant X_2$	[X,Y]=fminbnd('funname',X1,X2,options)
多变量无约束非线性函数最小值	$\min\limits_{X} f(X)$	X=fminsearch(fun,X0,options) X=fminunc(fun,X0,options)
线性规划 (linear programming)	$\min f^{\mathrm{T}} X$ s.t. $\begin{cases} AX \leqslant b \\ A_{eq} X \leqslant b_{eq} \\ l \leqslant X \leqslant u \end{cases}$	X=linprog(f,A,b,Aeq,beq,lb,ub,X0,options)
次规划 (quadratic programming)	$\min \dfrac{1}{2} X^{\mathrm{T}} H X + C^{\mathrm{T}} X$ s.t. $\begin{cases} AX \leqslant b \\ A_{eq} X = b_{eq} \\ l \leqslant X \leqslant u \end{cases}$	X=quadprog(H,C,A,b,beq,beq,VLB,VUB,X0,options)
约束最小化 (constrained minimization)	$\min f(X)$ s.t. $\begin{cases} AX \leqslant b \\ A_{eq} X = b_{eq} \\ l \leqslant X \leqslant u \\ c(X) \leqslant 0 \\ c_{eq}(X) = 0 \end{cases}$	X=fmincon(fun,X0,A,b,Aeq,beq,VLB,VUB,'nonlcon', options)

例 2.24　用 fminbnd 求函数 $f(x) = \sin(8x+5)(0 < x < \dfrac{\pi}{2})$ 的极小值。

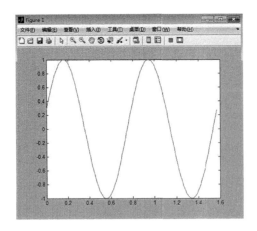

图 2.20　例 2.24 函数图

解　[x,fval]=fminbnd('sin(8*x+5)',0,pi/2)
　　　x1=0:0.01:pi/2;

```
plot(x1,cos(8*x1+5))

x=0.7494
fval=-1
```

例 **2.25** 求著名的 Banana 测试函数 $f(x,y)=100(y-x^2)^2+(1-x)^2$ 的最小值，它的理论最小值是 $x=1$、$y=1$。

解
```
fn=inline('100*(x(2)-x(1)^2)^2+(1-x(1))^2','x');
y=fminsearch(fn,[0.5,-1])

y=1.0000    1.0000
```

例 **2.26** 用 linprog 命令求解如下线性规划：

$$\min Z = -4x_1 - 2x_2 - 3x_3$$

$$\text{s.t.} \begin{cases} 7x_1 + 3x_2 + 6x_3 \leqslant 200 \\ 4x_1 + 4x_2 + 5x_3 \leqslant 200 \\ x_1, x_2, x_3 \geqslant 0 \end{cases}$$

解
```
clear
f=[-4; -2; -3];
A=[7 3 6; 4 4 5];
b=[200;200];
lb=zeros(3,1);
[x,fval]=linprog(f,A,b,[],[],lb);

x=[12.5000    37.5000    0.0000]
fval=-125.0000
```

例 **2.27** 求解如下二次规划问题：

$$\min f = -x_1 - 2x_2 + \frac{1}{2}x_1^2 + \frac{1}{2}x_2^2$$

$$\text{s.t.} \begin{cases} 2x_1 + 3x_2 \leqslant 6 \\ x_1 + 4x_2 \leqslant 5 \\ x_1, x_2 \geqslant 0 \end{cases}$$

解
```
clear
X0=[1;1];
H=[0.5 0;0 0.5];
C=[-1;-2];
A=[2 3;1 4];
```

```
b=[6;5];
lb=zeros(2,1);
[x,fval]=quadprog(H,C,A,b,[],[],lb,X0)
    x0=[1;1];
    A=[2 3 ;1 4]; b=[6;5];
    Aeq=[]; beq=[];
    VLB=[0;0]; VUB=[];
[x,fval]=fmincon('fun3',x0,A,b,Aeq,beq,VLB,VUB)

function f=fun3(x);
    f=-x(1)-2*x(2)+(1/2)*x(1)^2+(1/2)*x(2)^2;          □
```

习 题 2

1. 设 $y = \exp(-x^3) + \cos^2 x (-2 \leqslant x \leqslant 2)$，在 n 个节点上（n 不要太大，如 $5 \sim 11$）用拉格朗日、分段线性、三次样条三种插值方法，计算 m 个插值点的函数值（m 要适中，如 $50 \sim 100$）。通过数值和图形输出，将三种插值结果与精确值进行比较。适当增加 n，再做比较分析。

2. 下面是 20 世纪 60 年代世界人口数据：

年份	1960	1961	1962	1963	1964	1965	1966	1967	1968
人口（亿）	29.72	30.61	31.51	32.13	32.34	32.85	33.56	34.20	34.83

(1) 请你仔细分析数据，绘出数据散布图并选择合适的函数形式对数据进行拟合，并说明你的理由。

(2) 用你的经验回归模型试计算：以 1960 年为基准，人口增长一倍需要多少年？世界人口何时将达到 100 亿？

(3) 用你的模型估计 2002 年的世界人口数，请分析它与当时的实际人口数的差别的成因。

3. 在一个封闭的大草原上生长着狐狸和野兔。在大自然的和谐的环境中，野兔并没有因为有狐狸的捕食而灭绝。因为每一种动物都有它们特有的技巧来保护自己。设 t 时刻狐狸和野兔的数量分别为 $y(t)$ 和 $x(t)$，已知满足以下微分方程组

$$\begin{cases} \dfrac{dy}{dt} = 0.001xy - 0.9y \\ \dfrac{dx}{dt} = 4x - 0.02xy \end{cases}$$

(1) 分析这两个物种的数量变化关系。

(2) 在什么情况下狐狸和野兔数量出现平衡状态？

(3) 建立另一个微分方程来分析人们对野兔进行捕猎会产生什么后果？对狐狸进行捕猎又会产生什么后果？

第三章 数学规划模型

本章介绍的数学规划模型是一类有着广泛应用的确定性的系统优化模型。这类规划模型模型规范、建模直接、模型求解方法典型、实用面宽广,特别是许多应用软件能处理成千上万约束条件及变量的规划问题,使其应用更加方便。掌握这类规划问题的数学模型,是建模者必须具备的基本建模素质。

数学规划是一门应用相当广泛的学科,它研究决策问题的最佳选择之特性,构造寻求最优解的计算方法,揭示这些方法的理论性质及实际计算实现。数学规划模型广泛见于工程设计、经济规划、生产管理、交通运输、国防等重要领域。1939 年,苏联学者康托洛维奇出版了《生产组织与计划中的数学方法》一书,对列宁格勒胶合板厂的计划任务建立了一个线性规划模型,并提出了"解乘数法"的求解方法,为数学与管理科学的结合做了开创性的工作。1947 年,丹奇格(Dantzig)提出了求解线性规划问题的单纯形法,为线性规划的理论与算法奠定了基础。1951 年,由库恩-塔克(Kuhn-Tucker)完成了非线性规划的基础性工作。到 20 世纪 70 年代,数学规划无论是在理论和算法上,还是在应用的深度和广度上都有了进一步的发展。随着电子计算机的迅速发展,数学规划的应用能力越来越强,已渗透到各个学科之中。

第一节 线性规划模型

线性规划在数学规划中占有重要的地位,这不仅是因为它相对比较简单,在理论与算法上都比较成熟,还因为他本身在实际问题中有着广泛的应用,并且能为求解某些非线性规划问题所引证。

一、问题的引入

例 3.1 在生产管理和经营活动中,经常提出一类问题,即如何合理地利用有限的人力、物力、财力等资源,得到更好的经济效益。如某工厂生产 A、B、C 三种产品,生产管理部门提供的数据如表 3.1 所示。

表 3.1 工厂资源数据表

设备与原材料	加工每种产品消耗的资源			工厂每天可供资源
	A	B	C	
设备台时数(h)	7	3	6	200
原材料(t)	4	4	5	200
利润(千元/t)	4	2	3	

问如何安排生产计划，即 A、B、C 三种产品各生产多少 t，可使该厂每天所获利润最大？

解 模型建立：

设计划期内 A、B、C 三种产品的产量分别为 x_1、x_2、x_3，该厂的目标是在不超过设备有限台时和原材料消耗的条件下，确定 x_1、x_2 和 x_3，以获得最大利润 Z，故目标函数为 $\max Z = 4x_1 + 2x_2 + 3x_3$。在计划期内，设备的有限台时数为 200h，原材料消耗为 200t，可以得到满足资源约束条件的数学模型：

$$\max Z = 4x_1 + 2x_2 + 3x_3$$

$$\text{s.t.} \begin{cases} 7x_1 + 3x_2 + 6x_3 \leqslant 200 \\ 4x_1 + 4x_2 + 5x_3 \leqslant 200 \\ x_1, x_2, x_3 \geqslant 0 \end{cases} \qquad \square$$

例 3.2 如图 3.1 所示，靠近某河流有两个化工厂，流经第一化工厂的河水流量为每天 500 万 m^3，在两个化工厂之间有一条流量为每天 200 万 m^3 的支流。第一化工厂每天排放含某种有害物质的工业污水 2 万 m^3，第二化工厂每天排放这种工业污水 1.4 万 m^3，从第一化工厂排出的工业污水流到第二化工厂之前有 20% 可自然净化。根据环保要求，河流中工业污水的含量应不大于 0.2%，因此这两个工厂都要各自处理一部分工业污水。第一化工厂处理工业污水的成本为 1000 元/万 m^3，第二化工厂处理工业污水的成本为 800 元/万 m^3。请问在满足环保要求的条件下，两厂应各自处理多少工业污水，使总的处理工业污水费用最小？

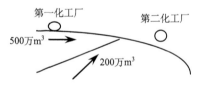

图 3.1 化工厂位置图

解 模型建立：

设第一、二化工厂每天各自处理工业污水 x_1、x_2 万 m^3，在满足环保要求的条件下，目标函数为 $\min Z = 1000x_1 + 800x_2$，从第一化工厂到第二化工厂之间，河流中工业污水的含量要不大于 0.2%，由此可得 $\dfrac{(2 - x_1)}{500} \leqslant 0.2\%$，即 $x_1 \geqslant 1$；流经第二化工厂后，河流中的工业污水量仍要不大于 0.2%，有 $\dfrac{0.8(2 - x_1) + (1.4 - x_2)}{700} \leqslant 0.2\%$，即 $0.8x_1 + x_2 \geqslant 1.6$，由于每天每个工厂处理的工业污水量不会大于每天的排放量，也不会为负，故有 $x_1 \leqslant 2$，$x_2 \leqslant 4$，$x_1 \geqslant 0$，$x_2 \geqslant 0$，由此可得数学模型：

$$\min Z = 1000x_1 + 800x_2$$

$$\text{s.t.}\begin{cases} x_1 \geqslant 1 \\ 0.8x_1 + x_2 \geqslant 1.6 \\ x_1 \leqslant 2 \\ x_2 \leqslant 4 \\ x_1 \geqslant 0,\ x_2 \geqslant 0 \end{cases}$$

□

例 3.3 某校基金会有一笔数额为 M 元的基金, 打算将其存入银行。校基金会计划在 10 年内每年用部分本息奖励优秀师生, 要求每年的奖金额相同, 且在 10 年末仍保留原基金数额。校基金会希望获得最佳的基金使用计划, 以提高每年的奖金额。请你帮助校基金会制订基金存款方案。

解　一、模型假设

① 学校基金在第一年初到位;

② 学校每年发放奖金的时间都是在每年末;

③ 通货膨胀率忽略不计;

④ 银行储蓄年利率和国库券年利率在十年内保持不变。

二、符号说明

M——基金总数;

A——每年发放的奖金额;

x_{ij}——第 i 年用于 j 年期存款的资金, $j=1,2,3,5$;

r_j——j 年期存款的税后年利率, $j=1,2,3,5$。

三、模型分析、建立与求解

分析: 每年末回收的资金可以分成两部分, 一部分用于发放该年的奖金, 另一部分用于第二年的投资, 依次下去, 直到第 n 年末, 回收的资金除去所发该年的奖金, 刚好等于最初的基金 M。

假设每年发放的奖金额基本相等, 可建立如下的线性规划模型:

$$\max A$$

$$x_{11}+x_{12}+x_{13}+x_{15}=M$$

$$x_{21} + x_{22} + x_{23} + x_{25} = (1 + r_1)x_{11} - A$$

$$x_{31} + x_{32} + x_{33} + x_{35} = (1 + r_1)x_{21} + (1 + 2r_2)x_{22} - A$$

$$x_{41} + x_{42} + x_{43} + x_{45} = (1 + r_1)x_{31} + (1 + 2r_2)x_{32} + (1 + 3r_3)x_{33} - A$$

$$x_{51} + x_{52} + x_{53} + x_{55} = (1 + r_1)x_{41} + (1 + 2r_2)x_{42} + (1 + 3r_3)x_{43} - A$$

$$x_{61} + x_{62} + x_{63} + x_{65} = (1 + r_1)x_{51} + (1 + 2r_2)x_{52} + (1 + 3r_3)x_{53} + (1 + 5r_5)x_{55} - A$$

$$x_{71} + x_{72} + x_{73} = (1 + r_1)x_{61} + (1 + 2r_2)x_{62} + (1 + 3r_3)x_{63} + (1 + 5r_5)x_{65} - A$$

$$x_{81} + x_{82} + x_{83} = (1 + r_1)x_{71} + (1 + 2r_2)x_{72} + (1 + 3r_3)x_{73} + (1 + 5r_5)x_{75} - A$$

$$x_{91} + x_{92} = (1 + r_1)x_{81} + (1 + 2r_2)x_{82} + (1 + 3r_3)x_{83} + (1 + 5r_5)x_{85} - A$$

$$x_{10,1} = (1 + r_1)x_{91} + (1 + 2r_2)x_{92} + (1 + 3r_3)x_{93} + (1 + 5r_5)x_{95} - A$$

$$(1 + r_1)x_{10,1} + (1 + 2r_2)x_{10,2} + (1 + 3r_3)x_{10,3} + (1 + 5r_5)x_{10,5} - A = M$$

□

二、线性规划模型的特点

(1)用一组决策变量$(x_1, x_2, \cdots, x_n)$表示某一方案，这组决策变量的值就代表一个具体的方案，一般这些变量的取值是非负的。

(2)存在约束条件限制，这些约束条件可以用一组线性等式或不等式来表示。

(3)有一个要达到的目标，它可以用决策变量的线性函数来表示，这个函数称为目标函数。

满足以上三个特点的数学模型称为线性规划模型，其一般形式为

$$\max(\min)Z = c_1 x_1 + c_2 x_2 + \cdots + c_n x_n$$

$$\text{s.t.} \begin{cases} a_{11}x_1 + a_{12}x_2 + \cdots + a_{1n}x_n \leqslant b_1(\text{或}=b_1, \text{或} \geqslant b_1) \\ \qquad\qquad\qquad \vdots \\ a_{m1}x_1 + a_{m2}x_2 + \cdots + a_{mn}x_n \leqslant b_m(\text{或}=b_m, \text{或} \geqslant b_m) \\ x_i \geqslant 0 (i = 1, 2, \cdots, n) \end{cases}$$

三、线性规划问题解的概念

可行解：若X满足约束条件，则X称为线性规划问题的可行解，可行解的全体$S = \{X \mid AX = b, X \geqslant 0\}$称为线性规划问题的可行域，可以证明可行域$S$为凸集(凸多面体)，凸集$S$的顶点称为极点。

最优解：若X为线性规划问题的可行解且满足目标函数，则X称为线性规划问题的最优解，最优解对应的目标函数值称为最优值。

定理3.1(线性规划基本定理)　设有线性规划问题(LP)，如果存在可行解，则必存在基本可行解，如果存在最优可行解，则必存在最优基本可行解。

定理3.2(基本可行解和极点的等价性定理)　X是基本可行解的充要条件是X为凸集S的极点。

定理3.3　若两个基可行解X^*、X^{**}都是最优解，则这两个最优解的凸组合$X = \alpha X^* + (1-\alpha)X^{**}(0 \leqslant \alpha \leqslant 1)$也是最优解，此时最优解有无穷多个。

注1：若可行域S非空，则它至少有一个极点；

注2：可行域S最多具有有限个极点；

注3：若一个线性规划问题存在最优解，则必在可行域的某个极点上达到最优。

> **定理 3.4**(最优性条件: Kuhn-Tacker 条件)　对于标准形式的线性规划问题,$X \in R^n$ 是其最优解,当且仅当存在向量 $Y \in R^m$ 和 $W \in R^n$,使得
> $$\begin{cases} AX = b, X \geqslant 0 \\ A^T Y + W = C \\ W^T X = 0 \end{cases}$$

第二节　整数线性规划

在一般的线性规划模型中,若要求变量只能取整数,则得到的一类规划称为整数线性规划,简称整数规划;若变量只能取 0 或 1 时,则称之为 0-1 规划。

一、　整数线性规划问题

例 3.4　包装箱运输问题

有 7 种规格的包装箱要装到两辆平板车上去,包装箱的宽与高是一样的,但厚度 t(单位: cm)及质量 w(单位: kg)是不同的。表 3.2 给出了每种包装箱的厚度、质量及件数。每辆平板车有 10.2m 长的地方可用来装包装箱(像面包片那样),载重 40t。由于当地货运的限制,c_5、c_6、c_7 类包装箱在两辆平板车上所占的空间厚度不能超过 302.7cm。问如何安排货运,使剩余空间最小。

表 3.2　包装箱数据表

包装箱	厚度 t(cm)	质量 w(kg)	件数
c_1	48.7	2000	8
c_2	52.0	3000	7
c_3	61.3	1000	9
c_4	72.0	500	6
c_5	48.7	4000	6
c_6	52.0	2000	4
c_7	64.0	1000	8

解　一、问题分析

这个优化问题的目标是合理安排包装箱运输,使剩余空间最小,要做的决策是包装箱运输计划,即决定每种包装箱在两辆平板车上的运输数量。决策受到三个因素的限制:货运空间、载重量以及当地货运限制。为建立包装箱运输问题的数学模型,我们先作如下假设:

① 包装箱不能分割成较小的部分;

② 所有的数据均是精确值,无任何测量误差。

二、模型建立

设 x_{ij} 表示装到第 $j(j=1,2)$ 辆平板车上的 $c_i(1\leqslant i\leqslant 7)$ 类包装箱的件数；N_i 表示类型为 c_i 包装箱的总件数；t_i 表示类型为 c_i 包装箱的每件长度；w_i 表示类型为 c_i 包装箱的每件质量；s 为剩余空间。则剩余空间最小的数学模型为

$$\min s = \left(1020 - \sum_{i=1}^{7} t_i x_{i1}\right) + \left(1020 - \sum_{i=1}^{7} t_i x_{i2}\right) = 2040 - \sum_{i=1}^{7} t_i(x_{i1} + x_{i2})$$

$$\text{s.t.} \begin{cases} \sum_{i=1}^{7} t_i x_{i1} \leqslant 1020 \\ \sum_{i=1}^{7} t_i x_{i2} \leqslant 1020 \\ \sum_{i=1}^{7} w_i x_{i1} \leqslant 4000 \\ \sum_{i=1}^{7} w_i x_{i2} \leqslant 4000 \\ t_5(x_{51} + x_{52}) + t_6(x_{61} + x_{62}) + t_7(x_{71} + x_{72}) \leqslant 302.7 \\ x_{i1} + x_{i2} \leqslant N_i \quad (i = 1, \cdots, 7) \\ x_{ij} \geqslant 0 \text{ 且为整数} \quad (i = 1, 2; j = 1, \cdots, 7) \end{cases}$$

□

二、分支定界算法

为了下面叙述方便，将整数规划中去掉整数约束后的线性规划问题称为原整数规划问题的松弛问题。整数规划问题及其松弛问题，从解的特点来说，两者之间既有密切的联系，又有本质的区别。松弛问题作为一个线性规划问题，其可行解的集合是一个凸集，任意两个可行解的凸组合仍为可行解。但是，对整数规划而言，这个结论不成立，因为整数规划的任意两个可行解凸组合不一定满足整数约束条件。由于整数规划问题的可行解一定也是它的松弛问题的可行解(反之则不一定)，所以整数规划问题最优解的目标函数值不会优于其松弛问题最优解的目标函数值。

整数线性规划从结构上看与线性规划差别不大，但因加上了变量取"整"这个约束条件，其求解难度则大大地增加。整数规划问题有许多种求解方法，最常用的求解方法是分支定界法，这是一类适用于计算机处理的效率较高的计算方法。

分支定界法基于一种搜索与迭代算法去求解整数规划问题，其主要原理是通过选择不同的分支变量把全部可行解空间反复地分割，构造松弛子优化问题，称为分枝。对每个子优化问题的解集确定目标下界(对于最小值问题)，称为定界。在每次分枝后，凡是不优于界限的那些子优化问题不再进一步分枝，称剪枝。以目标函数求极小值描述其算法步骤：

第 1 步：放弃变量为整数的约束条件，将整数规划问题求解松弛视为线性规划问题

求解。如果这时求出的最优解是原问题的可行解，那么这个解就是原问题的最优解，计算结束。否则这个解的目标函数值是原问题的最优解的下界。

第 2 步：任意选一个非整数解的变量 $x_k=l$，分别添加约束条件 $x_k \leqslant [l]$ 和 $x_k \geqslant [l]+1$，将上述松弛优化问题分成两个子优化问题，对每个子问题求其最优解。若子问题的最优解中的最优者是原问题的可行解，则它就是原问题的最优解，计算结束。否则其目标函数值就是原问题的一个新的下界。另外，在各子问题的最优解中，若有原问题可行解的，选这些可行解的最小目标函数值作为原问题最优解的一个下界。

第 3 步：对最优解的目标函数值已大于这个下界的子问题，其可行解中必无原问题的最优解，可以放弃。对最优解的目标函数值小于这个下界的子问题，都先保留下来，进入第 4 步。

第 4 步：在保留下的所有子问题中，选出最优解的目标函数值最小的一个，重复第 1 步和第 2 步。如果已经找到该子问题的最优可行解，那么其目标函数值与前面保留的其他问题在内的所有子问题的可行解中目标函数值最小者，将它作为新的下界，重复第 3 步，直到求出最优解。

第三节　非线性规划模型

第一节讨论了线性规划问题，即目标函数和约束条件都是线性函数的规划问题，但在实际工作中，还常常会遇到另一类更一般的规划问题，即目标函数和约束条件中至少有一个是非线性函数的规划问题，即非线性规划问题。

一般地，非线性规划问题的数学模型一般可写为

$$\min f(\boldsymbol{X})$$
$$\text{s.t.} \begin{cases} g_i(\boldsymbol{X}) \geqslant 0 & (i=1,\cdots,m) \\ h_j(\boldsymbol{X}) = 0 & (j=1,\cdots,l) \end{cases} \tag{3.3.1}$$

其中，$\boldsymbol{X} = (x_1, x_2, \cdots, x_n)^{\mathrm{T}} \in \boldsymbol{R}^n$、$f(\boldsymbol{X})$、$h_i(\boldsymbol{X})$、$g_j(\boldsymbol{X})$ 中至少有一个是非线性函数。

一、非线性规划问题基本概念与理论

记 $\boldsymbol{D} = \{\boldsymbol{X} \mid g_i(\boldsymbol{X}) \geqslant 0, h_j(\boldsymbol{X}) = 0, i=1,2,\cdots,m, j=1,2,\cdots,l\}$，问题 (3.3.1) 可简记为 $\min\limits_{\boldsymbol{x} \in D} f(\boldsymbol{X})$。特别地，若 $\boldsymbol{D} = \boldsymbol{R}^n$，则问题 (3.3.1) 称为无约束优化问题。与线性规划问题最优解概念不同的是，非线性规划问题的最优解可分为局部最优解和全局最优解两种。

定义 3.1　对于问题 (3.3.1)，设 $\boldsymbol{X}^* \in \boldsymbol{D}$，若存在 $\delta > 0$，使得对一切 $\boldsymbol{X} \in \boldsymbol{D}$，且 $\|\boldsymbol{X} - \boldsymbol{X}^*\| < \delta$，都有 $f(\boldsymbol{X}^*) \leqslant f(\boldsymbol{X})$，则称 $\boldsymbol{X}^*$ 是 $f(\boldsymbol{X})$ 在 $\boldsymbol{D}$ 上的局部极小值点（局部最优解）。特别地，当 $\boldsymbol{X} \neq \boldsymbol{X}^*$ 时，若 $f(\boldsymbol{X}^*) < f(\boldsymbol{X})$，则称 $\boldsymbol{X}^*$ 是 $f(\boldsymbol{X})$ 在 $\boldsymbol{D}$ 上的严格局部极小值点（严格局部最优解）。

定义 3.2 对于问题(3.3.1)，设 $X^* \in D$，若对任意的 $X \in D$，都有 $f(X^*) \leqslant f(X)$，则称 X^* 是 $f(X)$ 在 D 上的全局极小值点(全局最优解)。特别地，当 $X \neq X^*$ 时，若 $f(X^*) < f(X)$，则称 X^* 是 $f(X)$ 在 D 上的严格全局极小值点(严格全局最优解)。

二、非线性规划问题的最优性条件

(一)无约束极小化问题

$$\min_{x \in R^n} f(X) \tag{3.3.2}$$

定理 3.5(一阶必要条件) 如果 $f(X)$ 是可微函数，X^* 是问题(3.3.2)的一个局部极小点或局部极大点的必要条件是 $\nabla f(X^*) = 0$。

满足一阶必要条件的点称为无约束问题的一个平稳点。一般而言，最优化问题的平稳点可以是一个局部极小点，或者是一个局部极大点，也可能两者都不是。既不是极小点也不是极大点的平稳点称为"鞍点"。

定理 3.6(二阶必要条件) 设 $f(X)$ 为 R^n 中的二阶连续可微函数，如果 X^* 是 $f(X)$ 的一个局部极小点，则必有 $\nabla f(X^*) = 0$ 与 $y^{\mathrm{T}} H(X^*) y \geqslant 0 (\forall y \in R^n)$，其中 $H(X^*)$ 为 $f(X)$ 在 X^* 处的 Hessian 矩阵。

定理 3.7(二阶充分条件 1) 设 $f(X)$ 为 R^n 中的二阶连续可微函数，如果 X^* 满足 $\nabla f(X^*) = 0$ 及 $y^{\mathrm{T}} H(X^*) y > 0 (\forall y \in R^n, y \neq 0)$，则点 X^* 是 $f(X)$ 的一个严格局部极小

定理 3.8(二阶充分条件 2) 设 $f(X)$ 为 R^n 中的二阶连续可微函数，如果 X^* 满足 $\nabla f(X^*) = 0$，而且存在 X^* 的一个邻域 $U_\delta(X^*)$ 使得 $y^{\mathrm{T}} H(X^*) y \geqslant 0 (\forall y \in R^n)$，$\forall X \in U_\delta(X^*)$，则 X^* 是 $f(X)$ 的一个局部极小点。

如果 $f(X)$ 为 R^n 中的二阶连续可微凸函数，容易证明：它的每一个平稳点都是它的整体极小点。事实上，若 X^* 是 $f(X)$ 的任一平稳点，则对任意 $X \in R^n$，根据凸函数的性质可知，$f(X) - f(X^*) \geqslant \nabla f(X^*)(X - X^*) = 0$，此即说明 X^* 是 $f(X)$ 的整体极小点。特别地，当 $f(X)$ 为 R^n 中的二阶连续可微严格凸函数，平稳点 X^* 是 $f(X)$ 的唯一最优解。

（二）等式约束问题

$$\min f(\boldsymbol{X})$$
$$\text{s.t.}\quad h_j(\boldsymbol{X}) = 0 (j = 1, \cdots, l) \tag{3.3.3}$$

定理 3.9（一阶必要条件，Lagrange 定理）　设 $f, h_j(j = 1, 2, \cdots, l)$ 在可行点 $\boldsymbol{X}^*$ 的某个邻域 $N(\boldsymbol{X}^*, \varepsilon)$ 可微，向量组 $\nabla h_j(\boldsymbol{X}^*)$ 线性无关。如果 $\boldsymbol{X}^*$ 是问题（3.3.3）的局部最优解，则存在实数 λ_j^*，使得 $\nabla f(\boldsymbol{X}^*) - \sum\limits_{j=1}^{l} \lambda_j^* \nabla h_j(\boldsymbol{X}^*) = 0$（即 $\nabla_X L = 0$），而 $h_j(\boldsymbol{X}) = 0 (j = 1, \cdots, l)$ 即为 $\nabla_\lambda L = 0$，其中 $L(\boldsymbol{X}, \boldsymbol{\lambda}) = f(\boldsymbol{X}) - \sum\limits_{j=1}^{l} \lambda_j h_j(\boldsymbol{X})$ 称为 Lagrange 函数，$\boldsymbol{\lambda} = (\lambda_1, \lambda_2, \cdots, \lambda_l)$ 称为 Lagrange 乘子向量。

定理 3.10（二阶充分条件）　设 $\boldsymbol{X}^* \in \boldsymbol{R}^n$ 是问题（3.3.3）的可行解，$f, h_j(j = 1, 2, \cdots, l)$ 在点 $\boldsymbol{X}^*$ 处二次可微，如果存在向量 $\boldsymbol{\lambda}^* \in \boldsymbol{R}^l$ 使 $\nabla L(\boldsymbol{X}^*, \boldsymbol{\lambda}^*) = 0$ 且 $L(\boldsymbol{X}^*, \boldsymbol{\lambda}^*)$ 的 Hessian 矩阵 $H(\boldsymbol{X}^*, \boldsymbol{\lambda}^*)$ 正定，则 $\boldsymbol{X}^*$ 是问题（3.3.2）的局部最优解。

（三）不等式与等式约束问题

$$\min f(\boldsymbol{X})$$
$$\text{s.t.}\quad \begin{cases} g_i(\boldsymbol{X}) \geqslant 0 & (i = 1, \cdots, m) \\ h_j(\boldsymbol{X}) = 0 & (j = 1, \cdots, l) \end{cases} \tag{3.3.4}$$

定义 3.3　设 $\boldsymbol{X}$ 满足约束条件 $g_i(\boldsymbol{X}) \geqslant 0 (i = 1, 2, \cdots, m)$、$h_j(\boldsymbol{X}) = 0 (j = 1, 2, \cdots, l)$，令 $J = \{i | g_i(\boldsymbol{X}) = 0, 1 \leqslant i \leqslant m\}$，则称约束条件 $g_i(\boldsymbol{X}) \geqslant 0$，$\forall i \in J$，$h_j(\boldsymbol{X}) = 0 (j = 1, 2, \cdots, l)$ 为点 $\boldsymbol{X}$ 处的积极约束（或主动约束、起作用约束）。

定义 3.4　设 $\boldsymbol{X}$ 满足约束条件 $g_i(\boldsymbol{X}) \geqslant 0 (i = 1, 2, \cdots, m)$、$h_j(\boldsymbol{X}) = 0 (j = 1, 2, \cdots, l)$、$J = \{i | g_i(\boldsymbol{X}) = 0, 1 \leqslant i \leqslant m\}$，如果梯度向量组 $\nabla h_j(\boldsymbol{X}) (j = 1, 2, \cdots, l)$、$\nabla g_i(\boldsymbol{X}) (i \in J)$ 是线性无关的，则称点 $\boldsymbol{X}$ 是约束条件的一个正则点。

定理 3.11(Kuhn-Tucker 一阶必要条件)　设 $f(X)$、$g_i(X)(i=1,\cdots,m)$、$h_j(X)$ $(j=1,\cdots,l)$ 都是连续可微的函数，X^* 是问题(3.3.4)的一个局部最优解，且 X^* 是约束条件的一个正则点，则必存在乘子向量 $\boldsymbol{\mu}^*=(\mu_1^*,\mu_2^*,\cdots,\mu_m^*)$ 和 $\boldsymbol{\lambda}^*=(\lambda_1^*,\lambda_2^*,\cdots,\lambda_l^*)$ 使得 X^*、$\boldsymbol{\mu}^*$、$\boldsymbol{\lambda}^*$ 满足

$$\nabla f(X^*)-\sum_{i=1}^m \mu_i^*\nabla g_i(X^*)-\sum_{j=1}^l \lambda_j^*\nabla h_j(X^*)=0$$

$$\mu_i^* g_i(X^*)=0, \mu_i^*\geqslant 0, g_i(X^*)\geqslant 0 \quad (i=1,2,\cdots,m)$$

$$h_j(X^*)=0 \ (j=1,2,\cdots,l)$$

通常我们将满足定理 3.11 的点称作问题的 K-T 点，而此条件也简称为 K-T 条件。此定理的逆一般是不成立的，即若 X 是问题的 K-T 点，它不一定是极小点。但若 $f(X)$、$-g_i(X)$ 是凸函数，$h_j(X)$ 是线性函数，则有如下定理：

定理 3.12　设 X^* 是问题的 K-T 点，$f(X)$、$-g_i(X)$ 是凸函数，$h_j(X)$ 是线性函数，则 X^* 是问题的全局最优解。

实际中许多较复杂的问题都可归结为一个非线性规划问题，一般来说，求解非线性规划问题要比求解线性规划问题困难得多。因为，非线性规划不像线性规划那样有统一的数学模型，也没有适用于一般情况的求解方法。目前，求解非线性规划模型的各个算法都有特定的适用范围，带有一定的局限性。正因为如此，非线性规划是一个正处在研究发展中的学科领域。

三、非线性规划问题的求解方法

求解非线性规划问题的常用方法是用迭代算法，即选取初始可行点 $X^{(0)}$，检验 $X^{(0)}$ 是否为我们所要求的点，比如是否为问题的 K-T 点或最优解等。若是，则停止迭代，$X^{(0)}$ 即为所求的点。否则，按照特定的算法求得下一个点 $X^{(1)}$，且 $X^{(1)}$ 处的函数值比 $X^{(0)}$ 处的函数值有所改善，再以 $X^{(1)}$ 代替 $X^{(0)}$ 继续进行下去。因真正的极值点 X^* 事先并不知道，故在实用上只能根据相继两次迭代得到的计算结果来判断是否已达到要求，建立终止迭代计算的准则。常用的终止迭代准则有以下几种：

(1)根据相继两次迭代结果的绝对误差：

$$\left\|X^{(k+1)}-X^{(k)}\right\|\leqslant \varepsilon_1$$

$$\left|f(X^{(k+1)})-f(X^{(k)})\right|\leqslant \varepsilon_2$$

(2)根据相继两次迭代结果的相对误差：

$$\frac{\left\|X^{(k+1)}-X^{(k)}\right\|}{\left\|X^{(k)}\right\|}\leqslant \varepsilon_1$$

$$\frac{\left|f(\boldsymbol{X}^{(k+1)}) - f(\boldsymbol{X}^{(k)})\right|}{\left|f(\boldsymbol{X}^{(k)})\right|} \leqslant \varepsilon_2$$

要求分母不等于零和不接近于零。

根据函数梯度的模足够小，有

$$\left\|\nabla f(\boldsymbol{X}^{(k)})\right\| \leqslant \varepsilon$$

例 3.5 森林救火费用最小问题(无约束优化问题)

在森林失火时，应派多少消防队员去救火最合适？派的队员越多，灭火的速度越快，火灾造成的损失就越小，但救援的费用会增大。现在的问题是：派出多少队员去救火，才能使火灾损失费与救火费用之和最小？

解 一、模型假设

① 火灾损失费与森林烧毁的面积成正比，烧毁的面积与失火时间长短有关，设失火时刻 $t=0$，开始救火的时刻为 t_1，火被扑灭的时间为 t_2，t 时刻森林烧毁的面积为 $b(t)$，烧毁单位面积森林的损失费为 c_1；

② 从失火到开始救火这段时间$(0 \leqslant t \leqslant t_1)$内，单位时间内森林被烧毁的面积 $\frac{db}{dt}$ 与时间 t 成正比，比例系数 β 称为火势蔓延速度；

③ 派出消防队员 x 名，每个消防队员的平均灭火速度为 α，单位时间的费用为 c_2，一次性支出是 c_3。

二、模型建立

根据假设②和③，在 $[0, t_1]$ 时间内，有 $\frac{db}{dt} = \beta t$；在 $[t_1, t_2]$ 时间内，有 $\frac{db}{dt} = (\beta - \alpha x)t$。$\frac{db}{dt} \sim t$ 的图形如图 3.2 所示，则森林烧毁面积 $b(t_2)$ 恰好等于图 3.2 中实线所围三角形的面积，即

$$b(t_2) = \int_0^{t_2} \frac{db}{dt} dt = \frac{1}{2} h t_2$$

而 $t_2 - t_1 = \dfrac{h}{\alpha x - \beta}$、$h = \beta t_1$，所以，

$$b(t_2) = \frac{1}{2} \beta t_1^2 + \frac{1}{2} \frac{\beta^2 t_1^2}{\alpha x - \beta}$$

再由假设①和③，火灾损失费为 $c_1 b(t_2)$，救火费为 $c_2 x(t_2 - t_1) + c_3 x$，因此森林救火费用最小的数学模型为

$$\min Z = \frac{1}{2} \beta c_1 t_1^2 + \frac{1}{2} \frac{\beta^2 c_1 t_1^2}{\alpha x - \beta} + c_2 x \frac{\beta t_1}{\alpha x - \beta} + c_3 x$$

令 $\dfrac{dz}{dt} = 0$，可得

$$x = \frac{\beta}{\alpha} + \beta\sqrt{\frac{c_1\alpha t_1 + 2c_2 t_1}{2c_3\alpha^2}} \qquad\qquad \square$$

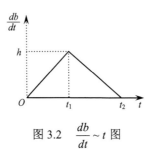

图 3.2　$\dfrac{db}{dt} \sim t$ 图

例 3.6　飞行管理问题(约束优化问题)

在约 10000m 高空的某边长 160km 的正方形区域内，经常有若干架飞机水平飞行。区域内每架飞机的位置和速度均由计算机记录其数据，以便进行飞行管理。当一架欲进入该区域的飞机到达区域边缘，记录其数据后，要立即计算并判断是否会与区域内的飞机发生碰撞。如果会碰撞，则应计算如何调整各架(包括新进入的)飞机飞行方向角，以避免碰撞。现假定条件如下：

(1)不碰撞的标准为任意两架飞机的距离大于 8km；

(2)飞机飞行方向角调整的幅度不应超过 30°；

(3)所有飞机飞行速度均为 800km/h；

(4)进入该区域的飞机在到达区域边缘时，与区域内飞机的距离应在 60km 以上；

(5)最多需考虑 6 架飞机；

(6)不必考虑飞机离开此区域后的状况。

请你对这个避免碰撞的飞行管理问题建立数学模型，列出计算步骤，对以下数据进行计算(方向角误差不超过 0.01°)，要求飞机飞行方向角调整的幅度尽量小。设该区域 4 个顶点的坐标为(0,0)、(160,0)、(160,160)、(0,160)。记录数据见表 3.3。

表 3.3　飞机飞行记录数据表

飞机编号	横坐标 x	纵坐标 y	方向角(°)
1	150	140	243
2	85	85	236
3	150	155	220.5
4	145	50	159
5	130	150	230
新进入	0	0	52

注：方向角指飞行方向与 x 轴正向的夹角。试根据实际应用背景对你的模型进行评价与推广。

解　一、模型假设

① 飞机用几何上的点代表，不考虑其尺寸大小，位置由坐标(x,y)给出；

② 已在区域内的飞机，按给定方向角飞行，一定不会碰撞；

③ 飞机调整方向角的过程可以在瞬间完成，即可在保持位置不变的情况下完成方向角的调整。

二、变量说明

(x_i^0, y_i^0)、θ_i^0——第 i 架飞机初始位置及方向角；

(x_i, y_i)、θ_i——第 i 架飞机在时刻 t 时的位置及方向角；

$d_{ij}(\theta_i, \theta_j)$——第 i、j 架飞机在时刻 t 时的距离；

$\Delta\theta_i = \theta_i - \theta_i^0$——第 i 架飞机调整角。

三、模型建立

以所有飞机方向角角度调整达到最小为目标函数，建立如下的非线性规划模型：

$$\min Z = \sum_{i=1}^{6}|\Delta\theta_i|$$

$$\text{s.t.}\begin{cases}|\Delta\theta_i| \leqslant \dfrac{\pi}{6} & (i = 1,2,\cdots,6)\\[2mm] d_{ij}^{\,2}(\theta_i, \theta_j) > 64 & (i, j = 1,2,\cdots,6; i \neq j)\end{cases}$$

其中，

$$d_{ij}^{\,2}(\theta_i, \theta_j) = \min_{0 \leqslant t \leqslant T_{ij}}\left\{\left[(x_i^0 - x_j^0) + vt(\cos\theta_i - \cos\theta_j)\right]^2 + \left[(y_i^0 - y_j^0) + vt(\sin\theta_i - \sin\theta_j)\right]^2\right\}$$

$$T_i = \begin{cases}\min\left\{\dfrac{160 - x_i^0}{v\cos\theta_i}, \dfrac{160 - y_i^0}{v\sin\theta_i}\right\} & \left(0 \leqslant \theta_i \leqslant \dfrac{\pi}{2}\right)\\[3mm] \min\left\{\dfrac{-x_i^0}{v\cos\theta_i}, \dfrac{160 - y_i^0}{v\sin\theta_i}\right\} & \left(\dfrac{\pi}{2} < \theta_i \leqslant \pi\right)\\[3mm] \min\left\{\dfrac{-x_i^0}{v\cos\theta_i}, \dfrac{-y_i^0}{v\sin\theta_i}\right\} & \left(\pi < \theta_i \leqslant \dfrac{3\pi}{2}\right)\\[3mm] \min\left\{\dfrac{160 - x_i^0}{v\cos\theta_i}, \dfrac{-y_i^0}{v\sin\theta_i}\right\} & \left(\dfrac{3\pi}{2} < \theta_i \leqslant 2\pi\right)\end{cases}$$

$$T_{ij} = \min\{T_i, T_j\} \hspace{4cm} \square$$

例3.5和例3.6这两个模型的目标函数或约束条件中含有非线性项，称之为非线性规划。

第四节　目标规划模型

线性规划、非线性规划、0-1规划等都是解决单个目标函数在一组约束条件下的极值问题。但是在许多实际问题中，在一组约束条件下，往往要求实现多个目标。例如，在企业安排生产问题中，既要利润高，又要消耗低，还要考虑市场需求等等。这些目标的重要性不同，目标规划正是为了解决这类多目标规划问题而产生的，它把决策者的意愿反映到数学模型中去。

例 3.7 某工厂计划生产甲、乙两种产品，这两种产品的有关数据如表 3.4 所示。工厂在做决策时，要实现如下的目标：

目标 1：根据市场信息，产品甲的销售量有下降的趋势，故考虑产品甲的产量不大于产品乙的产量；

目标 2：超过计划供应原料时，需要高价采购，使成本增加，因而只采购计划供应的原料；

目标 3：尽可能利用现有设备，但不希望加班；

目标 4：尽可能达到并超过计划利润 56 元。　　　　　　　　　　　　　　　　□

表 3.4 生产数据表

产品　　　　　资源	甲	乙	资源数量
原料(kg)	2	1	11
设备(台时)	1	2	10
利润(元/件)	8	10	

这样，在考虑产品生产决策时，不再是单纯追求利润最大，而是同时要考虑多个目标，此类问题称为多目标规划问题。

下面介绍目标规划的概念。

一、决策变量与偏差变量

决策变量又称控制变量，用 $x_1, x_2, \cdots, x_n$ 表示。在目标规划中，还需引入一类新的变量——偏差变量，用 d_i^+、d_i^- 表示，d_i^+ 表示正偏差变量，它是实际决策值超过第 i 个目标值的数量；d_i^- 表示负偏差变量，它是实际决策值低于第 i 个目标值的数量；由于实际决策值不可能既超过又低于目标值，故 $(d_i^+) \cdot (d_i^-) = 0$。目标规划中，一般有多个目标值，每个目标值都相应有一对偏差值 d_i^+、d_i^-。

二、绝对约束和目标约束

绝对约束是指必须严格满足的等式约束或不等式约束，如线性规划问题的所有约束条件，不能满足这些约束条件的解称为非可行解，所以绝对约束是硬约束。目标约束是目标规划所特有的一种约束，它把要追求的目标值作为右端常数项，在追求此目标值时允许发生正偏差或负偏差。因此，目标约束是由决策变量、正负偏差变量和要追求的目标值组成的软约束，目标约束不会不满足，但可能偏差较大。

假设例 3.7 中甲、乙两种产品的产量为 x_1、x_2，那么例 3.7 中的目标 4 可写成目标约

束 $8x_1 + 10x_2 + d_4^- - d_4^+ = 56$ ；目标 2 在原料供应受到严格限制的条件下，可写成绝对约束 $2x_1 + x_2 \leqslant 11$ ，在原料供应不受严格限制的条件下，可写成目标约束 $2x_1 + x_2 + d_2^- - d_2^+ = 11$ ，由此可得目标约束的一般形式为 $f_i(X) + d_i^- - d_i^+ = b_i$ 。

三、优先因子与权系数

目标规划中，当决策者要求实现多个目标时，这些目标之间有主次区别的，凡要求第一位达到目标的，赋予优先因子 P_1，要求第二位达到目标的，赋予优先因子 P_2，依此类推，并规定 $P_k \gg P_{k+1}$，表示 P_k 比 P_{k+1} 有绝对优先权。因此不同的优先因子代表不同的优先等级。在实现多个目标值优化时，首先保证 P_1 级目标实现，这时可不考虑其他级目标，而 P_2 级目标是在保证 P_1 级目标值不变的前提下考虑的，依此类推。

若要区别具有相同优先因子的多个目标，可分别赋予它们不同的权系数，越重要的目标，其权系数值越大。

四、目 标 函 数

目标规划中的目标函数是由各目标的正负偏差及相应的优先因子和权系数构成，其中不含决策变量。因为决策者的愿望是尽可能缩小偏差以实现目标，故总是将目标函数极小化。对于第 i 个目标 $f_i(X) + d_i^- - d_i^+ = b_i$ 而言，要求选择 X 的目标函数基本形式有三种：

第一种形式：若希望 $f_i(X) \geqslant b_i$，即要求超过目标值，则相应的负偏差要尽可能的小，而对正偏差不加限制，目标函数的形式为： $\min d_i^-$ 。

第二种形式：若希望 $f_i(X) \leqslant b_i$，即允许达不到目标值，则相应的正偏差要尽可能的小，而对负偏差不加限制，目标函数的形式为： $\min d_i^+$ 。

第三种形式：若希望 $f_i(X) = b_i$，即要求恰好达到目标值，则相应的正负偏差都要尽可能的小，目标函数的形式为： $\min(d_i^- + d_i^+)$ 。

对于具体的问题可根据决策者的要求赋予各目标的优先因子来构造目标函数。对于例 3.7，若假设原料供应受到严格限制，按决策者的要求目标 1： P_1；目标 3： P_2；目标 4： P_3 构造模型：

$$\min Z = P_1 d_1^+ + P_2(d_2^- + d_2^+) + P_3 d_3^-$$

$$\text{s.t.} \begin{cases} 2x_1 + x_2 \leqslant 11 \\ x_1 - x_2 + d_1^- - d_1^+ = 0 \\ x_1 + 2x_2 + d_2^- - d_2^+ = 10 \\ 8x_1 + 10x_2 + d_3^- - d_3^+ = 56 \\ x_1, x_2 \geqslant 0; d_i^-, d_i^+ \geqslant 0 \end{cases}$$

在一些情况下，多目标优化问题不一定要通过将目标转化为约束来建立多目标优化模型，而是建立符合各个目标要求的多目标优化模型，再根据目标重要性进行加权平均化为单目标优化问题求解。

例 3.8 市场上有 n 种资产(如股票、债券……)$S_i(i=1,\cdots,n)$ 供投资者选择,某公司有数额为 M 的一笔相当大的资金可用作一个时期的投资。公司财务分析人员对这 n 种资产进行了评估,估算出在这一时期内购买 S_i 的平均收益率为 r_i,并预测出购买 S_i 的风险损失率为 q_i。考虑到投资越分散,总的风险越小,公司确定,当用这笔资金购买若干种资产时,总体风险可用所投资的 S_i 中最大的一个风险来度量。

购买 S_i 要付交易费,费率为 p_i,并且当购买额不超过给定值 u_i 时,交易费按购买 u_i 计算(不买当然无需付费)。另外,假定同期银行存款利率是 r_0,且既无交易费又无风险。试给该公司设计一种投资组合方案,即用给定的资金 M,有选择地购买若干种资产或存银行生息,使净收益尽可能大,而总体风险尽可能小。

解 模型建立:

设存银行和投资各种资产的资金占总资金的比例为 X_i,交易费为 Y_i。由题设知,本问题的目标是要求各种资产投资的总体收益尽可能大,而风险又要尽可能小。因此,优化目标应有收益和风险两个函数,根据题目给出的条件和要求,建立如下的数学模型:

目标1 $\quad \max f_1 = \sum_{i=0}^{n}(r_i X_i - Y_i)$

目标2 $\quad \min f_2 = \max_{1 \leqslant i \leqslant n}\{q_i X_i\}$

$$\text{s.t.} \quad \sum_{i=0}^{n}(X_i + Y_i) = 1$$

其中,

$$Y_i = \begin{cases} 0, & X_i = 0 \\ \dfrac{u_i}{M} p_i, & 0 < X_i < \dfrac{u_i}{M} \\ X_i p_i, & X_i \geqslant \dfrac{u_i}{M} \end{cases} \quad (i = 1, 2, \cdots, n)$$

$$Y_0 = 0$$

□

第五节 动态规划模型

动态规划是运筹学的一个分支,它是解决多阶段决策过程最优化问题的一种数学方法。1951 年美国数学家贝尔曼等根据一类多阶段决策问题的特点,提出了解决这类问题的"最优性原理",研究了许多实际问题,从而创建了解决最优化问题的一种新方法——动态规划。

动态规划的方法,在工程技术、企业管理、工农业生产及军事部门等都有广泛的应用,并且取得了显著的效果。动态规划可以用来解决最优路径问题、资源分配问题、生产调度问题、库存问题、装载问题、排序问题、设备更新问题、生产过程最优控制问题等，所以它是现代化企业管理中的一种重要的决策方法。

下面以最短路为例，说明动态规划的基本思想方法和特点。

例 3.9 如图3.3所示，从 A_1 地要铺设一条管道到 A_6 地，中间必经过 5 个中间站。第一站可以在 $\{A_2,B_2\}$ 两地中任选一个，类似地，第二、三、四站可供选择的地点分别为 $\{A_3,B_3,C_3,D_3\}$、$\{A_4,B_4,C_4\}$、$\{A_5,B_5\}$，两地的距离用图上两点连线上的数字表示，两点间没有连线表示相应两点之间不能铺设管道。现要选择一条从 A_1 到 A_6 的铺管路线，使总距离最短。

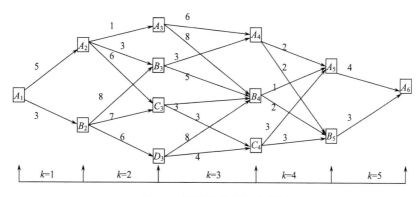

图3.3 管道铺设路径示意图

解 一、问题分析

解决最短路问题，最容易想到的方法就是穷举法，即列出所有可能发生的方案与结果，再针对问题的要求对它们一一进行比较，求出最优结果。这种方法在变量(或结点)的数目比较小时有效，在变量的数目较大时，计算量十分庞大，此法行不通。因此需要根据问题的特性，寻求一种简便的算法。

注意到最短路有一个特性，即如果最短路在第 k 站通过 x_k 点，则这一线路在 x_k 点出发到达终点的那一部分线路，对于从 x_k 点到达终点的所有可能选择的不同线路来说，必定也是距离最短路的(称为最优性原理)。最短路的这一特性，启发我们从最后一段开始，采用从后向前逐步递推的方法(称为逆序递推法)，求出各点到 A_6 点的最短路，最后求得从 A_1 到 A_6 的最短路。

二、问题求解

为求解方便，将整个过程分成 5 个阶段，阶段用 k 表示($k=1,2,\cdots,5$)。

(1)$k=5$ 时，设 $f_6(A_5)$ 表示由 A_5 到 A_6 的最短路，$f_6(B_5)$ 表示由 B_5 到 A_6 的最短路，显然 $f_5(A_5)=4$，$f_5(B_5)=3$；

(2)$k=4$ 时，

$$f_4(A_4) = \min\{2+f_5(A_5), 2+f_5(B_5)\} = \min\{6,5\} = 5, \quad u_4 = B_5$$

$$f_4(B_4) = \min\{1+f_5(A_5), 2+f_5(B_5)\} = \min\{5,5\} = 5, \quad u_4 = A_5 \text{或} B_5$$

$$f_4(C_4) = \min\{3+f_5(A_5), 3+f_5(B_5)\} = \min\{7,6\} = 6, \quad u_4 = B_5$$

(3)$k=3$ 时，

$$f_3(A_3) = \min\{6 + f_4(A_4), 8 + f_4(B_4)\} = \min\{11, 13\} = 11, \quad u_3 = A_4$$

$$f_3(B_3) = \min\{3 + f_4(A_4), 5 + f_4(B_4)\} = \min\{8, 10\} = 8, \quad u_3 = A_4$$

$$f_3(C_3) = \min\{3 + f_4(B_4), 3 + f_4(C_4)\} = \min\{8, 9\} = 8, \quad u_3 = B_4$$

$$f_3(D_3) = \min\{8 + f_4(B_4), 4 + f_4(C_4)\} = \min\{13, 10\} = 10, \quad u_3 = C_4$$

(4) $k=2$ 时,

$$f_2(A_2) = \min\{1 + f_3(A_3), 3 + f_3(B_3), 6 + f_3(C_3)\} = \min\{12, 11, 14\} = 11, \quad u_2 = B_3$$

$$f_2(B_2) = \min\{8 + f_3(B_3), 7 + f_3(C_3), 6 + f_3(D_3)\} = \min\{19, 15, 16\} = 15, \quad u_2 = C_3$$

(5) $k=1$ 时,

$$f_1(A_1) = \min\{5 + 11, 3 + f_2(B_2)\} = \min\{16, 18\} = 16, \quad u_1 = A_2$$

由此可得,最短路径为 $A_1 \to A_2 \to B_3 \to A_4 \to B_5 \to A_6$,长度为 17。

本例所用递推公式可归纳为

$$f_k(x_k) = \min\{d(x_k, u_k(x_k)) + f_{k+1}(u_k(x_k))\}$$

$$f_{n+1}(x_{n+1}) = 0 \hspace{4cm} \square$$

综上所述,动态规划方法的基本思想是:把一个复杂的问题分解为一系列同一类型的更容易求解的子问题。该法计算过程单一化,便于应用计算机。求解过程分为两个阶段,先按照整体最优思想逆序地求出各个可能状态的最优决策,然后再顺序地求出整个问题的最优策略和最优路线。

一、基本概念与基本方程

动态系统的特征是其中包含有随着时间或空间变化的因素和变量,系统在某个时点的状态,往往要依据某种形式受到过去某些决策的影响,而系统的当前状态和决策又会影响系统过程今后的发展。因此在寻求动态系统最优化时,重要的是不能从眼前的局部利益出发,而要有预见地进行动态决策,找到不同时点的最优决策以及整个过程的最优决策。

将时点作为变量的决策问题称为动态决策问题。在动态决策中,系统所处的状态和时点都是进行决策的重要因素,即需要在系统发展过程中的不同时点,根据系统所处的状态,不断地做出决策。因此,多次决策是动态决策的基本特点。

(一)动态规划的基本概念

阶段和阶段变量:用动态规划求解多阶段决策系统问题时,要根据具体情况,将系统适当地分成若干阶段,以便分阶段决策。通常阶段是按照决策进行的时间或空间上的先后顺序划分的,描述阶段的变量称为阶段变量,记为 k。

状态和状态变量:状态表示系统在某阶段所处的"位置"或状态,例 3.9 中,第一阶段有一个起点(状态)即 A_1,第二阶段有两个起点(状态)即 A_2、B_2。各阶段的状态都可用状态变量来描述,阶段 k 的状态变量记为 x_k。第 k 阶段所有可能状态的全体,可用状态

集合 X_k 来描述。例如，$X_1=\{A_0\}$，$X_2=\{A_1,B_1\}$ 等。

决策、决策变量和策略：从每一阶段的每个状态出发到达下一阶段，都有若干种选择。一般地，把过程从一个状态演变到下一阶段某一状态所做的选择或决定称为决策。描述决策的变量称为决策变量，记为 $u_k(x_k)$。$u_k(x_k)$ 表示从第 k 阶段的状态 x_k 出发所做的决策，并用 $D_k(x_k)$ 表示第 k 阶段从 x_k 出发的所有决策的集合。

由每阶段的决策 $u_k(x_k)(k=1,2,\cdots,n)$ 组成的决策序列称为全过程策略，策略表示为 $\{u_1,u_2,\cdots,u_n\}$。由系统的第 k 阶段开始到终点的决策过程称为全过程的后部子过程，相应的策略称为子策略，表示为 $\{u_k,u_{k+1},\cdots,u_n\}$。对于每一实际的多阶段决策过程，可供选择的策略有一定的范围限制，这个范围称为允许策略范围，允许策略集合中达到最优效果的策略称为最优策略。

状态转移方程：由第 k 个阶段的状态 x_k，采用决策 $u_k(x_k)$ 到第 $k+1$ 个阶段的状态 x_{k+1} 的过程叫做状态转移，并把它记作 $x_{k+1}=T_k(x_k,u_k(x_k))$，该式表达了从 k 阶段到 $k+1$ 阶段的状态转移规律，故它又称为状态转移方程。

阶段效益：多阶段决策过程中，阶段 k 的状态 x_k 执行决策 $u_k(x_k)$ 后转到状态 x_{k+1}，不仅带来系统状态的转移，而且也必将对整个决策的结果或效益产生影响。用 $d(x_k,u_k)$ 表示从第 k 阶段的状态 x_k 出发，采取策略 $u_k(x_k)$ 后转到状态 x_{k+1} 的效益，称为阶段效益。

最优策略和最优效益：对于多阶段决策问题，自然都存在很多策略，而且每个策略都对应一种结果，把这些结果统称为效益。根据不同的实际问题，效益可以是利润、距离、产量或资源的消耗量等。显然，一个多阶段决策问题的效益(决策的目的)是各阶段效益的和，使整体效益达到最优的策略，称为最优策略，相应于最优策略的整体效益称为最优效益。

最优性原理：对于无后效性的多阶段决策过程，最优策略的基本性质是：无论初始状态和初始决策如何，对于前面的决策所造成的某一状态而言，余下的决策必定是最优子策略。

这里，无后效性是指系统从某个阶段往后的发展完全是由本阶段所处的状态及其以后的决策决定，与系统以前的状态和决策无关，即当前的状态就是往后发展的初始条件(未来与过去无关)，动态规划必须满足无后效性。

最优性原理的含义是：最优策略的任何一部分子策略，也是相应初始状态的最优策略，每个最优策略只能由最优子策略构成。

(二)动态规划的基本方程与一般模型

建立动态规划模型，需要进行以下几个方面的工作：

(1)正确选择阶段变量 k；

(2)正确选择状态变量 x_k，状态变量必须能正确描述整个过程的演变特性，又满足无后效性原则；

(3)正确选择决策变量 u_k；

(4)列出状态转移方程 $x_{k+1}=T_k(x_k,u_k(x_k))$；

(5)列出动态规划基本方程 $f_k(x_k) = \text{opt}\{d(x_k, x_{k+1}) + f_{k+1}(x_{k+1})\}(k = n, n-1, \cdots, 1)$，给出端点条件 $f_{n+1}(x_{n+1}) = $ 常数。

由此可得动态规划的一般模型：

$$\begin{cases} f_k(x_k) = \text{opt}\{d(x_k, x_{k+1}) + f_{k+1}(x_{k+1})\} \\ f_{n+1}(x_{n+1}) = 常数 \\ x_{k+1} = T_k(x_k, u_k(x_k)) \end{cases}$$

二、应 用 举 例

例 3.10　机器负荷问题

问题 1：某机器可以在高低两种不同的负荷下进行生产，在高负荷下生产时，产品产量为 $s_1 = 8u_1$，其中 u_1 为投入生产的机器数量，机器的年折损率为 $a = 0.7$，即年初完好的机器数量为 u_1，年终只剩下 $0.7u_1$ 台是完好的，其余均需维修或报废；在低负荷下生产时，产品产量为 $s_2 = 5u_2$，其中 u_2 为投入生产的机器数量，机器的年折损率为 $b = 0.9$。设开始时，完好的机器数量为 1000 台，要求制定一个 5 年计划，在每年开始时决定如何重新分配完好机器数量，使产品五年的总产量最高。

问题 2：在问题 1 中增加限制条件，要求在第 5 年末完好的机器数量为 500 台，问如何安排生产，使 5 年产品总产量最高？

解　一、求解问题 1

这是一个典型的多阶段决策问题，用阶段变量 k 表示年度（$k=1,2,\cdots,5$），状态变量 x_k 是第 k 年初拥有的完好机器数量，它也是 $k-1$ 年度末的完好机器数量。决策变量 u_k 规定为第 k 年度分配在高负荷下生产的机器数量，于是 $x_k - u_k$ 是该年度分配在低负荷下生产的机器数量。

为便于求解，x_k、u_k 均取连续变量，若 x_k、u_k 取到非整数值，可以这样理解，例如 $x_k=0.6$ 表示一台机器在该年度正常工作时间只占 60%，$u_k=0.3$ 表示一台机器在该年度的 30% 时间里是在高负荷下工作。

状态 x_k 采取决策 u_k 后的状态转移方程为：$x_{k+1} = 0.7u_k + 0.9(x_k - u_k)(k = 1, \cdots, 5)$；第 k 年度的产量（阶段效益）是 $d_k(x_k, u_k) = 8u_k + 5(x_k - u_k)$。若用 $f_k(x_k)$ 表示第 k 年初从 x_k 出发，采用最优策略到第 5 年末时产品数量的最大值，则模型为

$$\begin{cases} f_k(x_k) = \max\{8u_k + 5(x_k - u_k) + f_{k+1}[0.7u_k + 0.9(x_k - u_k)]\} \\ f_6(x_6) = 0 \end{cases}$$

模型求解：利用动态规划的递推方法，计算如下：

当 $k=5$ 时，

$$f_5(x_5) = \max_{0 \leqslant u_5 \leqslant x_5}\{8u_5 + 5(x_5 - u_5) + f_6[0.7u_5 + 0.9(x_5 - u_5)]\} = \max_{0 \leqslant u_5 \leqslant x_5}\{3u_5 + 5x_5\}$$

$\therefore u_5^* = x_5$，$f_5(x_5) = 8x_5$

当 $k=4$ 时，

$$f_4(x_4) = \max_{0 \leqslant u_4 \leqslant x_4} \{8u_4 + 5(x_4 - u_4) + f_5[0.7u_4 + 0.9(x_4 - u_4)]\}$$

$$= \max_{0 \leqslant u_4 \leqslant x_4} \{3u_4 + 5x_4 + 8(0.7u_4 + 0.9(x_4 - u_4))\}$$

$$= \max_{0 \leqslant u_4 \leqslant x_4} \{1.4u_4 + 12.2x_4\}$$

$$\therefore \quad u_4^* = x_4, \quad f_4(x_4) = 13.6x_4$$

同理可得

$$f_3(x_3) = \max\{0.28u_3 + 17.24x_3\} \quad \therefore u_3^* = x_3, \quad f_3(x_3) = 17.52x_3$$

$$f_2(x_2) = \max\{-0.504u_2 + 20.768x_2\} \quad \therefore u_2^* = 0, \quad f_2(x_2) = 20.768x_2$$

$$f_1(x_1) = \max\{-1.154u_1 + 23.691x_1\} \quad \therefore u_1^* = 0, \quad f_1(x_1) = 23.691x_1$$

由此可得，最优策略为 $u_1 = 0$、$u_2 = 0$、$u_3 = x_3$、$u_4 = x_4$、$u_5 = x_5$，即前两年将全部完好机器投入低负荷生产，后三年将全部完好机器投入高负荷生产，这时最高产量为

$$f_1(1000) = 23691$$

利用状态转移方程可以求出每年年初的完好机器数量：$x_1 = 1000$ 台，$x_2 = 0.7u_1 + 0.9(x_1 - u_1)$ $= 900$ 台，$x_3 = 0.7u_2 + 0.9(x_2 - u_2) = 810$ 台，$x_4 = 0.7u_3 + 0.9(x_3 - u_3) = 569$ 台，$x_5 = 0.7u_4 + 0.9(x_4 - u_4)$ $= 397$ 台，$x_6 = 0.7u_5 + 0.9(x_5 - u_5) = 278$ 台。

在一般情况下，如果计划分别是 n 个年度，在高低负荷下生产的产量函数分别为 $s_1 = cu_1$、$s_2 = du_2$，$c > d > 0$，年折损率为 a 和 $b(0 < a < b < 1)$，则应用动态规划方法可以求出最优策略是：前若干年全部投入低负荷生产，以后全部投入高负荷下生产。由此可以看出，应用动态规划可以在不求出数值解的情况下确定最优策略的结构。

二、求解问题 2

问题 1 中初始状态 $x_1 = 1000$ 台是给定的，但终端状态没有限制，这是一种破坏性生产，在 n 年后产品停产、换型或设备更新的情况下是可行的。但若需再生产，这种方法是不可取的，因此通常对终端状态是有要求的。

由状态转移方程

$$x_6 = 0.7u_5 + 0.9(x_5 - u_5) = 500$$

$$f_6(x_6) = 0$$

即

$$u_5 = 4.5x_5 - 2500$$

这说明第 5 年的决策 u_5 由 x_5 唯一确定，即决策集合 $D_5(x_5)$ 退化为一点，只有一种决策，故当 $k = 5$ 时，

$$f_5(x_5) = \max\{8u_5 + 5(x_5 - u_5) + f_6(x_6)\} = \max\{3u_5 + 5x_5\}$$

$$= 3(4.5x_5 - 2500) + 5x_5 = 18.5x_5 - 7500$$

利用递推关系，当 $k = 4$ 时，

$$f_4(x_4) = \max\{8u_4 + 5(x_4 - u_4) + f_5[0.7u_4 + 0.9(x_4 - u_4)]\}$$

$$= \max\{3u_4 + 5x_4 + 18.5(0.7u_4 + 0.9(x_4 - u_4)) - 7500\}$$

$$= \max\{-0.7u_4 + 21.65x_4 - 7500\}$$

$$\therefore \quad u_4^* = 0, \quad f_4(x_4) = 21.65x_4 - 7500$$

类似地，

$$u_3^* = 0, f_3(x_3) = 24.5x_3 - 7500$$
$$u_2^* = 0, f_2(x_2) = 27.1x_2 - 7500$$
$$u_1^* = 0, f_1(x_1) = 29.4x_1 - 7500$$

由此可见，为满足第 5 年末完好机器数量为 500 台的要求，又要使产品产量最高，则前四年应在低负荷下生产，只在第 5 年在高负荷下生产，此时：

$$x_1 = 1000, x_2 = 0.9x_1 = 900, x_3 = 0.9x_2 = 810, x_4 = 0.9x_3 = 729, x_5 = 0.9x_4 = 656$$

由此得

$$u_5 = 4.5 \times 656 - 2500 = 452, \quad x_5 - u_5 = 656 - 452 = 204$$

即第 5 年末有 452 台机器投入高负荷下生产，204 台机器投入低负荷下生产，最高产量

$$f_1(1000) = 29.4x_1 - 7500 \big|_{x_1 = 1000} = 21900$$

这时产量较终端自由时低一些。　　　　　　　　　　　　　　　　　　　　　□

应该指出，动态规划是求解某类问题的一种方法，是考虑问题的一种途径，而不是一种特殊算法(如线性规划是一种算法)。因而它不像线性规划那样具有一个标准的数学表达式和明确定义的一组规划，而必须对具体问题进行具体分析。此外一些非线性规划和线性规划问题也可用动态规划的方法去处理。

第六节　应 用 实 例

一、出版社的资源配置

(一)题目来源：2006 高教社杯全国大学生数学建模竞赛 A 题

出版社的资源主要包括人力资源、生产资源、资金和管理资源等，它们都捆绑在书号上，经过各个部门的运作，形成成本(策划成本、编辑成本、生产成本、库存成本、销售成本、财务与管理成本等)和利润。

某个以教材类出版物为主的出版社，总社领导每年需要针对分社提交的生产计划申请书、人力资源情况以及市场信息分析，将总量一定的书号数合理地分配给各个分社，使出版的教材产生最好的经济效益。事实上，由于各个分社提交的需求书号总量远大于总社的书号总量，因此总社一般以增加强势产品支持力度的原则优化资源配置。资源配置完成后，各个分社(分社以学科划分)根据分配到的书号数量，再重新对学科所属每个课程做出出版计划，付诸实施。

资源配置是总社每年进行的重要决策，直接关系到出版社的当年经济效益和长远发展战略。由于市场信息(主要是需求与竞争力)通常是不完全的，企业自身的数据收集和积累也不足，这种情况下的决策问题在我国企业中是普遍存在的。

该出版社(材料中称为 A 出版社,其代号为 P115)通过问卷调查收集相关信息,并且积累了该社往年的一些数据资料(见附件 1~附件 5),请你们根据这些数据资料,利用数学建模的方法,在信息不足的条件下,提出以量化分析为基础的资源(书号)配置方法,给出一个明确的分配方案,向出版社提供有益的建议。

[附录]

附件 1:问卷调查表;

附件 2:问卷调查数据(5 年);

附件 3:各课程计划及实际销售数据表(5 年);

附件 4:各课程计划申请或实际获得的书号数列表(6 年);

附件 5:9 个分社人力资源细目。

注:附件较大,此处略去,详见 http://mcm.edu.cn/html_cn/node/4ff8658168ed87e39752486e4co5bda5.html 或扫描右侧二维码下载。本实例解答摘自江南大学王艳、王金鑫、苏电波参赛队论文《出版社资源配置问题》,曾获 2006 年高教社杯优秀论文。

(二)题 目 分 析

首先请允许我们澄清此题所给的资料中的一点小小的统计错误:附件 4 中根据各门课程申请量统计得到经管类、英语类、机械能源类、化学化工类的申请总量应为 56、120、60、30(表中数据为:66、118、76、40)。本案例在建立模型时均按照改正之后的数据进行处理。

本题是一个资源的优化配置问题。所谓的资源配置,美国经济学家保罗·萨缪尔森是这样定义的:资源配置是将资源的生产要素在各种潜在的用途上进行分配,以产生一组特定的最终产品的经济形式。在这里出版社的各种资源,包括人力资源、生产资源、资金和管理资源等,都是捆绑在书号上的,所以我们就可把出版社的资源合理配置问题看成是如何将总量一定的书号数分配给各分社(各学科),使得出版社的效益最佳。本案例所说的出版社的效益不仅仅指"经济效益",还包括它的"社会效益",这是企业生存和发展所必须考虑的。

任何形式的资源配置都是在一定信息量的基础上进行的,本案例可得资料包括分社提交的生产计划申请书、人力资源情况以及市场信息分析,但是这些信息通常具有不完全性和随机性,所以本案例在信息提取和模型建立上都提出了适当的简化处理方法,在克服信息不足的困难、提供实用参考决策方面进行了探索。

首先是数据的提取。从调查问卷表和问卷调查数据中(附件 1、附件 2),我们可以统计获得学生对该出版社各门课程教科书的平均满意度,通过是否使用本出版社的教材估计本出版社主要课程的市场占有率,以及市场竞争力的其他相关指标;根据以往 5 年各课程计划及实际销售数量(附件 3),可以预测 2006 年的实际销售量和各分社对各门课程的计划准确度;另外在附件 4、附件 5 中我们能够得到总社可供分配的总书号数、各门课程的销售均价、2006 年各分社书号分配数量的范围以及各分社人力资源最大工作能力

(本案例中各分社策划人员、编辑人员、校对人员中最小的总工作能力构成该分社工作能力瓶颈)。

其次是模型的建立。利用资料中提取的信息，根据以增加强势产品支持力度原则进行资源的优化配置，从而达到效益的最大化。我们对"强势产品"从市场占有率、市场满意度、计划准确度三个方面理解，即总社在分配书号时优先考虑市场占有率高、市场满意度高、计划准确度高的课程。于是问题就可以转化成一个多目标决策问题。求解该多目标决策问题得出书号的分配方案。

最后通过信息分析并且结合当今出版业在市场中的地位以及发展趋势，对出版社提一些参考性建议。

(三)模型假设和符号系统

1. 模型假设

(1)由于出版社的人力资源、生产资源、资金和管理资源等都捆绑在书号上，所以本案例主要研究书号这一资源的配置问题；

(2)本案例从 A 出版社角度进行资源配置决策，且只研究 2006 年的出版资源的分配问题；

(3)将问卷调查数据(附件 2)视为取自总体的随机样本，能正确地反映出版社的历年经营状况和读者对图书的满意度评价；

(4)2006 年 A 出版社及市场均运行正常，没有突发情况；

(5)分配书号只考虑各分社人力资源的约束，而不考虑其他资源，如生产能力、资金、生产条件等的限制；

(6)各分社人力资源取历年平均值，且不考虑新的人力资源计划，即每年各分社各类人员既不增加也不减少，年工作能力也不变；

(7)为保持工作连续性和对各分社计划一定程度上的认可，出版社在分配书号时至少保证分给各分社申请数量的一半；

(8)假定同一课程不同书目价格差别不大，同时销售量相近，用"课程均价"和"平均销量"表示 A 出版社同一课程不同书目的价格均值和销量均值；

(9)假设该出版社在定价时保持对所有教材利润率统一，并在此原则上制定教材单价；

(10)本案例只研究 A 出版社所关注的 72 门课程所对应的教材(一个书号对应一类教材)，问卷中 72 门课程之外的均列为"其他"；

(11)读者对教材的满意度评价的 4 个指标(内容、质量、权威性和价格)权重保持一致。

2. 符号系统

i：分社编号，$i=1,2,\cdots,9$；

j：每个分社的课程编号；

x_{ij}：第 i 个分社第 j 门课程分配到的书号数(决策变量)；

X_i: 第 i 个分社分配到的书号数;

p_{ij}: 第 i 个分社第 j 门课程每种书目的价格均值;

Q_{ij}: 第 i 个分社第 j 门课程每种书目的销量均值;

s_{ij}: 第 i 个分社第 j 门课程的申请书号数;

S_i: 第 i 个分社的申请书号数;

C_i: 第 i 个分社的最大工作能力;

α_{ij}: 第 i 个分社第 j 门课程的市场满意度指标;

ω_{ij}: 无量纲化之后的第 i 个分社第 j 门课程的市场满意度指标;

ε_{ij}: 无量纲化之后的第 i 个分社第 j 门课程每种书号的平均经济效益指标;

β_{ij}: 第 i 个分社第 j 门课程教材的市场占有率(数量);

γ_{ij}: 第 i 个分社第 j 门课程教材的市场占有率(销售额);

μ_i: 第 i 个分社的申报准确度;

η_{ij}: 第 i 个分社第 j 门课程计划的准确度;

θ: 平衡因子;

M: 出版社的可供分配书号总数;

g_1: 出版社的经济效益指标函数;

g_2: 出版社的市场满意度指标函数;

g_3: 出版社的市场占有率指标函数;

g_4: 出版社的计划准确度指标函数;

λ_1、λ_2、λ_3、λ_4: 分别为 4 个指标 g_1、g_2、g_3、g_4 的权值。

(四) 模 型 建 立

1. 数据分析

出版社要在竞争日益激烈的市场中求得生存和发展,在进行决策时必须要同时兼顾经济效益和社会效益(如市场需求量、顾客满意度等),信息的不完全性和不确定性增加了决策的难度,因此在大量信息中提取有用信息就成了决策的关键。本案例讨论 A 出版社的资源配置问题。首先根据历年资料和社会调查数据挖掘出影响决策的信息。

1) 2006 年实际平均销售预测

出版社的原材料需要提前订购,生产需要提前组织,资金需要提前规划,所有这些有关资源配置的问题都是以未来的销售预测为前提的。作为出版社的决策者就必须要了解市场销售量的发展趋势,在主观预测的基础上结合历史数据对未来的销售量进行预测,以保证在最佳时机做出最佳决策。

观察往年的数据,我们发现该出版社每种书号的实际销售量(每门课程教材的实际销售量和总书号数之商)呈一种递增的趋势,在市场和出版社都正常运行的假设下,我们可以认为 2006 年每种书号的实际销售量也是增加的,运用线性回归的方式对 2006 年每种书号实际销售量进行预测。

以计算机类的 C++程序设计这门课程为例,其以往 5 年每种书号实际销售量如表 3.5 所示。

表 3.5 C++程序设计销售量表

项目 　　　　年份	2001 年	2002 年	2003 年	2004 年	2005 年
实际销售量(本)	1240	1243	1850	2641	2692
实际书号数(个)	10	11	12	11	12
每种书号销量(本)	124.00	113.00	154.17	240.09	224.33

用线性模型 $Q_{11} = \alpha_0 + \alpha_1 n + \varepsilon_1$ 进行拟合(其中, α_0、α_1 为回归系数, ε_1 为随机误差, 影响销售量的其他因素作用都包含在随机误差中, 如果模型选择合适,应大致服从均值 为 0 的正态分布, n 为年份,2001 年取 1),用 MATLAB 统计工具箱中的命令 regress 求 解,得到: $\alpha_0 = 72.791$、$\alpha_1 = 32.716$,线性回归函数为 $Q_{11} = 72.791 + 32.776n$,函数曲线 见图 3.4,预测 2006 年每种书号销量为 269 本。

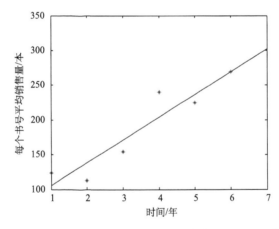

图 3.4 计算机类的 C++程序设计每种书号销售量的预测函数曲线图

其他课程的每种书号销售量可以做类似的处理,得到 72 门课程每种书号销售量的预 测值(附表 1)。

2) 课程市场满意度分析

A 出版社进行出版决策时,不能仅以盈利为目的,也应该尽量整合出版资源,实现 社会效益的最大化。而市场满意度即为评价社会效益的一个重要指标。读者满意度反映 读者对教材的某项指标的要求和教材实际效用之间的差异,满意度越高,说明差异越小, 出版社的社会效益越好。现在我们通过问卷调查数据来获取市场对 A 出版社所关注的 72 门课程的满意度。

以计算机类的 C++程序设计这门课程为例来说明满意度的处理过程:

(1)筛选附件 2 中 2001 年 A 出版社(代码为 P115)计算机类 C++程序设计(课程代码

为 1)，销售数量为 14 本；

(2)利用均值的思想，对筛选数据的满意度分值求和取平均，即 $\frac{168}{14 \times 4} = 3$，其中 168 为所有分值之和；

(3)重复(1)、(2)分别得到 2002、2003、2004、2005 年的市场满意度为 2.81、2.97、3.07、2.53；

(4)以往 5 年平均满意度计算：$\alpha_{11} = \frac{3 + 2.81 + 2.97 + 3.07 + 2.53}{5} = 2.88$。

其他课程的市场满意度做类似的处理，从而得到了 72 门课程相应的市场满意度(附表 1)。

3) 课程教材的市场占有率分析

任何一项决策都要把眼前效益和长远效益统一起来，所以出版社进行资源配置决策时既要考虑当前的经济效益，还要保证一定的市场需求量和市场占有率。市场占有率在一定程度上体现了市场竞争力，占有率越大的课程竞争力就越强，那么出版社就应该对该课程有所偏重。本案例通过是否使用 A 出版社的教材来估计 A 出版社主要课程的市场占有率，即市场占有率为市场上使用 A 出版社的某门课程教材人数占市场上所有使用该门课程教材人数的百分比(或是销售额的百分比)。

同样以计算机类的 C++程序设计这门课程为例来说明市场占有率的处理过程：

(1)筛选附件 2 中 2001 年 A 出版社(代码为 P115)计算机类 C++程序设计(课程代码为 1)，销售数量为 14 本，14 本教材的销售总额为 373.9 元；

(2)筛选附件 2 中 2001 年所有出版社计算机类 C++程序设计(课程代码为 1)，销售数量为 72 本，72 本教材的销售总额为 1903.8 元；

(3)2001 年 A 出版社 C++程序设计教材市场占有率计算：

$$\text{课程教材数目的市场占有率：} \frac{14}{72} = 0.19$$

$$\text{课程教材销售额的市场占有率：} \frac{373.9}{1903.8} = 0.20$$

(4)重复(1)、(2)、(3)得到 2002、2003、2004、2005 年的课程教材数目市场占有率分别为 0.22、0.26、0.31、0.28，课程教材销售总额的市场占有率分别为 0.23、0.26、0.26、0.30；

(5)以往 5 年平均市场占有率计算：

$$\beta_{ij} = \frac{0.19 + 0.22 + 0.26 + 0.31 + 0.28}{5} = 0.25$$

$$\gamma_{ij} = \frac{0.20 + 0.23 + 0.26 + 0.30 + 0.27}{5} = 0.25$$

其他课程的两种市场占有率做类似的处理，从而得到了 72 门课程相应的市场占有率(附表 2)。

4) 课程的计划准确度分析

各分社在提交生产计划申请书时，出于本位利益或其他原因考虑，分社会主观夸大申请的书号数，这就造成了计划数与实际需求量之间的偏差。总社在进行资源优化配置的时候，必须要考虑各个分社对各门课程计划的准确度，准确度高的优先考虑其申请要求。

由已知可得"计划销售量"表示由各门课程申请的书号数计算的总销售量，"实际销售量"表示由分配到的书号数计算的总销售量，它们的差别反映了计划的准确度。本案例定义实际销售量和计划销售量之商为计划准确度。根据以往 5 年的数据估计各分社对各门课程的计划准确度和各分社申报准确度。考虑计算机类：

(1) 计算每年的课程计划准确度：如 C++程序设计课程 5 年的计划准确度分别为 0.6472、0.8462、0.5968、0.7419、0.6880；

(2) 计算 5 年的课程平均计划准确度：

$$\eta_{11} = \frac{0.6472+0.8462+0.5968+0.7419+0.6880}{5} = 0.7040$$

同理得到：

$$\eta_{12} = 0.7310 , \quad \eta_{13} = 0.6633 , \quad \eta_{14} = 0.6754 , \quad \eta_{15} = 0.7220$$
$$\eta_{16} = 0.6973 , \quad \eta_{17} = 0.7290 , \quad \eta_{18} = 0.7015 , \quad \eta_{19} = 0.7765 , \quad \eta_{110} = 0.7772$$

(3) 计算分社 (计算机类) 申报准确度：

$$\mu_1 = \frac{\sum_{j=1}^{10} \eta_{1j}}{10} = 0.7177$$

其他课程和分社准确度做类似的处理，从而得到了 72 门课程计划准确度及 9 个分社的申报准确度 (附表 2)。

2. 多目标规划模型建立

由于总社每年的书号总数是一定的，而各分社提交的需求书号数总量是远远大于总社的书号总数的，所以总社并不能全部满足各分社的申请要求。一般来说，总社会以提高强势产品支持力度的原则来优化资源配置，从而达到效益最大化。本案例对所谓的"强势产品"从 3 个方面理解，即经济效益 (价格与销售量)、市场占有率、市场满意度。在进行资源 (书号) 配置决策时优先考虑这类强势产品并尊重计划准确度高的课程，从而保证进行决策时同时兼顾出版社的经济效益和社会效益。

1) 模型的初步建立

目标函数一：经济效益指标

$$\sum_i \sum_j p_{ij} Q_{ij} x_{ij} \tag{3.6.1}$$

其中，p_{ij} 为"课程均价"，题中已给出；Q_{ij} 为"平均销量"，数据处理中通过预测的方法得到；$p_{ij}Q_{ij}$ 为第 i 个分社第 j 门课程每种书号的销售额，即每种书目的经济效益。

目标函数二：市场满意度指标

$$\sum_i \sum_j \alpha_{ij} x_{ij} \tag{3.6.2}$$

其中，α_{ij} 为一门课程的市场满意度(附表 1)，对于市场满意度高的课程在进行书号分配时应优先考虑。

目标函数三：市场占有率指标

$$\sum_i \sum_j \beta_{ij} x_{ij} \tag{3.6.3}$$

其中，β_{ij} 为一门课程数量的市场占有率(附表 2)，在做数据处理时我们统计了两项市场占有率指标：课程数量的市场占有率和课程销售金额的市场占有率。通过比较分析，我们发现，出版社在两项指标上所得的值基本上是一致的，这里我们只选择课程数量市场占有率作为衡量指标。某门课程的市场占有率越高，说明其市场竞争力越强，进行书号分配的时候优先考虑。

目标函数四：计划准确度指标

$$\sum_i \sum_j \eta_{ij} x_{ij} \tag{3.6.4}$$

其中，η_{ij} 为课程的计划准确度(附表 2)，分社对各门课程计划的准确度越高，就越能取得总社的信任，那么总社在进行资源配置时就更优先考虑该课程。

人力资源约束：

总社在进行资源配置时，必须要考虑分社的各方面资源的限制，本案例对模型进行了简化，只考虑人力资源的工作能力，并将工作能力量化为每人每年最多能够完成的书号个数。在此基础上，就可以直接将书号的分配与人力资源联系起来，即分社分配所得的书号数要小于该分社的最大工作能力(表 3.6)：

$$\sum_j x_{ij} \leqslant C_i \tag{3.6.5}$$

表 3.6　各分社最大工作能力数据表

分社	计算机类	经管类	数学类	英语类	两课类	机械能源类	化学、化工类	地理、地质类	环境类
人力约束	114	114	120	102	111	72	44	63	72

书号数约束：

总社每年可供分配的书号总数 M 是一定的：

$$\sum_j x_{ij} \leqslant M \tag{3.6.6}$$

通过历史数据可以得到 $M=500$。

总社在扶植"强势产品"的同时还要保持工作的连续性和对各分社计划一定程度上的认可，所以在分配书号时至少保证分给各分社申请数量的一半，又由于有可能存在各分社出于本位利益或其他原因考虑而主观夸大申请的书号数而造成申请数目偏大的情况，总社要想尽可能合理地分配书号，就需要对各分社实际申请量进行估计，本案例引进"惩罚因子"和"平衡因子"来对实际申请量进行估计。所谓"惩罚因子"可以看作是对分社虚报的惩罚，取其为计划的准确度。

而"平衡因子"则可以看作分社被误判为虚报的补偿，我们令其为

$$\sqrt{\frac{2006年申请的书号总数}{可供分配的书号总数}}$$

即

$$\theta = \sqrt{\frac{750}{500}} = 1.22$$

所以在建立资源优化配置模型时总社分配各分社书号数量应在提交申请量的一半和实际申请量之间，而且各课程所得书号数也应该小于实际申请量：

$$\frac{1}{2}S_i \leqslant \sum_j x_{ij} \leqslant \mu_i \theta S_i \tag{3.6.7}$$

$$x_{ij} \leqslant \eta_{ij} \theta s_{ij} \tag{3.6.8}$$

此外，

$$x_{ij} \geqslant 0 \text{ 且 } x_{ij} \text{ 为整数} \tag{3.6.9}$$

式(3.6.1)~式(3.6.9)即构成了资源优化配置的初始多目标规划模型(以下简称为初始模型)。

2) 目标函数的进一步讨论

观察初始模型，在约束条件下每个目标函数都要求实现最大化，但是由于不同的指标性质不同，量纲不同，其间不具有可比性和可加性。为了得到一个实用性更强的资源配置模型，将各指标抽象成同质的统一的纯量化指标再进行加权处理，就可以得到单一化的加权综合同量度指标。

(1) 经济效益指标的无量纲化处理：极差标准化法。

根据初始模型，经济效益指标是"越大越优目标"，该目标的方案集是 72 门课程每种书号的平均经济效益，$p_{ij}Q_{ij}$ 称为特征值。应用相对隶属度的定义，取方案集中最大特征值对优的相对隶属度为 1，方案集中最小特征值对优的相对隶属度为 0，那么构成了参考连续统一的极差标准化公式：

$$\frac{p_{ij}Q_{ij} - \min(p_{ij}Q_{ij})}{\max(p_{ij}Q_{ij}) - \min(p_{ij}Q_{ij})}$$

其中，

$$\max(p_{ij}Q_{ij}) = 267830, \quad \min(p_{ij}Q_{ij}) = 1105.8$$

72 门课程经济效益指标无量纲化求得的数据 ε_{ij} 见附表 1。

(2)满意度指标的无量纲化处理：指派方法。

指派方法就是指根据问题的性质套用现成的某些形式的模糊分布，然后根据测量数据确定分布中所含的参数。

读者对某门课程的满意度评价具有一定的模糊性，问卷调查中设为 5 个等级，相应的评语集为{非常好，较好，一般，勉强可以，不好}，对 5 个等级进行打分，对应的分值为{5,4,3,2,1}。考虑读者在评价课程时，课程对其的效用应是递增，最后趋于平缓，本案例选择偏大型模糊分布描述读者的心理变化过程，其隶属度函数为

$$f(x)=\begin{cases}0, & x\leqslant a_1\\ \dfrac{1}{2}+\dfrac{1}{2}\sin\dfrac{\pi}{a_2-a_1}(x-\dfrac{a_1+a_2}{2}), & a_1<x\leqslant a_2\\ 1, & x>a_2\end{cases}$$

为建立评价分值和该函数的一一映射关系，取 $f(0)=0$、$f(5)=1$，于是得到： $a_1=0$、$a_2=5$。

该函数可将离散数据进行连续化处理，从而得到任何一个评价分值所对应的函数值，此函数值在[0,1]上。72 门课程市场满意度指标无量纲化得到的数据 ω_{ij} 见附表 1。

(3)资源优化配置模型的建立：

通过无量纲化处理，初始模型中的 4 个指标就具有了可比性和可加性，再进行综合加权就得到了资源优化配置的最终模型(以下均称为优化模型)：

$$\max\quad \lambda_1 g_1+\lambda_2 g_2+\lambda_3 g_3+\lambda_4 g_4$$

$$\text{s.t.}\begin{cases}\sum_j x_{ij}\leqslant C_i\\ \sum_j x_{ij}\leqslant M\\ \dfrac{1}{2}S_i\leqslant\sum_j x_{ij}\leqslant\mu_i\theta S_i\\ x_{ij}\leqslant\eta_{ij}\theta s_{ij}\end{cases}$$

$$x_{ij}\geqslant 0\text{ 且 }x_{ij}\text{ 为整数}$$

其中，$g_1=\sum_i\sum_j\varepsilon_{ij}x_{ij}$、$g_2=\sum_i\sum_j\omega_{ij}x_{ij}$、$g_3=\sum_i\sum_j\beta_{ij}x_{ij}$、$g_4=\sum_i\sum_j\eta_{ij}x_{ij}$，$\lambda_1$、$\lambda_2$、$\lambda_3$、$\lambda_4$ 是各因素的权系数。

显然这是一个整数规划模型。

(五)模型求解与结果分析

对求解资源配置优化问题的整数规划模型，可以利用 LINGO 软件编程求解给出资源的最优配置方案。

考虑 4 个评价指标,由于个人偏向不同,不同的决策者赋予的权值会有所偏差,这里将 4 个指标的重要性同等看待,即赋予相同的权值 $\lambda_1 = \lambda_2 = \lambda_3 = \lambda_4 = 0.25$。利用 LINGO 软件求解得到:

$$X_1 = 63, X_2 = 43, X_3 = 120, X_4 = 91, X_5 = 56, X_6 = 47, X_7 = 18, X_8 = 32, X_9 = 30$$

目标函数值为 259.8366。

即总社根据分社提交的生产计划申请书、人力资源情况及市场信息分析,将 500 个书号数分别分配给计算机类 63 个、经管类 43 个、数学类 120 个、英语类 91 个、两课类 56 个、机械能源类 47 个、化学化工类 18 个、地理地质类 32 个、环境类 30 个。尽管在模型求解时已经得到了各类学科中各门课程的分配方案,但是这只是从总社角度去考虑问题,保证总社利益最大化。而对各分社而言,总体最优并不能保证局部最优。因此各分社根据分配到的书号总量,可以重新对学科所属的每个课程做出出版计划,然后付诸行动。

从模型求解结果可以看出,人力资源约束起着关键作用。数学类共有策划人员 40 人,工作能力为 3,即数学类的人力资源约束使其获得的书号数量最多为 120。实际上在对 2001~2005 年的书号分配量分析后可以发现,总社没有严格按照各分社人力资源的限制来分配书号数。一是因为附件中提供的数据为历年平均值;二是因为人力资源是流动的,当某分社人力资源不足的时候可以从外部引进或从内部调用,而且每个工作人员的工作能力也是可以改变的,如通过技能培训提高工作效率、通过加班加点提高工作强度,等等。因此,我们可以考虑改变人力资源约束。这里再讨论两种情况:人力资源没有约束、人力资源的工作能力可以适当提高,利用 LINGO 软件求得两种分配方案,与原优化方案进行比较(表 3.7):

表 3.7 三种人力资源约束条件下的分配方案比较表

约束 / 学科	人力资源硬约束	人力资源无约束	人力资源软约束(工作能力提 20%)
计算机类	63	55	63
经管类	43	28	43
数学类	120	177	144
英语类	91	60	67
两课类	56	56	56
机械、能源类	47	47	47
化学、化工类	18	18	18
地理、地质类	32	29	32
环境类	30	30	30
目标值	259.8366	266.4613	264.22

若仅将数学类策划人员的工作能力提高 20%,其解与所有人力资源均提高 20% 相同,由此可知数学类相对于其他类而言人力资源紧张,人力资源对企业的总效益有较大的影

响，所以合理地配置人力资源也是出版社应该重视的问题。

（六）模型推广和评价

资源的优化配置是任何一个企业进行决策时都不可避免地会遇到的问题，所以我们可以将此模型推广到其他行业，决策时充分考虑经济效益和社会效益，在量化分析的基础上给出资源分配的最优方案。

从问题的分析到模型的建立求解再到模型的推广，逐步靠近问题的本质，在这些过程中克服了许多困难。总之有优点也有不足之处。

优点：

（1）调查问卷分析中，尽可能地提取有用信息来支撑资源配置模型；

（2）本案例的模型是基于调查结果建立起来的，紧密联系实际，对现实具有指导作用；

（3）在模型建立过程中充分利用现有的资源，用 EXCEL 统计数据，用 MATLAB 进行数据预测，用 LINGO 求解多目标规划模型；

（4）模型中成功地使用了极差标准化法和指派方法进行指标的无量纲化处理，从而将多目标转化为单目标；

（5）本案例基本上都以表格的形式给出统计数据和求解结果，具有直观性。

有待改进之处：

（1）模型根据 2001~2005 年的实际销售量预测 2006 年的销售量，由于历史数据较少，可能会影响预测效果；

（2）模型是在理想的情况下建立的，并没有考虑企业内外部的动态因素，因此模型仍存在不足；

（3）本案例没有讨论各分社的具体分配情况，如果时间充足，还可将书号优化配置到各门课程。

尽管本案例在建立模型的时候尽量地联系实际使其更具有实用价值，但是实际和理论终究是有差距的。在求解实际问题的时候，只要联系实际对模型稍加改编，相信能够得到所要的答案。

（七）关于出版社更好发展的几点建议

出版社资源的优化配置是指出版资源在各项不同出版活动之间以及出版活动的各项不同用途之间进行科学而合理的分配。本案例讨论的是书号的优化配置问题，现在针对出版业市场的发展趋势和该出版社存在的不足提出一些建议：

（1）在市场经济体制下，出版社应加强市场的分析和预测，特别在信息收集时要注意样本的随机性和代表性，从而减少资源配置的盲目性和主观臆断性；

（2）充分考虑出版资源的开发利用，包括多项用途综合性开发和主要价值的深层次发掘；

（3）可以实行"双效益"考核机制，对出版社的社会效益建立若干评估指标，实行量化考核，同时对经济效益也要进行分类细化，从而保证出版社的可持续发展；

(4) 从模型求解中可以得知各分社在人力资源配备上存在忙闲不均的现象，如计算机分社人员过多而数学分社的人员偏少，所以建议出版社能够采取一定的措施来优化人力资源的配备，如各个分社之间的人员适当调度等；

(5) 在数据预测上，仅仅根据历史数据预测未来的发展趋势是远远不够的，出版社最好能够建立一套预警系统来指导未来的经营活动；

(6) 分社考虑自身利益可能存在"虚报"的现象，这不利于总社分配工作的进行，总社应加强书号申报工作的管理，本着立足全局、实事求是的原则提高申报准确度。

附表 1

分社	课程名称	课程代号	市场满意度	满意度指标(无量纲)	课程均价 p_{ij}	平均销量 Q_{ij}	特征值($p_{ij}Q_{ij}$ 经济指标)	2006 年的申请书号数	经济效益指标(无量纲)
计算机类	C++程序设计	1	2.88	0.45	25.8	269	6940.2	18	0.0219
	C 程序设计	2	2.98	0.49	25.5	356	9078	18	0.0299
	DSP 技术及应用	3	1.88	0.11	28.0	261	7308	4	0.0233
	Java	4	3.03	0.51	26.0	212	5512	6	0.0165
	编译原理	5	2.63	0.36	24.7	145	3581.5		0.0093
	数据结构	6	2.96	0.49	25.6	249	6374.4	16	0.0198
	软件工程	7	2.76	0.41	27.0	466	12582	12	0.0430
	单片机	8	3.25	0.60	22.9	71	1625.9	6	0.0019
	多媒体	9	2.87	0.45	25.9	373	9660.7	16	0.0321
	人工智能	10	2.89	0.46	24.5	368	9016	8	0.0297
经管类	保险	11	3.22	0.59	26.4	1288	34003	8	0.1233
	组织行为学	12	3.04	0.52	27.3	1867	50969	4	0.1869
	证券投资	13	3.45	0.67	24.9	398	9910.2	4	0.0330
	西方经济学	14	2.48	0.30	27.5	902	24805	4	0.0889
	企业管理	15	3.58	0.72	23.5	402	9447	6	0.0313
	计量经济学	16	3.02	0.51	23.5	589	13842	6	0.0478
	技术经济学	17	3.69	0.76	25.7	852	21896	6	0.0779
	财务管理	18	2.99	0.50	32.9	553	18194	8	0.0641
	管理信息系统	19	3.21	0.58	31.5	3281	103000	6	0.3833
	国际经济学	20	3.32	0.62	35.3	1084	38265	4	0.1393
数学类	离散数学	21	2.96	0.48	21.0	720	15120	12	0.0525
	数学分析	22	2.92	0.47	20.2	866	17493	38	0.0614
	高等数学	23	2.91	0.46	24.8	8167	203000	52	0.7552
	常微分方程	24	2.89	0.46	19.6	1146	22462	8	0.0801
	复变函数	25	2.94	0.48	18.6	1439	26765	24	0.0962
	概率论与数理统计	26	2.94	0.48	23.3	2295	53474	34	0.1963

续表

分社	课程名称	课程代号	市场满意度	满意度指标(无量纲)	课程均价 p_{ij}	平均销量 Q_{ij}	特征值($p_{ij}Q_{ij}$经济指标)	2006年的申请书号数	经济效益指标(无量纲)
数学类	近世代数	27	2.93	0.47	13.1	603	7899.3	12	0.0255
	经济数学	28	3	0.50	18.4	452	8316.8	6	0.0270
	微积分	29	2.87	0.45	22.5	493	11093	24	0.0374
	线性代数	30	2.9	0.46	25.7	2613	67154	12	0.2476
英语类	大学英语	31	2.92	0.47	34.4	717	24665	40	0.0883
	法语	32	2.69	0.38	18.7	434	8115.8	4	0.0263
	实用翻译教程	33	2.44	0.29	33.0	734	24222	2	0.0867
	泛读	34	2.80	0.42	20.6	293	6035.8	22	0.0185
	计算机英语	35	2.92	0.47	27.9	440	12276	8	0.0419
	口语	36	2.98	0.49	21.4	265	5671	16	0.0171
	美国文学	37	2.18	0.20	11.4	97	1105.8	6	0.0000
	日语	38	2.80	0.42	31.3	683	21378	6	0.0760
	商务英语	39	2.89	0.46	23.5	324	7614	10	0.0244
	语法	40	3.15	0.56	32.3	275	8882.5	6	0.0292
两课类	当代世界经济与政治	41	2.93	0.47	14.7	5205	76514	4	0.2827
	邓小平理论和"三个代表"重要思想	42	2.9	0.46	18.8	7130	134000	10	0.4984
	马克思主义政治经济学原理	43	2.9	0.46	26.6	6927	184000	8	0.6867
	马克思主义哲学原理	44	2.89	0.46	16.7	4434	74048	10	0.2735
	毛泽东思想概论	45	2.9	0.46	13.4	19987	268000	6	1.0000
	思想道德修养	46	2.92	0.47	14.8	6421	95031	8	0.3521
	法律基础	47	2.86	0.45	17.5	3882	67935	12	0.2506
	政治经济学	48	2.95	0.48	24.2	1223	29597	14	0.1068
机械类	工程制图	49	2.81	0.43	22.5	601	13523	18	0.0466
	过程控制	50	1.62	0.06	32.3	249	8042.7	4	0.0260
	画法几何	51	2.84	0.44	20.8	353	7342.4	10	0.0234
	机械设计	52	2.91	0.46	21.6	767	16567	16	0.0580
	机械原理	53	2.83	0.43	23.0	1203	27669	4	0.0996
	机械制图	54	2.99	0.50	35.4	979	34657	8	0.1258
化工类	化学与现代文明	55	1.50	0.04	20.0	803	16060	4	0.0561
	有机化学	56	2.79	0.42	23.6	778	18361	4	0.0647
	物理化学	57	2.93	0.47	25.6	451	11546	4	0.0391
	化工原理	58	1.86	0.11	28.0	193	5404	4	0.0161
	工程化学	59	2.82	0.43	18.9	821	15517	4	0.0540
	普通化学	60	2.91	0.47	26.7	449	11988	10	0.0408

续表

分社	课程名称	课程代号	市场满意度	满意度指标（无量纲）	课程均价 p_{ij}	平均销量 Q_{ij}	特征值（$p_{ij}Q_{ij}$ 经济指标）	2006年的申请书号数	经济效益指标（无量纲）
地理、地质类	城市地理学	61	2.92	0.47	21.5	221	4751.5	8	0.0137
	地理信息系统	62	2.99	0.50	32.4	594	19246	8	0.0680
	地图学	63	2.92	0.47	24.0	554	13296	8	0.0457
	地质学	64	2.92	0.47	23.8	739	17588	8	0.0618
	工程地质	65	2.56	0.33	18.2	252	4586.4	4	0.0130
	经济地理学	66	2.87	0.45	22.7	1451	32938	4	0.1193
环境类	大气污染控制工程	67	2.88	0.45	37.5	548	20550	8	0.0729
	水污染控制工程	68	2.84	0.44	22.2	430	9546	10	0.0316
	环境学	69	2.89	0.46	20.7	574	11882	8	0.0404
	环境生态学	70	3.01	0.50	22.7	340	7718	6	0.0248
	环境化学	71	2.77	0.41	24.3	608	14774	4	0.0512
	环境管理	72	2.83	0.43	32.2	1462	47076	4	0.1724

附表 2

分社	课程名	课程代号	平均市场占有率(数量)	市场占有率(销售额)	平均满意度	计划的准确程度	分社申报准确度
计算机类	C++程序设计	1	0.25	0.25	2.88	0.7040	0.7177
	C程序设计	2	0.11	0.122	2.98	0.7310	
	DSP技术及应用	3	0	0.128	1.88	0.6633	
	Java	4	0.04	0.108	3.03	0.6754	
	编译原理	5	0.05	0.06	2.63	0.7220	
	数据结构	6	0.08	0.092	2.96	0.6973	
	软件工程	7	0.26	0.262	2.76	0.7290	
	单片机	8	0.02	0.03	3.25	0.7015	
	多媒体	9	0.24	0.24	2.87	0.7765	
	人工智能	10	0.04	0.264	2.89	0.7772	
经管类	保险	11	0.62	0.61	3.22	0.74	0.71
	组织行为学	12	0.47	0.44	3.04	0.72	
	证券投资	13	0.1	0.10	3.45	0.74	
	西方经济学	14	0.06	0.07	2.48	0.74	
	企业管理	15	0.1	0.09	3.58	0.72	
	计量经济学	16	0.25	0.24	3.02	0.70	
	技术经济学	17	0.5	0.49	3.69	0.69	
	财务管理	18	0.21	0.22	2.99	0.72	
	管理信息系统	19	0.49	0.50	3.21	0.70	
	国际经济学	20	0.52	0.55	3.32	0.67	

续表

分社	课程名	课程代号	平均市场占有率(数量)	市场占有率(销售额)	平均满意度	计划的准确程度	分社申报准确度
数学类	离散数学	21	0.336	0.33	2.96	0.6771	0.7194
	数学分析	22	0.972	0.97	2.92	0.6615	
	高等数学	23	0.916	0.92	2.91	0.6783	
	常微分方程	24	0.792	0.8	2.89	0.7498	
	复变函数	25	0.98	0.98	2.94	0.7333	
	概率论与数理统计	26	0.718	0.72	2.94	0.7161	
	近世代数	27	0.97	0.97	2.93	0.7798	
	经济数学	28	0.004	0	3	0.7474	
	微积分	29	0.404	0.33	2.87	0.7329	
	线性代数	30	0.576	0.57	2.9	0.7176	
英语类	大学英语	31	0.08	0.08	2.92	0.7180	0.7098
	法语	32	0.16	0.16	2.69	0.6662	
	实用翻译教程	33	0	0	2.44	0.6775	
	泛读	34	0.74	0.51	2.80	0.7478	
	计算机英语	35	0.32	0.32	2.92	0.6846	
	口语	36	0.35	0.34	2.98	0.7216	
	美国文学	37	0.13	0.09	2.18	0.7440	
	日语	38	0.13	0.13	2.80	0.7520	
	商务英语	39	0.2	0.2	2.89	0.7022	
	语法	40	0.12	0.12	3.15	0.6835	
两课类	当代世界经济与政治	41	0.24	0.24	2.93	0.7316	0.6956
	邓小平理论和"三个代表"重要思想	42	0.37	0.37	2.9	0.7235	
	马克思主义政治经济学原理	43	0.36	0.36	2.9	0.6591	
	马克思主义哲学原理	44	0.32	0.32	2.89	0.6435	
	毛泽东思想概论	45	0.44	0.44	2.9	0.6787	
	思想道德修养	46	0.35	0.35	2.92	0.7078	
	法律基础	47	0.35	0.35	2.86	0.6971	
	政治经济学	48	0.43	0.43	2.95	0.7237	
机械类	工程制图	49	0.62	0.62	2.81	0.68	0.73
	过程控制	50	0.08	0.09	1.62	0.73	
	画法几何	51	0.63	0.63	2.84	0.72	
	机械设计	52	0.76	0.74	2.91	0.73	
	机械原理	53	0.87	0.86	2.83	0.72	
	机械制图	54	0.69	0.69	2.99	0.79	

续表

分社	课程名	课程代号	平均市场占有率(数量)	市场占有率(销售额)	平均满意度	计划的准确程度	分社申报准确度
化工类	化学与现代文明	55	0.14	0.14	1.50	0.6536	
	有机化学	56	0.41	0.42	2.79	0.6728	
	物理化学	57	0.56	0.58	2.93	0.7169	0.7062
	化工原理	58	0.09	0.09	1.86	0.6507	
	工程化学	59	0.96	0.97	2.82	0.6662	
	普通化学	60	0.93	0.93	2.91	0.7401	
地理、地质类	城市地理学	61	1.00	1.00	2.92	0.6698	
	地理信息系统	62	0.85	0.86	2.99	0.6696	
	地图学	63	1.00	1.00	2.92	0.7819	0.7153
	地质学	64	0.99	0.99	2.92	0.7182	
	工程地质	65	0.28	0.27	2.56	0.7247	
	经济地理学	66	1.00	1.00	2.87	0.7276	
环境类	大气污染控制工程	67	0.83	0.83	2.88	0.7420	
	水污染控制工程	68	0.94	0.95	2.84	0.6835	
	环境学	69	0.96	0.96	2.89	0.6113	0.6842
	环境生态学	70	0.65	0.65	3.01	0.6670	
	环境化学	71	0.48	0.46	2.77	0.7173	
	环境管理	72	0.85	0.86	2.83	0.6843	

二、钢管的订购与运输

(一) 题 目 来 源

要铺设一条 $A_1 \rightarrow A_2 \rightarrow \cdots \rightarrow A_{15}$ 的输送天然气的主管道,如图 3.5 所示。经筛选后可以生产这种主管道钢管的钢厂有 $S_1, S_2, \cdots, S_7$。图中粗线表示铁路,单细线表示公路,双细线表示要铺设的管道(假设沿管道或者原来有公路,或者建有施工公路),圆圈表示火车站,每段铁路、公路和管道旁的阿拉伯数字表示里程(单位:km)。

为方便计,1km 主管道钢管称为 1 个单位钢管。

一个钢厂如果承担制造这种钢管,至少需要生产 500 个单位。钢厂 S_i 在指定期限内能生产该钢管的最大数量为 s_i 个单位,钢管出厂销价 1 单位钢管为 p_i 万元,如表 3.8 所示。1 单位钢管的铁路运价如表 3.9 所示。

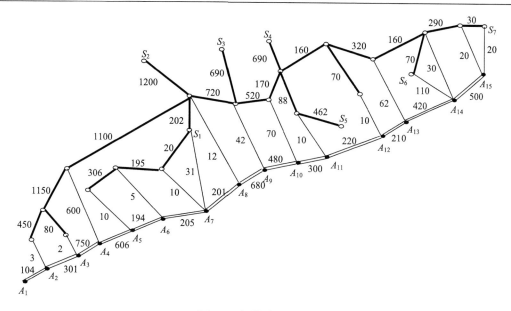

图 3.5　钢管铺设示意图

表 3.8　钢管出厂销价表

i	1	2	3	4	5	6	7
s_i（km）	800	800	1000	2000	2000	2000	3000
p_i（万元）	160	155	155	160	155	150	160

表 3.9　钢管的铁路运价表

里程（km）	运价（万元）	里程（km）	运价（万元）
≤300	20	501～600	37
301～350	23	601～700	44
351～400	26	701～800	50
401～450	29	801～900	55
451～500	32	901～1000	60

1000km 以上每增加 1～100km，运价增加 5 万元。

公路运输费用为 1 单位钢管每公里 0.1 万元（不足整公里部分按整公里计算）。钢管可由铁路、公路运往铺设地点（不只是运到点 $A_1, A_2, \cdots, A_{15}$，而是管道全线）。请制定一个主管道钢管的订购和运输计划，使总费用最小。

（二）模 型 假 设

（1）钢管在运输过程中由铁路运转为公路运或由公路运转为铁路运时，换车费用不计；

（2）一个钢厂如果承担制造这种钢管，至少需要生产 500 个单位；

(3) 所需钢管均由 $S_i(i=1,2,\cdots,7)$ 钢厂提供, 钢厂的钢管销价不随订购量的改变而变化。

(三) 符 号 说 明

s_i: 钢厂 S_i 的最大生产能力;

p_i: 钢厂 S_i 出厂单位钢管的价格(单位: 万元);

d: 公路上单位钢管的每公里运费(d=0.1 万元);

e: 铁路上单位钢管的运费(分段函数见表 3.9);

c_{ij}: 单位钢管从钢厂 S_i 运到 A_j 的最小费用(单位: 万元);

b_j: 从 A_j 到 A_{j+1} 之间的距离(单位: km);

x_{ij}: 钢厂 S_i 运到 A_j 的钢管数;

y_j: 运到 A_j 的钢管向左铺设的数量;

z_j: 运到 A_j 的钢管向右铺设的数量;

$t_i = \begin{cases} 1, & \text{向钢厂} S_i \text{订购钢管} \\ 0, & \text{不向钢厂} S_i \text{订购钢管} \end{cases}$;

W: 所求钢管订购、运输的总费用。

(四) 问 题 分 析

本问题是一个约束非线性规划问题, 对该问题而言, 最终设计出的订购和运输计划应满足以下要求:

(1) 钢管可由铁路、公路运往具体的施工地点, 注意这不只是运到 $A_1,A_2,\cdots,A_{15}$, 而是要运到管道全线;

(2) 各厂的生产条件, 即一个钢厂如果承担制造任务, 至少要生产 500 个单位, 同时还要满足从钢厂 S_i 订购的钢管应不大于指定期限内该厂的最大生产能力 s_i;

(3) 钢管订购与运输所需的总费用最少。

通过具体分析可知, 总费用由三部分组成: 钢厂 S_i 到中转点 A_j 的运输费用、从中转点 A_j 到铺设地的运输费用以及购买钢管的费用。

1. 单位钢管从钢厂 S_i 运到 A_j 的最小运输费用

首先考虑每个钢厂分别运送 1 单位钢管到 $A_1,A_2,\cdots,A_{15}$ 各点的最小运输费用 c_{ij}。如图 3.5 所示, 所有的道路构成网状图形, 且从每个钢厂出发要到达各点 A_j, 均需铁路与公路才能完成, 而铁路的运输费用与线路的长度为分段线性关系, 所以无法使用图论中的标准最短路算法。因此必须先对铁路运费做处理, 再计算单位钢管的运输费用。

具体步骤如下:

(1) 将图 3.5 中的铁路网转化为任两点的最短路径图(如果两点之间不连通, 认为它们之间的最短路长度为+∞);

(2) 利用题中的铁路运价表(表 3.9)将最短路径转化为运输费用, 得到铁路运输费用子图；

(3)将图 3.5 中公路网根据长度计算其运输费用(包括要沿线铺设管道的公路)，得到公路运输费用子图(如果两点之间不连通，认为它们之间的最短路长度为+∞)；

(4)将铁路运输费用子图和公路运输费用子图合并成一个运输费用图，如果两点之间既有铁路又有公路，则选择费用小的路径；

(5)利用最短路算法，求公路费用图中任一个 S_i 点到任一个 A_j 的最小费用路径，得出单位钢管的最小运输费用表。

采用上述步骤求得的单位钢管最小运输费用由表 3.10 列出。

表 3.10 单位钢管最小运输费用表 (单位：万元)

钢厂 运达点	S_1	S_2	S_3	S_4	S_5	S_6	S_7
A_1	170.7	215.7	230.7	260.7	255.7	265.7	275.7
A_2	160.3	205.3	220.3	250.3	245.3	255.3	265.3
A_3	140.2	190.2	200.2	235.2	225.2	235.2	245.2
A_4	98.6	171.6	181.6	216.6	206.6	216.6	226.2
A_5	38	111	121	156	146	156	166
A_6	20.5	95.5	105.5	140.5	130.5	140.5	150.5
A_7	3.1	86	96	131	121	131	141
A_8	21.2	71.2	86.2	116.2	111.2	121.2	131.2
A_9	64.2	114.2	48.2	84.2	79.2	84.2	99.2
A_{10}	92	142	82	62	57	62	76
A_{11}	96	146	86	51	33	51	66
A_{12}	106	156	96	61	51	45	56
A_{13}	121.2	171.2	111.2	76.2	71.2	26.2	38.2
A_{14}	128	178	118	83	73	11	26
A_{15}	142	192	132	97	87	28	2

2. 铺设管道沿线的运输费用

由于钢管不只是运到 $A_1, A_2, \cdots, A_{15}$，而是要运到管道全线，所以表 3.10 中的数据并不是运输费用的全部，还需加上铺设管道沿线的运输费用。由题意，不足整公里部分按整公里计算，所以待铺设路段上的运输费用为

$$d\sum_{j=1}^{15}\left(\frac{y_j(1+y_j)}{2}+\frac{z_j(1+z_j)}{2}\right)$$

(五)模型建立与求解

根据本问题的特征，我们可以建立一个非线性规划模型。目标函数由三部分构成：钢管出厂总价、从钢厂 S_i 运到点 A_j 的运输费用以及铺设管道沿线的运输费用，即

$$W = \sum_{i=1}^{7}\sum_{j=1}^{15} p_i x_{ij} + \sum_{i=1}^{7}\sum_{j=1}^{15} c_{ij} x_{ij} + d\sum_{j=1}^{15}\left(\frac{y_j(1+y_j)}{2} + \frac{z_j(1+z_j)}{2}\right)$$

约束条件：

生产能力的限制：

$$500t_i \leqslant \sum_{j=1}^{15} x_{ij} \leqslant s_i t_i \quad (i=1,2,\cdots,7)$$

运到 A_j 的钢管平衡限制：

$$\sum_{i=1}^{7} x_{ij} = y_j + z_j \quad (j=1,2,\cdots,15)$$

A_j 与 A_{j-1} 之间的钢管长度限制：

$$y_{j+1} + z_j = b_j \quad (j=1,2,\cdots,14)$$

决策变量非负限制：

$$x_{ij} \geqslant 0, y_j \geqslant 0, z_j \geqslant 0 \quad (i=1,2,\cdots,7; j=1,2,\cdots,15)$$

$$t_i = 0\text{或}1 \quad (i=1,2,\cdots,7)$$

$$W = \sum_{i=1}^{7}\sum_{j=1}^{15} p_i x_{ij} + \sum_{i=1}^{7}\sum_{j=1}^{15} c_{ij} x_{ij} + d\sum_{j=1}^{15}\left(\frac{y_j(1+y_j)}{2} + \frac{z_j(1+z_j)}{2}\right)$$

综合以上分析，可得求解钢管订购与运输问题的数学模型：

$$\text{s.t.}\begin{cases} 500t_i \leqslant \sum_{j=1}^{15} x_{ij} \leqslant s_i t_i \quad (i=1,2,\cdots,7) \\ \sum_{i=1}^{7} x_{ij} = y_j + z_j \quad (j=1,2,\cdots,15) \\ y_{j+1} + z_j = b_j \quad (j=1,2,\cdots,14) \\ y_1 = 0, z_{15} = 0 \\ x_{ij} \geqslant 0, y_j \geqslant 0, z_j \geqslant 0 \quad (i=1,2,\cdots,7; j=1,2,\cdots,15) \\ t_i = 0\text{或}1 \quad (i=1,2,\cdots,7) \end{cases}$$

利用数学规划计算软件求得最优解(表 3.11)。

表 3.11　钢管最优订购与运输表　　　　　　　(单位：km)

运达点／钢厂	A_2	A_3	A_4	A_5	A_6	A_7	A_8	A_9	A_{10}	A_{11}	A_{12}	A_{13}	A_{14}	A_{15}	订购量
S_1				334	200	266									800
S_2	179	321					300								800
S_3		187		149				664							1000
S_4															0
S_5				600					351	415					1366
S_6											86	333	621	165	1205
S_7															0

订购与运输所需最小总费用为 $W = 127.84$ 亿元。

习　题　3

1. 某开放式基金现有总额为 15 亿元的资金可用于投资，目前共有 8 个项目可供投资者选择。每个项目可以重复投资，根据专家经验，对每个项目投资总额不能太高，且有上限。这些项目所需要的投资额已经知道，在一般情况下，投资一年后各项目所得利润也可估计出来(表 3.12)。

表 3.12　投资项目所需资金及预计 1 年后所得利润　　　　(单位：万元)

项目编号	A_1	A_2	A_3	A_4	A_5	A_6	A_7	A_8
投资额	6700	6600	4850	5500	5800	4200	4600	4500
预计利润	1139	1056	727.5	1265	1160	714	1840	1575
上限	34000	27000	30000	22000	30000	23000	25000	23000

请帮助该公司解决以下问题：

(1) 就表 3.12 提供的数据，试问应该选取哪些项目进行投资，使得第一年所得利润最大？

(2) 在具体对这些项目投资时，实际还会出现项目之间相互影响等情况。公司在咨询了有关专家后，得到如下可靠信息：

如果同时对第 1 个和第 3 个项目投资，它们的预计利润分别为 1005 万元和 1018.5 万元；

如果同时对第 4、5 个项目投资，它们的预计利润分别为 1045 万元和 1276 万元；

如果同时对第 2、6、7、8 个项目投资，它们的预计利润分别为 1353 万元、840 万元、1610 万元、1350 万元。

如果考虑投资风险，则应该如何投资使得收益尽可能大，而风险尽可能的小？投资项目总风险可用所投资项目中最大的一个风险来衡量。专家预测出的投资项目 Λ_i 的风险损失率为 q_i，数据见表 3.13。

表 3.13　投资项目的风险损失率

项目编号	A_1	A_2	A_3	A_4	A_5	A_6	A_7	A_8
风险损失率 $q_i(\%)$	32	15.5	23	31	35	6.5	42	35

由于专家的经验具有较高的可信度，公司决策层需要知道以下问题的结果：

①如果将专家的前 3 条信息考虑进来，该基金该如何进行投资呢？

②如果将专家的 4 条信息都考虑进来，该基金又应该如何决策？

③开放式基金一般要保留适量的现金，降低客户无法兑付现金的风险。在这种情况下，将专家的 4 条信息都考虑进来，那么基金该如何决策，使得尽可能地降低风险，而一年后所得利润尽可能多？

2. 某货运公司拥有 3 辆卡车，每辆载重量均为 8000kg，可载体积为 9.084m³，该公司为客户从甲地托运货物到乙地，收取一定的费用。托运货物可分为四类：A、鲜活类；B、禽苗类；C、服装类；D、其他类。公司有技术实现四类货物任意混装。平均每类每千克所占体积和相应托运单价如表 3.14 所示。

表 3.14　各类货物每公斤所占体积及托运单价

类别	A、鲜活类	B、禽苗类	C、服装类	D、其他类
体积(m^3/kg)	0.0012	0.0015	0.003	0.008
托运单价(元/kg)	1.7	2.25	4.5	1.12

托运手续时客户首先向公司提出托运申请,公司给予批复,客户根据批复量交货给公司托运。申请量与批复量均以千克为单位,例如客户申请量为1000kg,批复可以为0~1000kg内的任意整数,若取0则表示拒绝客户的申请。

如果某天客户的申请量为:A 类6500kg,B 类5000kg,C 类4000kg,D 类3000kg,要求 C 类货物占用的体积不超过 B、D 两类体积之和的 3 倍,问公司如何批复才能使公司获利最大?

3. 设某工厂有 1000 台机器,生产两种产品 A、B。若投入 y 台机器生产 A 产品,则纯收入为 $5y$;若投入 y 台机器生产 B 产品,则纯收入为 $4y$。又知:生产 A 产品机器的年折损率为 20%,生产 B 产品机器的年折损率为 10%。问在 5 年内如何安排各年度的生产计划,才能使总收入最高?

第四章 多元统计分析

多元统计分析是从经典统计学中发展起来的一个分支，是一种综合分析方法，它能够在多个对象和多个指标互相关联的情况下分析它们的统计规律。主要包括方差分析、多元线性回归、主成分分析与因子分析、判别分析与聚类分析、相关性分析等内容。多元统计分析视角独特，方法多样，深受工程技术人员的青睐，在很多工程领域有着广泛应用，并在应用中不断完善和创新。

第一节 方 差 分 析

方差分析(analysis of variance，简称 ANOVA)，又称"变异数分析"，是 R. A. Fisher 发明的，用于两个及两个以上样本均数差别的显著性检验。其基本思想就是通过分析，研究不同来源的变异对总变异的贡献大小，从而确定可控因素对研究结果影响力的大小。由于各种因素的影响，研究所得的数据呈现波动状。造成波动的原因可分成两类，一类是不可控的随机因素，另一类是研究中施加的对结果形成影响的可控因素。

一、单因素试验的方差分析

(一)单因素方差分析数学模型

设因素 A 有 s 个水平 $A_1, A_2, \cdots, A_s$，在水平 $A_j(j=1,2,\cdots,s)$ 下，进行 $n_j(n_j \geqslant 2)$ 次独立试验，从平方和的分解着手，引入总平方和

$$\overline{x} = \frac{1}{n}\sum_{j=1}^{s}\sum_{i=1}^{n_j}x_{ij} \tag{4.1.1}$$

$$S_t = \sum_{j=1}^{s}\sum_{i=1}^{n_j}(x_{ij}-\overline{x})^2 \tag{4.1.2}$$

其中，$\overline{x}$ 是数据的总平均；S_t 能反映全部试验数据之间的差异，因此 S_t 又称为总离差平方和(又称总变异)。假设在水平 A_j 下的样本平均值(第 j 组组内均值)为 $\overline{x}_{\cdot j} = \frac{1}{n_j}\sum_{i=1}^{n_j}x_{ij}$，$S_t$ 即可分解成为

$$S_t = S_e + S_A \tag{4.1.3}$$

$$S_e = \sum_{j=1}^{s}\sum_{i=1}^{n_j}(x_{ij}-\overline{x}_{\cdot j})^2 \tag{4.1.4}$$

$$S_A = \sum_{j=1}^{s} \sum_{i=1}^{n_j} (\overline{x}_{.j} - \overline{x})^2 = \sum_{j=1}^{s} n_j (\overline{x}_{.j} - \overline{x})^2 = \sum_{j=1}^{s} n_j \overline{x}_{.j}^2 - n\overline{x}^2 \qquad (4.1.5)$$

其中，S_e 的各项 $(x_{ij} - \overline{x}_{.j})^2$ 表示在水平 A_j 下，样本观察值与样本均值的差异，这是由随机误差所引起的，S_e（组内离差平方和）叫作误差平方和；S_A（组间离差平方和）的各项 $n_j (\overline{x}_{.j} - \overline{x})^2$，表示 A_j 水平下的样本平均值与数据总平均的差异，这是由水平 A_j 以及随机误差引起的，S_A 叫作因素 A 的效应平方和。

当 H_0 为真时，分子的数学期望为 σ^2；当 H_0 不真时，假设检验的拒绝域

$$F = \frac{S_A / (s-1)}{S_e / (n-s)} \geqslant k \qquad (4.1.6)$$

其中，k 由预先给定的显著性水平 α 确定。当 H_0 为真时，

$$\frac{S_A / (s-1)}{S_e / (n-s)} = \frac{\dfrac{S_A}{\sigma^2} / (s-1)}{\dfrac{S_e}{\sigma^2} / (n-s)} \sim F(s-1, n-s) \qquad (4.1.7)$$

由此得检验问题(4.1.2)的拒绝域为

$$F = \frac{S_A / (s-1)}{S_e / (n-s)} \geqslant F_\alpha (s-1, n-s) \qquad (4.1.8)$$

上述分析的结果可得如表 4.1 所示方差分析表。

表 4.1 单因素试验方差分析表

方差来源	平方和	自由度	均方	F 比
因素 A	S_A	$s-1$	$\overline{S}_A = \dfrac{S_A}{s-1}$	$F = \dfrac{\overline{S}_A}{\overline{S}_e}$
误差	S_e	$n-s$	$\overline{S}_e = \dfrac{S_e}{n-s}$	
总和	S_t	$n-1$		

（二）单因素试验

在科学试验和生产实践中，影响事物的因素往往很多。例如，在化工生产中，有原料成分、原料剂量、催化剂、反应温度、压力、溶液浓度、反应时间、机器设备及操作人员的水平等因素。每一因素的改变都有可能影响产品的数量和质量。有些因素影响较大，有些较小。为了使生产过程保持稳定，保证优质、高产，就有必要找出对产品质量有显著影响的那些因素。为此，需进行试验，方差分析就是根据试验的结果进行分析，鉴别各个有关因素对试验结果影响的有效方法。

在试验中，将要考察的指标称为试验指标。影响试验指标的条件称为因素。因素可分为两类，一类是人们可控制的(可控因素)，一类是人们不能控制的(不可控因素)。例

如，反应温度、原料剂量、溶液浓度等是可以控制的，而测量误差、气象条件等一般是难以控制的。我们讨论的因素都是指可控因素。因素所处的状态称为该因素的水平(见下述各例)。如果在一项试验中只有一个因素在改变，该试验称为单因素试验。

例 4.1 设有三台机器，用来生产规格相同的铝合金薄板。取样，测量薄板的厚度(精确至千分之一厘米)，得结果如表 4.2 所示。

表 4.2　铝合金板的厚度　　　　　　　　　　(单位：cm)

机器 I	机器 II	机器III
0.236	0.257	0.258
0.238	0.253	0.264
0.248	0.255	0.259
0.245	0.254	0.267
0.243	0.261	0.262

这里，试验的指标是薄板的厚度，机器为因素，不同的 3 台机器就是这个因素的 3 个不同的水平。假定除机器这一因素外，材料的规格、操作人员的水平等其他条件都相同。试验的目的是为了考察各台机器所生产的薄板的厚度有无显著差异，即考察机器这一因素对厚度有无显著的影响。

解　需提出假设检验

$$H_0 : \mu_1 = \mu_2 = \mu_3$$

$$H_1 : \mu_1, \mu_2, \mu_3 \text{ 不全相等}$$

试取 $\alpha=0.05$ 完成这一假设检验，现在 $s=3$、$n_1=n_2=n_3=5$、$n=15$，故有

$$S_t = \sum_{j=1}^{3} \sum_{i=1}^{5} x_{ij}^2 - \frac{T_{..}^2}{15} = 0.963512 - (3.8)^2 / 15 = 0.00124533$$

$$S_A = \sum_{j=1}^{3} \frac{T_{.j}^2}{n_j} - \frac{T_{..}^2}{n} = \frac{1}{5}(1.21^2 + 1.28^2 + 1.31^2) - (3.8)^2 / 15 = 0.00105333$$

$$S_e = S_t - S_A = 0.000192$$

S_t、S_A、S_e 的自由度依次为 14、2、12，方差分析如表 4.3 所示。

表 4.3　铝合金板试验的方差分析表

方差来源	平方和	自由度	均方	F 比
因素	0.00105333	2	0.00052661	32.92
误差	0.000192	12	0.000016	
总和	0.00124533	14		

因 $F_{0.05}(2,12)=3.89<32.92$，故在水平 0.05 下拒绝 H_0，认为各台机器生产的薄板厚度有显著差异。　　　　　　　　　　　　　　　　　　　　　　　　　　　　□

(三)MATLAB 程序

MATLAB 中可用函数 anova1 (⋯) 函数进行单因子方差分析。

调用格式:

```
p=anova1(X)
```

含义:比较样本 $m \times n$ 的矩阵 $\boldsymbol{X}$ 中两列或多列数据的均值。其中,每一列表示一个具有 m 个相互独立测量的独立样本。

返回:它返回 $\boldsymbol{X}$ 中所有样本取自同一总体(或者取自均值相等的不同总体)的零假设成立的概率 p。

例 4.1 的 MATLAB 程序如下:

```
clc; clear; alpha=0.05;
X=[0.236 0.257 0.258;0.238  0.253  0.264;0.248 0.255 0.259;
   0.245 0.254 0.267;0.243 0.261   0.262];
[p,t,st]=anova1(X);                    %返回值
F=t{2,5};                              %显示 F 统计量的值
Fa=finv(1-alpha,t{2,3},t{3,3})    %计算临界值
```

例 4.2 随机选取了计算器四种类型(Ⅰ、Ⅱ、Ⅲ、Ⅳ)的电路响应时间(以毫秒计),见表 4.4。

表 4.4　电路响应时间　　　　　　　(单位:ms)

类型 Ⅰ	类型 Ⅱ	类型Ⅲ	类型 Ⅳ
19	20	16	
15	40	17	18
22	21	15	22
20	33	18	19
18	27	16	

这里,试验的指标是电路响应时间,电路类型这一因素有 4 种类型(水平),考察各种类型电路对响应时间有无显著的影响。

解　设四种类型电路响应时间的总体均为正态,且各总体方差相同、样本相互独立。检验各类型电路的响应时间是否有显著差异。分别以 μ_1、μ_2、μ_3、μ_4 表示Ⅰ、Ⅱ、Ⅲ、Ⅳ四种电路类型响应时间总体的平均值($\alpha=0.05$)。

$$H_0:\mu_1=\mu_2=\mu_3=\mu_4, H_0:\mu_1,\mu_2,\mu_3,\mu_4 \text{ 不全相等}$$

现在 $n=18$、$s=4$、$n_1=n_2=n_3=5$、$n_4=3$,故有

$$S_t=\sum_{j=1}^{4}\sum_{i=1}^{n_j}x_{ij}^2-\frac{T_{..}^2}{18}=8992-(386)^2/18=714.44$$

$$S_A = \sum_{j=1}^{4} \frac{T_{\cdot j}^2}{n_j} - \frac{T_{\cdot\cdot}^2}{18} = \left[\frac{1}{5}(94^2 + 141^2 + 92^2) + \frac{59^2}{3}\right] - (386)^2/18 = 714.44$$

$$S_e = S_t - S_A = 395.46$$

S_t、S_A、S_e 的自由度依次为 17、3、14，结果如表 4.5 所示。

表 4.5　电路响应时间的方差分析表

方差来源	平方和	自由度	均方	F 比
因素	318.98	3	106.33	3.76
误差	395.46	14	28.25	
总和	714.44	17		

因 $F_{0.05}(3,14)=3.34<3.76$，故在水平 0.05 下拒绝 H_0，认为各类型电路的响应时间有显著差异。　　　□

例 4.3 一个年级有 3 个小班，他们进行了一次数学考试，现从 3 个小班中分别随机抽取 12、15、13 个学生记录其成绩如下：

　　　Ⅰ：73、66、89、60、82、45、43、93、83、36、73、77
　　　Ⅱ：88、77、78、31、48、78、91、62、51、76、85、96、74、80、56
　　　Ⅲ：68、41、79、59、56、68、91、53、71、79、71、15、87

设各班成绩服从正态分布且方差相等，试在显著性水平 $\alpha=0.05$ 下，检验各班的平均分数有无显著差异。

解　MATLAB 程序如下：

```
x=[73,66,89,60,82,45,43,93,83,36,73,77,88,77,78,31,48,78,91,
62,51,76,85,96,74,80,56,68,41,79,59,56,68,91,53,71,79,71,15,87];
group=[ones(1,12),2*ones(1,15),3*ones(1,13)]; %数据分组
[p,table,stat]=anova1(x,group);
```

结论：在水平 0.05 下接受 H_0，认为各班的平均分数无显著差异。　　　□

二、双因素方差分析

（一）双因素方差分析的概念

设有两个因素 A、B 作用于试验的指标。因素 A 有 r 个水平 $A_1,A_2,\cdots,A_r$，因素 B 有 s 个水平 $B_1,B_2,\cdots,B_s$。现对因素 A、B 的水平的每对组合 (A_i,B_j) $(i=1,2,\cdots,r;j=1,2,\cdots,s)$ 都做 $t(t\geqslant2)$ 次试验（称为等重复试验），得到如下的结果：

$$x_{ijk} \sim N(\mu_{ij},\sigma^2) \quad (i=1,2,\cdots,r;j=1,2,\cdots,s;k=1,2,\cdots,t) \tag{4.1.9}$$

并设各 x_{ijk} 独立，这里，μ_{ij}、σ^2 均为未知参数，或写成

$$x_{ijk} = \mu_{ij} + \varepsilon_{ijk} \quad (i=1,2,\cdots,r; j=1,2,\cdots,s) \tag{4.1.10}$$

$$\xi_{ijk} \sim N(0,\sigma^2) \tag{4.1.11}$$

其中，$\mu = \dfrac{1}{rs}\sum\limits_{i=1}^{r}\sum\limits_{j=1}^{s}\mu_{ij}; \mu_{i\cdot} = \dfrac{1}{s}\sum\limits_{j=1}^{s}\mu_{ij}(i=1,2,\cdots,r)$；$\mu_{\cdot j} = \dfrac{1}{r}\sum\limits_{i=1}^{r}\mu_{ij}(j=1,2,\cdots,s)$；$\alpha_i = \mu_{i\cdot} - \mu$

$(i=1,2,\cdots,r)$；$\beta_j = \mu_{\cdot j} - \mu(j=1,2,\cdots,s)$。易见 $\sum\limits_{i=1}^{r}\alpha_i = 0$、$\sum\limits_{j=1}^{s}\beta_j = 0$。$\gamma_{ij}$ 称为水平 A_i 和

水平 B_j 的交互效应，这是由 A_i 和 B_j 搭配起来联合起作用而引起的。

双因素试验方差分析的数学模型就是要检验以下三个假设：

$$H_{03}: \gamma_{11} = \gamma_{12} = \cdots = \gamma_{rs} = 0; H_{13}: \gamma_{11},\gamma_{12},\cdots,\gamma_{rs}\,\text{不全为零} \tag{4.1.12}$$

$$H_{01}: \alpha_1 = \alpha_2 = \cdots = \alpha_r = 0; H_{11}: \alpha_1,\alpha_2,\cdots,\alpha_r\,\text{不全为零} \tag{4.1.13}$$

$$H_{02}: \beta_1 = \beta_2 = \cdots = \beta_S = 0; H_{12}: \beta_1,\beta_2,\cdots,\beta_S\,\text{不全为零} \tag{4.1.14}$$

当 $H_{01}: a_1 = a_2 = \cdots = a_r = 0$ 为真时，可以证明

$$F_A = \frac{S_A/(r-1)}{S_e/(rs(t-1))} \sim F(r-1, rs(t-1)) \tag{4.1.15}$$

取显著性水平为 α，得假设 H_{01} 的拒绝域为

$$F_B = \frac{S_B/(s-1)}{S_e/(rs(t-1))} \geqslant F_\alpha(r-1, rs(t-1)) \tag{4.1.16}$$

类似地，在显著性水平 α 下，假设 H_{02} 的拒绝域为

$$F_B = \frac{S_B/(s-1)}{S_e/(rs(t-1))} \geqslant F_\alpha(s-1, rs(t-1)) \tag{4.1.17}$$

在显著性水平 α 下，假设 H_{03} 的拒绝域为

$$F_{A\times B} = \frac{S_{A\times B}/((r-1)(s-1))}{S_e/(rs(t-1))} \geqslant F_\alpha((r-1)(s-1), rs(t-1)) \tag{4.1.18}$$

上述结果可汇总成方差分析(表 4.6)：

表 4.6　双因素试验的方差分析表

方差来源	平方和	自由度	均方	F 比
因素 A	S_A	$r-1$	$\bar{S}_A = \dfrac{S_A}{r-1}$	$F_A = \dfrac{\bar{S}_A}{\bar{S}_e}$
因素 B	S_B	$s-1$	$\bar{S}_B = \dfrac{S_B}{s-1}$	$F_B = \dfrac{\bar{S}_B}{\bar{S}_e}$
交互作用	$S_{A\times B}$	$(r-1)(s-1)$	$\bar{S}_{A\times B} = \dfrac{S_{A\times B}}{(r-1)(s-1)}$	$F_{A\times B} = \dfrac{\bar{S}_{A\times B}}{\bar{S}_e}$
误差	S_e	$rs(t-1)$	$\bar{S}_e = \dfrac{S_e}{rs(t-1)}$	
总和	S_t	$rst-1$		

例 4.4 一火箭使用了四种燃料、三种推进器做射程试验,每种燃料与每种推进器的组合各发射火箭两次,得结果如表 4.7 所示(射程以海里计)。

表 4.7 火箭的射程 (单位:海里)

推进器(M)		M_1	M_2	M_3
燃料(F)	F_1	58.2	56.2	65.3
		52.6	41.2	60.8
	F_2	49.1	54.1	51.6
		42.8	50.5	48.4
	F_3	60.1	70.9	39.2
		58.3	73.2	40.7
	F_4	75.8	58.2	48.7
		71.5	51.0	41.4

这里试验指标是射程,双因素是推进器和燃料,它们分别有 3 个、4 个水平。考察在各因素不同水平下射程有无显著的差异,即考察推进器和燃料这两个因素对射程是否有显著的影响。

假设双因素方差分析所需的条件。试在水平 0.95 下,检验不同燃料(因素 A)、不同推进器(因素 B)下的射程是否有显著差异? 交互作用是否显著?

解 按题意需检验假设 H_{01}、H_{02}、H_{03}。现在 $r=4$、$s=3$、$t=2$,故有

$$S_t = (58.2^2 + 52.6^2 + \cdots + 41.4^2) - \frac{1319.8^2}{24} = 2638.29833$$

$$S_A = \frac{1}{6}(334.3^2 + 296.5^2 + 342.4^2 + 346.6^2) - \frac{1319.8^2}{24} = 261.67500$$

$$S_B = \frac{1}{8}(468.4^2 + 455.3^2 + 396.1^2) - \frac{1319.8^2}{24} = 370.98083$$

$$S_{A \times B} = \frac{1}{2}(110.8^2 + 91.9^2 + \cdots + 90.1^2) - \frac{1319.8^2}{24} - S_A - S_B = 1768.69$$

$$S_e = S_t - S_A - S_B - S_{A \times B} = 236.950$$

得方差分析表 4.8。

表 4.8 火箭射程的双因素方差分析表

方差来源	平方和	自由度	均方	F 比
因素 A(燃料)	261.67500	3	97.2250	F_A=4.42
因素 B(推进器)	370.98083	2	185.4904	F_B=9.39
交互作用 $A \times B$	1768.69250	6	294.7821	$F_{A \times B}$=14.9
误差	236.95000	12	19.7458	
总和	2638.29833	23		

由于 $F_{0.05}(3,12)=3.49<F_A$、$F_{0.05}(2,12)=3.89<F_B$，所以在水平 $\alpha=0.05$ 下，我们拒绝假设 H_{01}、H_{02}，即认为不同燃料或不同推进器下的射程有显著差异。也就是说，燃料和推进器这两个因素对射程的影响都是显著的。又 $F_{0.05}(6,12)=3.00<F_{A\times B}$，故拒绝 H_{03}，值得注意的是，$F_{0.001}(6,12)=8.38$ 也远小于 $F_{A\times B}=14.9$。故交互作用效应是高度显著的。   □

（二）MATLAB 程序

调用格式：

```
p=anova2(X,reps)
```

含义：比较样本 X 中两列(两行)或以上数据的均值。不同列的数据代表因素 A 的变化，不同行的数据代表因素 B 的变化。若在每个行(列)匹配点上有一个以上的观测量，则参数 reps 指示每个单元中观测量的个数。

返回：当 reps=1(默认值)时，anova2 将两个 p 值返回到向量 p 中。H_{0A}：因素 A 的所有样本(X 中的所有列样本)取自相同的总体；H_{0B}：因素 B 的所有样本(X 中的所有行样本)取自相同的总体。当 reps>1 时，anova2 返回第三个 p 值，H_{0AB}：因素 A 与因素 B 没有交互效应。

例 4.5 表 4.9 记录了 3 位操作工分别在四台不同的机器上操作 3 天的日产量。

表 4.9 日产量表

机器	操作工		
	甲(B_1)	乙(B_2)	丙(B_3)
M_1	15,15,17	19,19,16	16,18,21
M_2	17,17,17	15,15,15	19,22,22
M_3	15,17,16	18,17,16	18,18,18
M_4	18,20,22	15,16,17	17,17,17

设每个工人在每台机器上的日产量都服从正态分布且方差相同，试检验($\alpha = 0.05$)：

(1) 操作工之间的差异是否显著？

(2) 机器之间的差异是否显著？

(3) 交互影响是否显著？

解 计算的 MATLAB 程序如下：

```
x=[15,15,17,17,17,17,15,17,16,8,20,22;
   19,19,16,15,15,15,18,17,16,15,16,17;
   16,18,21,19,22,22,18,18,18,17,17,17];
reps=3;
[p,table,stat]=anova2(x',reps);
```

结论：操作工之间无显著差异，机器之间无显著差异，交互无显著影响。   □

第二节　回　归　分　析

"回归"英文为"regression"，是由英国著名生物学家兼统计学家高尔顿(Galton)在研究人类遗传问题时提出的，这个名词沿用已久。

一、回归分析概念

在现实世界中，存在着大量这样的情况：一个变量和一个或多个变量，譬如y和$x_1, x_2, \cdots, x_p$有一些依赖关系，由$x_1, x_2, \cdots, x_p$可以部分地决定y的值，但这种决定往往不是很确切。常常用来说明这种依赖关系的最简单直观的例子是体重与身高、腰围的关系。若用x_1表示某人的身高，用x_2表示某人的腰围，用y表示他的体重，众所周知，一般说来，当x_1、x_2大时，y也倾向于大，但由x_1、x_2不能严格地决定y。变量之间的这种关系称为"相关关系"，回归模型就是研究相关关系的一个有力工具。

在以上诸例中，y通常称为因变量或响应变量，$x_1, x_2, \cdots, x_p$称为自变量或预报变量。我们可以设想，y的值由两部分组成：一部分是由$x_1, x_2, \cdots, x_p$能够决定的部分，它是$x_1, x_2, \cdots, x_p$的函数，记为$f(x_1, x_2, \cdots, x_p)$，而另一部分则是由其他众多未加考虑的因素(包括随机因素)所产生的影响，它被看作随机误差，记为e。于是我们得到如下模型：

$$y = f(x_1, x_2, \cdots, x_p) + e \tag{4.2.1}$$

这里，$E(e) = 0$，$\mathrm{var}(e) = \sigma^2$。

假设因变量y和p个自变量$x_1, x_2, \cdots, x_p$之间有如下关系：

$$y = b_0 + b_1 x_1 + \cdots + b_p x_p + e \tag{4.2.2}$$

这是多元线性回归模型，其中b_0为常数项，$b_1, \cdots, b_p$为回归系数，e为随机误差。

假设我们对y和$x_1, \cdots, x_p$进行了n次观测，得到n组观测值

$$x_{i1}, \cdots, x_{ip}; y_i \quad (i = 1, \cdots, n)$$

它们满足关系式

$$y_i = b_0 + b_1 x_{i1} + \cdots + b_p x_{ip} + e_i \quad (i = 1, \cdots, n) \tag{4.2.3}$$

其中，e_i为对应的随机误差。引进矩阵记号：

$$\boldsymbol{y} = \begin{pmatrix} y_1 \\ y_2 \\ \vdots \\ y_n \end{pmatrix}, \quad \boldsymbol{X} = \begin{pmatrix} 1 & x_{11} & \cdots & x_{1p} \\ 1 & x_{21} & \cdots & x_{2p} \\ \vdots & \vdots & & \vdots \\ 1 & x_{n1} & \cdots & x_{np} \end{pmatrix}, \quad \boldsymbol{b} = \begin{pmatrix} b_0 \\ b_1 \\ \vdots \\ b_p \end{pmatrix}, \quad \boldsymbol{e} = \begin{pmatrix} e_1 \\ e_2 \\ \vdots \\ e_n \end{pmatrix} \tag{4.2.4}$$

式(4.2.2)就写为如下简洁形式：

$$\boldsymbol{y} = \boldsymbol{Xb} + \boldsymbol{e} \tag{4.2.5}$$

其中，$\boldsymbol{y}$为$n \times 1$的观测向量；$\boldsymbol{X}$为$n \times (p+1)$已知矩阵，通常称为数据矩阵；$\boldsymbol{b}$为未知参数向量，b_0称为常数项，而$b_1, \cdots, b_p$为回归系数；而$\boldsymbol{e}$为$n \times 1$随机误差向量，关于$\boldsymbol{e}$最常用

的假设是:

(1) 误差项均值为零, 即
$$E(e_i)=0 \quad (i=1,\cdots,n)$$

(2) 误差项具有等方差, 即
$$\mathrm{var}(e_i)=\sigma^2 \quad (i=1,\cdots,n) \tag{4.2.6}$$

(3) 误差是彼此不相关的, 即
$$\mathrm{cov}(e_i,e_j)=0 \quad (i\neq j; i,j=1,\cdots,n) \tag{4.2.7}$$

通常称以上三条为高斯-马尔可夫(Gauss-Markov)假设。

对于模型(4.2.2), 假设 $\hat{\boldsymbol{b}}=(\hat{b}_0,\hat{b}_1,\cdots,\hat{b}_p)^\mathrm{T}$ 为 $\boldsymbol{b}$ 的一种估计, 将它们代入式(4.2.3), 并略去其中的误差项 e_i, 得到经验回归方程
$$\hat{y}=\hat{b}_0+\hat{b}_1x_1+\cdots+\hat{b}_px_p \tag{4.2.8}$$

这个经验回归方程是否真正描述了因变量 y 与自变量 $x_1,\cdots,x_p$ 之间的关系, 还需要适当的统计检验。

二、多元线性回归的最小乘法估计

假设 y 为因变量, $x_1,\cdots,x_p$ 为对 y 有影响的 p 个自变量, 并且它们之间具有线性关系
$$y=b_0+b_1x_1+\cdots+b_px_p+e$$

其中, e 为误差项, 表示除了 $x_1,\cdots,x_p$ 之外其他因素对 y 的影响以及试验或测量误差; $b_0,b_1,\cdots,b_p$ 是待估计的未知参数。假定我们有了因变量 y 和自变量 $x_1,\cdots,x_p$ 的 n 组观测值
$$x_{i1},\cdots,x_{ip}; y_i \quad (i=1,\cdots,n)$$

它们满足
$$y_i=b_0+b_1x_{i1}+\cdots+b_px_{ip}+e_i \quad (i=1,\cdots,n)$$

误差项 $e_i(i=1,\cdots,n)$ 满足 Gauss-Markov 假设
$$\begin{cases} E(e_i)=0 \\ \mathrm{var}(e_i)=\sigma^2(\text{等方差}) \\ \mathrm{cov}(e_i,e_j)=0(i\neq j)(\text{不相关}) \end{cases} \tag{4.2.9}$$

若用矩阵形式变形为
$$\begin{pmatrix} y_1 \\ y_2 \\ \vdots \\ y_n \end{pmatrix} = \begin{pmatrix} 1 & x_{11} & \cdots & x_{1p} \\ 1 & x_{21} & \cdots & x_{2p} \\ \vdots & \vdots & & \vdots \\ 1 & x_{n1} & \cdots & x_{np} \end{pmatrix} \begin{pmatrix} b_0 \\ b_1 \\ \vdots \\ b_p \end{pmatrix} + \begin{pmatrix} e_1 \\ e_2 \\ \vdots \\ e_n \end{pmatrix} \tag{4.2.10}$$

等价地,
$$\boldsymbol{y}=\boldsymbol{Xb}+\boldsymbol{e} \tag{4.2.11}$$

其中, 所有矩阵和向量的定义是不言自明的, $\boldsymbol{y}$ 是 $n\times 1$ 的指标观测向量, $\boldsymbol{X}$ 为 $n\times(p+1)$

的已知数据矩阵，b 为 $(p+1) \times 1$ 的未知参数向量，e 为 $n \times 1$ 的随机误差向量。式(4.2.11)
也可表成向量等式：

$$y = b_0 \mathbf{1} + b_1 x_1 + \cdots + b_p x_p + e \tag{4.2.12}$$

用矩阵形式可将 Gauss-Markov 假设写成：

$$E(e) = \mathbf{0}, \mathrm{cov}(e) = \sigma^2 I_n \tag{4.2.13}$$

得到最基本、最重要的线性回归模型：

$$y = Xb + e, E(e) = \mathbf{0}, \mathrm{cov}(e) = \sigma^2 I_n \tag{4.2.14}$$

获得参数向量 b 的估计的一个最重要方法是最小二乘法。这个方法是找 b 的估计，
使得误差向量 $e = y - Xb$ 的长度之平方达到最小，记为 $\|y - Xb\|^2$。将此式展开得

$$Q(b) = \|y - Xb\|^2 = (y - Xb)^{\mathrm{T}}(y - Xb)$$

$$Q(b) = y^{\mathrm{T}} y - 2y^{\mathrm{T}} Xb + b^{\mathrm{T}} X^{\mathrm{T}} Xb$$

对 b 求偏导数，并令其为零，可以得到方程

$$X^{\mathrm{T}} Xb = X^{\mathrm{T}} y \tag{4.2.15}$$

它称为正规方程。这个线性方程组有唯一解的充要条件是 $X^{\mathrm{T}} X$ 的秩为 $p+1$，或等价地，
X 的秩为 $p+1$，在线性回归模型的讨论中，我们总假定这个条件是满足的。于是我们得
到式(4.2.15)的唯一解，称为 b 的最小二乘估计：

$$\hat{b} = (X^{\mathrm{T}} X)^{-1} X^{\mathrm{T}} y \tag{4.2.16}$$

根据微积分的极值理论，$\hat{b}$ 只是函数 $Q(b)$ 的一个驻点。我们还需要证明，$\hat{b}$ 确实使
$Q(b)$ 达到最小。事实上，对任意一个 b，有

$$\|y - Xb\|^2 = \|y - X\hat{b} + X(\hat{b} - b)\|^2$$
$$= \|y - X\hat{b}\|^2 + (\hat{b} - b)^{\mathrm{T}} X^{\mathrm{T}} X(\hat{b} - b) + 2(\hat{b} - b)^{\mathrm{T}} X^{\mathrm{T}}(y - X\hat{b}) \tag{4.2.17}$$

因为 $\hat{b}$ 满足正规方程(4.2.15)，于是 $X^{\mathrm{T}}(y - X\hat{b}) = \mathbf{0}$，因而式(4.2.17)第三项等于零。
这就证明了对任意的 b，有 $\|y - Xb\|^2 = \|y - X\hat{b}\|^2 + (\hat{b} - b)^{\mathrm{T}} X^{\mathrm{T}} X(\hat{b} - b)$，又因为 $X^{\mathrm{T}} X$ 是一
个正定阵，故上式第二项总是非负的，于是

$$Q(b) = \|y - Xb\|^2 \geqslant \|y - X\hat{b}\|^2 = Q(\hat{b}) \tag{4.2.18}$$

于是模型回归参数的最小二乘估计为

$$\begin{cases} \hat{b} = (\hat{b}_1, \hat{b}_2, \cdots, \hat{b}_p)^{\mathrm{T}} = (X_C^{\mathrm{T}} X_C)^{-1} X_C^{\mathrm{T}} y \\ \hat{b}_0 = \bar{y} - \hat{b}_1 \bar{x}_1 - \hat{b}_1 \bar{x}_1 - \cdots - \hat{b}_p \bar{x}_p \end{cases} \tag{4.2.19}$$

三、回归模型的检验

只要 X 的秩为 $p+1$，回归方程就能建立。但这时存在两个问题：

$(1) y$ 与 $x_1, x_2, \cdots, x_p$ 是否有较好的线性关系？

(2)回归模型能否简化，即是否在 $x_1, x_2, \cdots, x_p$ 中某个自变量与 y 无关或它能被其他自变量代替，因而回归模型中可以删去这个自变量？

第一个问题即是整个回归效果是否显著的问题。如果 $b_1 = b_2 = \cdots = b_p = 0$ 时，y 与 $x_1, x_2, \cdots, x_p$ 没有关系，回归模型没有意义，于是我们要检验 H_0：$b_1 = b_2 = \cdots = b_p = 0$ 是否成立。若 H_0 成立，则 $x_1, x_2, \cdots, x_p$ 对 y 没有影响；反之，若 H_0 不成立，则 y 与 $x_1, x_2, \cdots, x_p$ 的线性关系显著，也称为回归效果显著。

总离差平方和，记为 S_t，即

$$S_t = \left\| y^* \right\|^2 = y^{*\mathrm{T}} y^* = \sum y_i^2 - n\overline{y}^2 \underset{=}{\Delta} l_{yy} \tag{4.2.20}$$

称 y^* 的正交投影模方为回归平方和，记为 S_r，可以证明总离差平方和可以分解为

$$l_{yy} = S_r + S_e \tag{4.2.21}$$

其中，$S_r = \left\| X_c \hat{b} \right\|^2 = \sum_{i=1}^{p} \hat{b}_i l_{iy}$，$S_e = \left\| e \right\|^2 = \left\| y^* - X_c \hat{b} \right\| = \sum_{i=1}^{n} (y_i - \hat{y}_i)^2$。$S_r$ 反映回归线性部分，表示模型与实际数据的拟合程度，S_r 相对大为好；S_e 反映各种偶然因素的干扰，越小越好；它们的比 S_r/S_e 可以反映出 $x_1, x_2, \cdots, x_p$ 对 y 影响的大小。这个比还受到因素的个数 p 和试验次数 n 影响，引入以上平方和自由度的概念，有总自由 f_t 是 $n-1$，回归自由度 f_t 是 p，残差自由度 f_e 是 $n-p-1$，以上平方和除以其自由度称为均方和，通过回归项和误差项的均方和之比检验方程显著性。

四、逐 步 回 归

（一）逐步回归的基本做法

从构造一元线性回归开始，逐个判断添加及删除，以偏回归平方和的 F 检验来判断自变量对 y 的影响是否显著；将未选入回归模型的自变量按影响的程度依次回归模型中试，看是否能添加进模型，能添加的原则是添加的变量对 y 的影响显著。如果显著，则添加，否则结束筛选；每添入一个新变量后，对已选入的变量影响最小者进行 F 检验，若对 y 作用不显著则予以剔除；将应该剔除的全部剔除后再继续做添加尝试。

（二）MATLAB 程序

在 MATLAB 软件包中有一个做一般多元回归分析的命令 regeress，调用格式如下：

```
[b, bint, r, rint, stats] = regress(y,X,alpha)
```
或者
```
[b, bint, r, rint, stats] = regress(y,X)
```
此时，默认 alpha=0.05。这里，y 是一个 $n \times 1$ 的列向量，X 是一个 $n \times (m+1)$ 的矩阵，其中第一列是全 1 向量，一般情况下，需要人工造一个全 1 列向量。回归方程具有如下形式：

$$y = \lambda_0 + \lambda_1 x_1 + \cdots + \lambda_m x_m + \varepsilon \qquad (4.2.22)$$

其中，ε 是残差。在返回项 $[b, bint, r, rint, stats]$ 中，$\boldsymbol{b} = \lambda_0 \lambda_1 \cdots \lambda_m$ 是回归方程的系数；$\boldsymbol{b}int$ 是一个 $m \times 2$ 矩阵，它的第 i 行表示 λ_i 的 $(1-alpha)$ 置信区间；$\boldsymbol{r}$ 是 $n \times 1$ 的残差列向量；$\boldsymbol{r}int$ 是 $n \times 2$ 矩阵，它的第 i 行表示第 i 个残差 r_i 的 $(1-alpha)$ 置信区间。

一般 stats 返回 4 个值：R^2 值、F 检验值、阈值 f、与显著性概率相关的 p 值。一般说来，R^2 值越大越好。一般用 F 检验、t 检验以及相关系数检验法对回归方程做显著性检验。MATLAB 软件包输出 F 检验值和阈值 f。一般说来，F 检验值越大越好，特别地，应该有 F 检验值 $> f$。与显著性概率相关的 p 值应该满足 $p < alpha$。这几个技术指标说明拟合程度的好坏。这几个指标都满足相应的条件，就说明回归方程是有意义的。如果残差与残差区间杠杆图在 0 点线附近分布比较均匀，而不呈现一定的规律性，就说明回归分析做得比较理想。

在 MATLAB 软件包中，逐步回归的调用格式如下：

```
stepwise(X,Y)
```

程序不断提醒将某个变量加入(Move in)回归方程，或者提醒将某个变量从回归方程中剔除(Move out)。stepwise 命令调用时请注意以下两个问题：

(1)使用 stepwise 命令进行逐步回归，既有剔除变量的运算，也有引入变量的运算，它是目前应用较为广泛的一种多元回归方法。

(2)在运行 stepwise(X,Y) 命令时，默认显著性概率 $\alpha = 0.05$。

例 4.6 Hald 数据是关于水泥生产的数据。某种水泥在凝固时放出的热量 Y(单位：cal/g[①])与水泥中 4 种化学成分所占的百分比有关，x_1：$3CaO \cdot Al_2O_3$，x_2：$3CaO \cdot SiO_2$，x_3：$4CaO \cdot Al_2O_3 \cdot Fe_2O_3$，$x_4$：$2CaO \cdot SiO_2$，在水泥生产中测得 13 组数据见表 4.10。

表 4.10 水泥生产数据表

序号	x_1	x_2	x_3	x_4	Y
1	7	26	6	60	78.5
2	1	29	15	52	74.3
3	11	56	8	20	104.3
4	11	31	8	47	87.6
5	7	52	6	33	95.9
6	11	55	9	22	109.2
7	3	71	17	6	102.7
8	1	31	22	44	72.5
9	2	54	18	22	93.1
10	21	47	4	26	115.9
11	1	40	23	34	83.8
12	11	66	9	12	113.3
13	10	68	8	12	109.4

---

① cal/g：非法定单位，1cal≈4.18J

求出关系式 $Y=f(x)$。

解　(1) 在 MATLAB 软件包中写一个 M 文件:

```
X=[7,26,6,60;1,29,15,52;11,56,8,20;11,31,8,47;7,52,6,33;
    11,55,9,22;3,71,17,6;1,31,22,44;2,54,18,22;21,47,4,26;
    1,40,23,34;11,66,9,12;10,68,8,12];
Y=[78.5,74.3,104.3,87.6,95.9,109.2,102.7,72.5,93.1,115.9,
    83.8,113.3,109.4]';
a1=ones(13,1);A=[a1,X];[b,bint,r,rint,stat]=regress(Y,A);
    rcoplot(r,rint)    %残差杠杆图
```

得到:

$$Y = 62.4054 + 1.5511x_1 + 0.5102x_2 + 0.1019x_3 - 0.1441x_4$$

并且, 残差杠杆图显示, 残差均匀分布在 0 点线附近, $R^2=0.9824$, 说明模型拟合得很好。F 检验值$=111.4792>0.000$, 符合要求。但是, 与显著性概率相关的 p 值说明, 回归方程中有些变量可以剔除。

(2) MATLAB 软件包中逐步回归:

```
X=[7,26,6,60;1,29,15,52;11,56,8,20;11,31,8,47;7,52,6,33;
    11,55,9,22;3,71,17,6;1,31,22,44;2,54,18,22;21,47,4,26;
    1,40,23,34;11,66,9,12;10,68,8,12];
Y=[78.5,74.3,104.3,87.6,95.9,109.2,102.7,72.5,93.1,115.9,
    83.8,113.3,109.4]';
stepwise(X,Y);
```

程序执行后得到逐步回归的画面, 如图 4.1 所示。

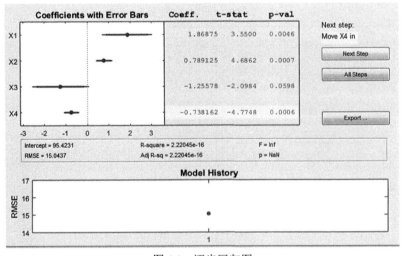

图 4.1　逐步回归图

程序提示: 将变量 x_4 加进回归方程(Move x4 in), 点击 Next Step 按钮, 即进行下一步运算, 将第 4 列数据对应的变量 x_4 加入回归方程。点击 Next Step 按钮后, 又得到提

示：将变量 x_1 加进回归方程(Move x1 in)，点击 Next Step 按钮，即进行下一步运算，将第 1 列数据对应的变量 x_1 加入回归方程。点击 Next Step 按钮后，再得到提示：Move no terms，即没有需要加入(也没有需要剔除)的变量了。若直接点击"All Steps"按钮，直接求出结果(省略中间过程)。最后得到回归方程：

$$Y = 103.097 + 1.43996x_1 - 0.613954x_4$$

回归方程中选择了原始变量 x_1 和 x_4。模型评估参数分别为：$R^2 = 0.972471$，R^2 的修正值 $R_\alpha^2 = 0.964212$，F 检验值=176.627，与显著性概率相关的 $p = 1.58106 \times 10^{-8} < 0.05$，残差均方 RMSE=2.73427(这个值越小越好)。以上指标值都很好，说明回归效果比较理想。另外，截距 intercept=103.097，这就是回归方程的常数项。

画出最终的 x_1、x_4、y 图像：

```
X=[7,26,6,60;1,29,15,52;11,56,8,20;11,31,8,47;7,52,6,33;
    11,55,9,22;3,71,17,6;1,31,22,44;2,54,18,22;21,47,4,26;
    1,40,23,34;11,66,9,12;10,68,8,12];
Y=[78.5,74.3,104.3,87.6,95.9,109.2,102.7,72.5,93.1,115.9,
    83.8,113.3,109.4]'-103.097;
plot3(X(:,1),X(:,4),Y);
```

例 4.7 经钻探获得某地区煤矿上表面高度数据，设 x 为横坐标，y 为纵坐标，为了做趋势面分析，建立上表面高度 h 的回归方程。我们用二次多项式拟合这组数据，从而建立回归模型：$h = b_0 + b_1 x + b_2 y + b_3 x^2 + b_4 xy + b_5 y^2 + \varepsilon$，其中 ε 是零均值随机变量。令 $t_1 = x$、$t_2 = y$、$t_3 = x^2$、$t_4 = xy$、$t_5 = y^2$，则原模型转化为线性回归模型：

$$h_i = b_0 + b_1 t_1 + b_2 t_2 + b_3 t_3 + b_4 t_4 + b_5 t_5 \tag{4.2.23}$$

从而可以用线性回归的计算公式和检验方法。

当自变量的其他函数，例如，对数函数、指数函数、三角函数等出现在回归模型中，而未知参数都是以线性形式出现时，都可以利用表 4.11 进行回归处理。

表 4.11　回归分析函数使用表

函数	格式	返回
一元幂函数 (一元多次)	polyfit(x,y,n)	
多元线性函数	[b,bint,r,rint,stats]=regress(y,x)	b 为回归系数，β 的估计值(第一个为常数项)，bint 为回归系数的区间估计，r 为残差，rint 为残差的置信区间，stats 为用于检验回归模型的统计量
任意多元函数	[beta,r,J]=nlinfit(X,y,fun,beta0)	X 是给定的自变量数据，y 是给定的因变量数据，fun 是要拟合的函数模型，beta0 是函数模型中待定系数估计初值。beta 返回拟合后待估系数；r 为残差；J 为 Jacobian 矩阵

例 4.8 设某商品的需求量与消费者的平均收入、商品价格的统计数据如表 4.12，建立回归模型，预测平均收入为 1000、价格为 6 时的商品需求量。

表 4.12　商品相关数据统计表

序号	需求量	收入(元)	价格(元)
1	100	1000	5
2	75	600	7
3	80	1200	6
4	70	500	6
5	50	300	8
6	65	400	7
7	90	1300	5
8	100	1100	4
9	110	1300	3
10	60	300	9

解　假设选择纯二次模型，即 $y = \beta_0 + \beta_1 x_1 + \beta_2 x_2 + \beta_{11} x_1^2 + \beta_{22} x_2^2$。

MATLAB 程序：

```
x1=[1000 600 1200 500 300 400 1300 1100 1300 300];
x2=[5 7 66 8 7 5 4 3 9];
y=[100 75 80 70 50 65 90 100 110 60]';
X=[ones(10,1) x1' x2' (x1.^2)' (x2.^2)'];     %注意常数项
[b,bint,r,rint,stats]=regress(y,X);            %回归
b=[110.5313 0.1464 -26.5709-0.00011.8475]
stats=[0.9702   40.6656    0.0005   20.5771]
```

故回归模型为

$$y = 110.5313 + 0.1464 x_1 - 26.5709 x_2 - 0.0001 x_1^2 + 1.8475 x_2^2$$

剩余标准差为 4.5362，说明此回归模型的显著性较好。　　　　　　　　　　　□

第三节　主成分分析法和因子分析法

在综合评价实践中，为了尽可能全面地反映被评价对象的情况，人们总希望选取的评价指标越多越好。但是，过多的评价指标不仅会增加评价工作量，还会因评价指标间的相关联系造成评价信息相互重叠、相互干扰，从而难以客观地反映被评价对象的相对地位。因此，如何用少数几个彼此不相关的新指标代替众多彼此有一定相关关系的指标，同时又能尽可能地反映原来指标的信息量，这是综合评价中一个具有现实意义的问题。从数学的观点来看，就是建立一种从高维空间到低维空间的映射，这种映射能保持样本在高维空间的某种"结构"，其中最明显的是与"序"有关的结构，因为综合评价的目的往

往与排序是分不开的。而多元统计分析中的主成分分析便是解决这一问题的有力工具。

一、主成分分析的实施步骤

用主成分分析进行综合评价的基本思路是：首先求出原始 p 个评价指标的 p 个主成分，然后选取少数几个主成分来代替原始指标，再将所选取的主成分用适当形式综合，就可以得到一个综合评价指标，依据它就可以对被评价对象进行排序比较。具体步骤如下：

(1)对原始数据进行标准化处理。由于主成分是从协方差矩阵 S 出发求得的，而协方差矩阵受评价指标量纲和数量级的影响，不同的量纲和数量级将得到不同的协方差矩阵，从而主成分也会因评价指标量纲和数量级的改变而不同。为了克服了这一缺陷，更客观地说明主成分内涵，就必须将原始指标标准化。一般采用 z-score 标准化(或均值化)，即

$$z_{ij} = \frac{x_{ij} - \overline{x}_i}{\sqrt{s_{jj}}}, \overline{x}_j = \frac{1}{n}\sum_{i=1}^{n} x_{ij}, s_{jj} = \frac{1}{n-1}\sum_{i=1}^{n}(x_{ij} - \overline{x}_j)^2 \tag{4.3.1}$$

由于标准化指标的协方差矩阵等于其相关系数矩阵，而其相关系数矩阵不受指标量纲或数量级的影响，因此，标准化的主成分不受量纲和数量级影响。

(2)计算标准化后的 p 个指标的协方差矩阵。标准化指标间的协方差矩阵即为相关系数矩阵，即

$$\boldsymbol{R} = (r_{ij}) = \begin{pmatrix} r_{11} & r_{12} & \cdots & r_{1p} \\ r_{21} & r_{22} & \cdots & r_{2p} \\ \vdots & \vdots & & \vdots \\ r_{p1} & r_{p2} & \cdots & r_{pp} \end{pmatrix} \tag{4.3.2}$$

其中，$r_{ij}(i,j=1,2,\cdots,p)$ 为原变量的 x_i 与 x_j 之间的相关系数，其计算公式为

$$r_{ij} = \frac{\sum_{k=1}^{n}(x_{ki} - \overline{x}_i)(x_{kj} - \overline{x}_j)}{\sqrt{\sum_{k=1}^{n}(x_{ki} - \overline{x}_i)^2 \sum_{k=1}^{n}(x_{kj} - \overline{x}_j)^2}} \tag{4.3.3}$$

因为 $\boldsymbol{R}$ 是实对称矩阵(即 $r_{ij}=r_{ji}$)，所以只需计算上三角元素或下三角元素即可。

(3)计算相关矩阵 $\boldsymbol{R}$ 的特征根、特征向量。首先解特征方程$|\lambda I - R| = 0$，通常用雅可比法(Jacobi)求出特征值 $\lambda_i (i = 1,2,\cdots,p)$，并使其按大小顺序排列，即 $\lambda_1 \geqslant \lambda_2 \geqslant \cdots \geqslant \lambda_p \geqslant 0$；然后分别求出对应于特征值 λ_i 的特征向量 $e_i(i=1,2,\cdots,p)$。这里要求 $\|e_i\|=1$，即 $\sum_{j=1}^{p} e_{ij}^2 = 1$，其中 e_{ij} 表示向量 e_i 的第 j 个分量。

(4)计算 $y_1, y_2, \cdots, y_k$ 的方差贡献率 a_i 及累计方差贡献率 $a(k)$。第 i 个主成分 y_i 的方差贡献率为 $a_i = \lambda_i / \sum_{i=1}^{p}\lambda_i$，前 k 个主成分 $y_1, y_2, \cdots, y_k$ 的累计方差贡献率为

$a(k)=\sum\limits_{j=1}^{k}\lambda_j \Big/ \sum\limits_{i=1}^{p}\lambda_i$，$a_i$ 表示 $\mathrm{var}(y_i)=\lambda_i$ 在原始指标的总方差 $\sum\limits_{i=1}^{p}\mathrm{var}(x_i)=\sum\limits_{i=1}^{p}\mathrm{var}(y_i)=\sum\limits_{i=1}^{p}\lambda_i$ 中

所占的比重，即第 i 个主成分提取的原始 p 个指标的信息量。因此，前 k 个主成分 $y_1,y_2,\cdots,y_k$ 的累计方差贡献率 $a(k)$ 就表示这 k 个主成分保留的原始信息量的总和。$a(k)$ 越大，说明前 k 个主成分包含的原始信息越多。

(5)选择主成分个数。主成分分析的目的在于将原来为数较多的指标转化为少数几个综合指标(即主成分)，而且还要尽可能多地保留原始指标的信息，从而减少综合评价的工作量。从前面的讨论可知，前 k 个主成分的累计方差贡献率 $a(k)$ 表示的是这 k 个主成分从原始 $x_1,x_2,\cdots,x_p$ 中提取的总的信息量。因此，确定主成分个数 k 实质上就是在 k 与 $a(k)$ 之间进行权衡：一方面，要使 k 尽可能小；另一方面，要使 $a(k)$ 尽可能大。即以较少的主成分获取足够多的原始信息。

确定主成分个数的原则很多，在实践中比较常见的有以下几种：

第一种是根据实际问题的需要，使前 k 个主成分的累计方差贡献率 $a(k)$ 达到一定的要求，通常要求 $a(k)\geqslant 85\%$。按这一原则选择的主成分常常较多，这一原则在实践中被运用得最多。

第二种是平均数原则，即先计算 p 个特征的平均值 $\overline{\lambda}=\dfrac{1}{p}\sum\limits_{i=1}^{p}\lambda_i$，然后将每个特征根据 λ_i 与 $\overline{\lambda}$ 进行比较，满足 $\lambda_i>\overline{\lambda}$ 的即选中。对于标准化数据，有 $\sum\limits_{i=1}^{p}\lambda_i=p$，所以 $\overline{\lambda}=1$。此时，满足 $\lambda>1$ 的最小值 k 即为所求。

(6)对选择的主成分的含义做出解释。主成分是原始指标的线性组合，它包含了比原始指标更复杂的内容。因此，对主成分的含义做出合乎客观实际的解释，将有利于对定量的综合评价进行进一步的定性分析。从众多主成分分析应用实例看，主成分含义解释通常是根据各评价指标 x_i 的含义及其在主成分中的系数 a_{ij} 绝对值的大小和符号来进行的，从系数 a_{ij} 绝对值的大小看，如果一个主成分表达式中的某一指标 x_i 的系数 a_{ij} 较大，则表明这个主成分主要反映的是该指标 x_i 的信息。如果各指标的系数都大致相同，则要注意是否存在一个共性的影响因素。从系数 a_{ij} 的符号看，如果 a_{ij} 是正数，则表明该指标与该主成分作用同向；反之则逆向。

(7)由主成分计算综合评价值，以此对被评价对象进行排序和比较。先按累积方差贡献率不低于某阈值(比如 85%)的原则确定前 k 个主成分，然后以选择的每个主成分各自的方差贡献率为权数将它们线性加权求和得综合评价指标 F。设按累积方差贡献率 $a(k)\geqslant 85\%$ 选择得前 k 个主成分 y_i：

$$y_i=a_{i1}z_1+a_{i2}z_2+\cdots+a_{ip}z_p \quad (i=1,2,\cdots,k) \tag{4.3.4}$$

它们的方差贡献率为 $\lambda_i \Big/ \sum\limits_{j=1}^{p}\lambda_j (i=1,2,\cdots,k)$，归一化后以此为权数，将 k 个主成分 $y_1,y_2,\cdots,y_k$ 线性加权求和即得综合评价值 F：

$$F = \frac{\lambda_1 y_1 + \lambda_2 y_2 + \cdots + \lambda_k y_k}{\sum\limits_{i=1}^{k} \lambda_i} \tag{4.3.5}$$

以 F 值的大小来评判被评价对象的优劣。

例 4.9 用主成分分析方法综合评价 1991 年我国各地区(不包含香港、澳门、台湾地区，下同)工业企业的经济效益水平。选用的经济效益评价指标及 30 个省、自治区、直辖市 1991 年的实际值见表 4.13。

表 4.13 1991 年各地区全部独立核算工业企业 7 项效益指标

地区	每百元固定资产产值 x_1(元)	每百元固定资产原值税 x_2(元)	资金利税率 x_3(%)	产值利税率 x_4(%)	每百元销售收入实现的利润 x_5(元)	每百元销售成本实现的利润 x_6(元)	流动资金周转次数 x_7(次/年)
北京	144.53	21.89	19.50	15.15	8.02	10.07	3.08
天津	152.29	13.71	12.21	9.00	3.77	4.34	3.10
河北	107.57	8.44	7.86	7.84	1.64	1.85	2.85
山西	76.97	7.67	8.03	9.97	3.54	4.21	2.63
内蒙古	80.20	7.57	7.17	9.44	1.90	2.25	2.34
辽宁	130.73	8.67	8.76	8.55	1.19	1.38	2.91
吉林	98.57	8.67	7.93	8.79	1.75	2.02	2.48
黑龙江	92.91	9.24	9.03	9.95	3.19	3.82	2.54
上海	177.89	23.29	19.43	13.09	5.82	7.16	3.67
江苏	198.24	14.40	11.53	7.26	2.29	2.63	3.45
浙江	228.53	20.72	15.63	9.07	4.13	4.82	3.37
安徽	134.39	12.09	11.14	9.00	0.42	0.49	3.36
福建	164.39	18.32	15.84	11.15	4.55	5.53	3.56
江西	130.12	10.64	9.49	8.18	1.77	2.04	2.79
山东	131.23	11.84	10.41	9.02	3.05	3.58	3.08
河南	104.22	11.06	10.28	10.61	1.56	1.84	2.83
湖北	123.76	13.84	12.78	11.19	3.74	4.88	2.85
湖南	126.59	14.49	13.32	11.45	1.62	1.94	2.94
广东	150.75	14.05	13.79	9.32	3.83	4.57	3.87
广西	129.76	16.30	14.72	12.56	3.53	4.33	3.28
海南	91.77	7.36	6.88	8.02	1.68	1.94	2.94
四川	115.99	11.32	10.32	9.76	2.44	2.88	2.57
贵州	95.77	16.45	15.17	17.18	1.47	1.91	2.37
云南	116.30	31.71	19.64	27.27	4.52	6.56	3.21
西藏	35.41	4.83	5.87	13.75	11.68	15.17	2.11
陕西	102.71	9.83	8.49	9.57	1.80	2.11	2.08
甘肃	85.60	9.64	9.55	11.27	2.98	3.58	2.41
青海	57.77	4.98	5.14	8.62	0.33	0.93	1.88
宁夏	77.06	6.78	6.50	8.80	1.23	1.44	2.20
新疆	78.46	6.08	6.92	8.67	2.22	2.65	2.50

解　按主成分综合评价方法的实施步骤：

第一，对原始数据按 z-score 方法进行标准化处理。

第二，计算标准化数据的相关系数矩阵 R（表 4.14）。

表 4.14　各指标的相关系数矩阵 R

指标	x_1	x_2	x_3	x_4	x_5	x_6	x_7
x_1	1.0000	0.6558	0.5482	−0.0438	0.0615	0.0303	0.8191
x_2	0.6558	1.0000	0.9866	0.7093	0.3067	0.3232	0.6484
x_3	0.5482	0.9866	1.0000	0.7899	0.3265	0.3502	0.6081
x_4	−0.0438	0.7093	0.7899	1.0000	0.4064	0.4593	0.0925
x_5	0.0615	0.3076	0.3265	0.4064	1.0000	0.9972	0.1571
x_6	0.0303	0.3232	0.3502	0.4593	0.9972	1.0000	0.1398
x_7	0.8191	0.6484	0.6081	0.0925	0.1571	0.1389	1.0000

第三，计算 R 的特征根、特征向量及贡献率、累计贡献率。采用雅可比方法计算的相关系数矩阵 R 的特征根及贡献率、累计贡献率如表 4.15 所示，相应的特征向量见表 4.16。

表 4.15　R 的特征根、贡献率、累计贡献率

序号	特征根 λ_i	贡献率 a_k	累计贡献率 $a(k)$
1	3.7975	0.5425	0.5425
2	1.9203	0.2743	0.8168
3	1.0743	0.1535	0.9703
4	0.1902	0.0272	0.9975
5	0.0148	0.0021	0.9996
6	0.0024	0.0003	0.9999
7	0.0005	0.0001	1.0000

表 4.16　R 的特征向量

	y_1	y_2	y_3	y_4	y_5	y_6	y_7
z_1	0.3158	−0.4705	−0.3497	−0.5682	−0.4557	0.1608	−0.0177
z_2	0.4846	−0.1488	0.2204	−0.2374	0.3644	0.7100	0.0360
z_3	0.4831	−0.0900	0.2956	−0.0124	0.4548	0.6800	0.0413
z_4	0.3586	0.2717	0.5788	0.1416	−0.6566	−0.0223	−0.1046
z_5	0.2960	0.5021	−0.4107	−0.0577	0.1038	0.0066	−0.6904
z_6	0.3018	0.5187	−0.3577	0.0204	−0.0537	0.0017	0.7133
z_7	0.3533	−0.3917	−0.3310	0.7726	−0.0891	−0.0843	−0.0148

第四，选择主成分，并解释其含义。从表 4.15 可以看出，前 3 个特征根均大于 1，自第 4 个特征根开始，数值明显减少。因此，可确定主成分个数 $k=3$。前 3 个主成分累计方差贡献率达到 97.03% 的原始信息，损失的信息极少，仅为 2.97%。由表 4.16 可得前 3 个主成分与原 7 个单指标的线性组合如下：

$$y_1=0.3158z_1+0.4846z_2+0.4831z_3+0.3586z_4+0.296z_5+0.3018z_6+0.3533z_7$$

$$y_2=-0.4705z_1-0.1488z_2-0.009z_3+0.2717z_4+0.5021z_5+0.5187z_6-0.3917z_7$$

$$y_3=-0.3497z_1+0.2204z_2+0.2956z_3+0.5788z_4-0.4117z_5-0.3574z_6-0.331z_7$$

式中，$z_i=(z_{1i},z_{2i},\cdots,z_{ni})^\mathrm{T}(i=1,2,\cdots,p)$，$z_{ij}$ 为 x_{ij} 标准化后的数值。

在第一主成分 y_1 的表达式中，各单项指标的系数均为正，而且数值彼此相差不大，这表示各单面指标对综合的经济效益起着同向的、相当的作用。因此，y_1 可以理解为经济效益的全面能力综合指标。从第二主成分 y_2 看，指标 x_5（每百元销售收入实现的利润）和 x_6（每百元销售成本实现的利润）的系数明显比其他指标的系数大，而且系数为正，这表明第二主成分集中刻画了一个地区工业企业的盈利能力。而第三个主成分 y_3 中指标 x_4（产值利税率）的系数比其他指标都大，因此可以把第三个主成分看成主要是由产值利税率所决定的反映经济效益的一个综合指标。

最后，由主成分计算综合评价指标。按前面的讨论，既可以只用第一主成分对各地工业企业经济效益水平进行评价，也可以根据所选择的 3 个主成分利用它们各自的累计方差贡献率进行线性加权求和算得综合评价值进行排序分析，其计算结果见表 4.17。　　　　□

表 4.17　综合评价表

地区	第一主成分	位次	综合评价值	位次
北京	3.5739	3	2.2946	2
天津	0.6028	9	0.3177	9
河北	−1.3893	23	−0.9505	27
山西	−1.1412	21	−0.3870	17
内蒙古	−1.8676	28	−0.8399	23
辽宁	−1.2917	22	−0.8934	26
吉林	−1.5704	24	−0.8420	24
黑龙江	−0.9472	20	−0.3455	15
上海	3.5847	2	1.7201	3
江苏	0.6693	8	−0.3984	18
浙江	2.3681	4	0.6234	8
安徽	−0.4008	15	−0.7134	22
福建	2.1554	5	0.8596	5
江西	−0.8550	18	−0.7127	21
山东	−0.0611	14	−0.2542	14
河南	−0.7380	17	−0.4533	19
湖北	0.4864	10	0.2968	10

续表

地区	第一主成分	位次	综合评价值	位次
湖南	0.1714	13	−0.0452	12
广东	1.3714	6	0.2646	11
广西	1.3031	7	0.6295	6
海南	−1.5921	26	−1.0089	28
四川	−0.6678	16	−0.3629	16
贵州	0.3782	11	0.6272	7
云南	5.5276	1	3.7685	1
西藏	0.2391	12	1.4502	4
陕西	−1.5859	25	−0.7041	20
甘肃	−0.9037	19	−0.2027	13
青海	−3.2302	30	−0.1472	30
宁夏	−2.3447	29	−1.1153	29
新疆	−1.8443	27	−0.8809	25

MATLAB 软件主成分调用格式：

```
[coeff, score, latent, tsquared, explained, mu]=pca(X)
```

或者

```
[coeff, score, latent, tsquared, explained, mu]= princomp(X)
```

函数描述：coeff 是矩阵 X 所对应的协方差矩阵 V 的所有特征向量组成的矩阵，即变换矩阵或称投影矩阵，coeff 每列对应一个特征值的特征向量，列按特征值的大小递减排序。score 是对主成分的打分，也就是说原 X 矩阵在主成分空间的表示。score 每行对应样本观测值，每列对应一个主成分(变量)，它的行和列的数目和 X 的行列数目相同。返回的 latent 是一个向量，它是 X 所对应的协方差矩阵的特征值向量。返回的 tsquare 是对每个样本点的 T 统计量。所得的分(scores)表示由原数据 X 转变到主成分空间所得到的数据。latent 向量的值表示 score 矩阵每列的方差。

二、因　子　分　析

在主成分分析中，主成分是原始变量的线性组合，往往不能给出实际背景，因子分析是主成分分析很自然的延伸。

(一)因子分析的基本思想

将原始指标综合成较少的指标,这些指标能够反映原始指标的绝大部分信息(方差),这些综合指标之间没有相关性。这些不相关的综合指标称为因子变量,是原变量的重造,个数远远少于原变量个数,但可反映原变量的绝大部分方差且具有好的可解释性。

（二）因子分析的数学模型

数学模型（x_i 为标准化的原始变量；f_j 为因子变量；a_{ij} 为因子载荷；$k<p$）：

$$\begin{cases} x_1 = a_{11}f_1 + a_{12}f_2 + a_{13}f_3 + \cdots + a_{1k}f_k + \varepsilon_1 \\ x_2 = a_{21}f_1 + a_{22}f_2 + a_{23}f_3 + \cdots + a_{2k}f_k + \varepsilon_2 \\ x_3 = a_{31}f_1 + a_{32}f_2 + a_{33}f_3 + \cdots + a_{3k}f_k + \varepsilon_3 \\ \qquad\qquad\qquad\qquad \vdots \\ x_p = a_{p1}f_1 + a_{p2}f_2 + a_{p3}f_3 + \cdots + a_{pk}f_k + \varepsilon_p \end{cases} \quad (4.3.6)$$

也可以矩阵的形式表示为

$$\boldsymbol{X} = \boldsymbol{AF} + \boldsymbol{\varepsilon} \quad (4.3.7)$$

其中，$\boldsymbol{F}$ 称为因子变量阵，$\boldsymbol{A}$ 是因子载荷阵，$\boldsymbol{\varepsilon}$ 是特殊因子阵。

（三）因子分析的相关概念

1. 因子载荷

在因子变量不相关的条件下，a_{ij} 就是第 i 个原始变量与第 j 个因子变量的相关系数。a_{ij} 绝对值越大，则 x_i 与 f_j 的关系越强。

2. 变量的共同度

变量的共同度也称公共方差。x_i 的变量共同度为因子载荷矩阵 $\boldsymbol{A}$ 中第 i 行元素的平方和 $h_i^2 = \sum_{j=1}^{k} a_{ij}^2$，可见，$x_i$ 的共同度反映了全部因子变量对 x_i 总方差的解释能力。

3. 因子变量 f_j 的方差贡献

因子变量 f_j 的方差贡献为因子载荷矩阵 $\boldsymbol{A}$ 中第 j 列各元素的平方和 $S_j = \sum_{i=1}^{p} a_{ij}^2$，因子变量 f_j 的方差贡献体现了同一因子 f_j 对原始所有变量总方差的解释能力，S_j/p 表示了第 j 个因子解释原所有变量总方差的比例。

4. 确定 k 个因子变量

第一种方法：根据特征值 λ_i 确定，取特征值大于 1 的特征根。

第二种方法：根据累计贡献率确定，一般累计贡献率应在 70%以上。可利用因子载荷的累计占比反映前 k 个因子对原始所有变量总方差的解释能力。计算公式如下：

$$a_k = \sum_{i=1}^{k} S_i^2 / p = \sum_{i=1}^{k} \lambda_i / \sum_{i=1}^{p} \lambda_i \quad (4.3.8)$$

因子变量的命名解释：a_{ij} 的绝对值可能在某一行的许多列上都有较大的取值，或 a_{ij} 的绝对值可能在某一列的许多行上都有较大的取值。某个原有变量 x_i 可能同时与几个因子都有比较大的相关关系，也就是说，某个原有变量 x_i 的信息需要由若干个因子变量来共同解释；同时，虽然一个因子变量可能能够解释许多变量的信息，但它却只能解释某个变量的一小部分信息，不是任何一个变量的典型代表。

5. 计算因子得分

基本思想是将因子变量表示为原有变量的线性组合，即通过因子得分函数计算因子得分。因子得分可看作各变量值的权数总和，权数的大小表示了变量对因子的重要程度。

MATLAB 中因子分析的调用格式：

```
lambda = factoran(X,m)
```

输入参数 X 为 $n \times d$ 的数据矩阵，行数据对应观测，列数据对应变量，m 为公因子数，返回参数 lambda 为因子模型的载荷矩阵。

```
[lambda,psi] = factoran(X,m)
```

参数 psi 返回特殊方差的最大似然估计值。

```
[lambda,psi,T] = factoran(X,m)
```

参数 T 为旋转矩阵。

```
[lambda,psi,T,stats] = factoran(X,m)
```

返回的结构体变量 stats 包含 loglike（对数似然函数的最大值）、dfe（误差自由度）、chisq（卡方统计量）、p（检验的概率值）等模型检验的信息。

例 4.10 定义相关系数矩阵 PHO：

```
PHO = [1     0.79    0.36    0.76    0.25    0.51;
       0.79  1       0.31    0.55    0.17    0.35;
       0.36  0.31    1       0.35    0.64    0.58;
       0.76  0.55    0.35    1       0.16    0.3;
       0.25  0.17    0.64    0.16    1       0.63;
       0.51  0.35    0.58    0.38    0.63    1];
%调用factoran函数根据相关系数矩阵做因子分析
[lambda,psi,T]=factoran(PHO,2,'xtype','covariance','delta',0,
'rotate','none')
head = {'变量', '因子 f1', '因子 f2'};
varname = {'身高','坐高','胸围','手臂长','肋围','腰围','<贡献
率>','<累计贡献率>'}';
Contribut = 100*sum(lambda.^2)/6;
CumCont = cumsum(Contribut);
result1 = num2cell([lambda; Contribut; CumCont]);
result1 = [head; varname, result1];   %加上表头和变量名，然后显示
```

结果

%进行旋转，从相关系数矩阵出发，进行因子分析，公共因子数为 2，设置特殊方差的下限为 0

```
[lambda,psi,T]=factoran(PHO,2,'xtype','covariance','delta',0);
%进行因子旋转(最大方差旋转法)
Contribut = 100*sum(lambda.^2)/6;      %计算贡献率，因子载荷阵的列元
素之和除以维数
CumCont = cumsum(Contribut);
[lambda,psi,T] = factoran(PHO,3,'xtype','covariance','delta',0);
Contribut = 100*sum(lambda.^2)/6;
CumCont = cumsum(Contribut);
```
□

第四节　聚类分析与判别分析

在实际工作中，经常遇到分类问题。若事先没有建立类别，则使用聚类分析；若事先已经建立类别，则使用判别分析。

一、聚　类　分　析

聚类分析指将物理或抽象对象的集合分组成为由类似的对象组成的多个类的分析过程，是一种重要的人类行为。聚类分析的目标就是在相似的基础上收集数据来分类。聚类源于很多领域，包括数学、计算机科学、统计学、生物学和经济学。在不同的应用领域，很多聚类技术都得到了发展，这些技术方法被用作描述数据、衡量不同数据源间的相似性以及把数据源分类到不同的簇中。

通常，聚类分析分为样本(观测量)聚类和变量聚类两种：样本聚类(Q型聚类)，对观测量(case)进行聚类；变量聚类(R型聚类)，找出彼此独立且有代表性的自变量，而又不丢失大部分信息。

聚类与分类的不同在于，聚类所要求划分的类是未知的。聚类是将数据分类到不同的类或者簇这样的一个过程，所以同一个簇中的对象有很大的相似性，而不同簇间的对象有很大的相异性。从统计学的观点看，聚类分析是通过数据建模简化数据的一种方法。

(一)样本聚类(Q 型聚类)

样本的相似性度量：要用数量化的方法对事物进行分类，就必须用数量化的方法描述事物之间的相似程度。一个事物常常需要用多个变量来刻画。如果对于一群有待分类的样本点需用 p 个变量描述，则每个样本点可以看成是 R_p 空间中的一个点。因此，很自然地想到可以用距离来度量样本点间的相似程度。

1. 欧氏距离

假设有两个 n 维样本 $\boldsymbol{x}_1 = (x_{11}, x_{12}, \cdots, x_{1n})$ 和 $\boldsymbol{x}_2 = (x_{21}, x_{22}, \cdots, x_{2n})$，则它们的欧氏距离为

$$d(\boldsymbol{x}_1, \boldsymbol{x}_2) = \sqrt{\sum_{j=1}^{n} (x_{1j} - x_{2j})^2} \tag{4.4.1}$$

2. 标准化欧氏距离

假设有两个 n 维样本 $\boldsymbol{x}_1 = (x_{11}, x_{12}, \cdots, x_{1n})$ 和 $\boldsymbol{x}_2 = (x_{21}, x_{22}, \cdots, x_{2n})$，则它们的标准化欧氏距离为

$$\mathrm{sd}(\boldsymbol{x}_1, \boldsymbol{x}_2) = \sqrt{(\boldsymbol{x}_1 - \boldsymbol{x}_2) \boldsymbol{D}^{-1} (\boldsymbol{x}_1 - \boldsymbol{x}_2)^{\mathrm{T}}} \tag{4.4.2}$$

其中，$\boldsymbol{D}$ 表示 n 个样本的方差矩阵，$\boldsymbol{D} = \mathrm{diagonal}(\sigma_1^2, \sigma_2^2, \cdots, \sigma_n^2)$，$\sigma_j^2$ 表示第 j 列的方差。

3. 马氏距离

假设共有 n 个指标，第 i 个指标共测得 m 个数据（要求 $m > n$）：

$$\boldsymbol{x}_i = \begin{pmatrix} x_{i1} \\ x_{i2} \\ \vdots \\ x_{im} \end{pmatrix}, \quad \boldsymbol{X} = (\boldsymbol{x}_1, \boldsymbol{x}_2, \cdots, \boldsymbol{x}_n) = \begin{pmatrix} x_{11} & x_{21} & \cdots & x_{n1} \\ x_{12} & x_{21} & \cdots & x_{n2} \\ \vdots & \vdots & & \vdots \\ x_{1m} & x_{2m} & \cdots & x_{nm} \end{pmatrix}$$

于是，我们得到 $m \times n$ 阶的数据矩阵 $\boldsymbol{X} = (\boldsymbol{x}_1, \boldsymbol{x}_2, \cdots, \boldsymbol{x}_n)$，每一行是一个样本数据。$m \times n$ 阶数据矩阵 $\boldsymbol{X}$ 的 $n \times n$ 阶协方差矩阵记做 $\mathrm{cov}(\boldsymbol{X})$。

两个 n 维样本 $\boldsymbol{x}_1 = (x_{11}, x_{12}, \cdots, x_{1n})$ 和 $\boldsymbol{x}_2 = (x_{21}, x_{22}, \cdots, x_{2n})$ 的马氏距离如下：

$$\mathrm{mahal}(\boldsymbol{x}_1, \boldsymbol{x}_2) = \sqrt{(\boldsymbol{x}_1 - \boldsymbol{x}_2)(\mathrm{cov}(\boldsymbol{X}))^{-1}(\boldsymbol{x}_1 - \boldsymbol{x}_2)^{\mathrm{T}}} \tag{4.4.3}$$

马氏距离考虑了各个指标量纲的标准化，是对其他几种距离的改进。马氏距离不仅排除了量纲的影响，而且合理考虑了指标的相关性。

4. 布洛克距离

两个 n 维样本 $\boldsymbol{x}_1 = (x_{11}, x_{12}, \cdots, x_{1n})$ 和 $\boldsymbol{x}_2 = (x_{21}, x_{22}, \cdots, x_{2n})$ 的布洛克距离如下：

$$b(\boldsymbol{x}_1, \boldsymbol{x}_2) = \sum_{j=1}^{n} |x_{1j} - x_{2j}| \tag{4.4.4}$$

5. 闵可夫斯基距离

两个 n 维样本 $\boldsymbol{x}_1 = (x_{11}, x_{12}, \cdots, x_{1n})$ 和 $\boldsymbol{x}_2 = (x_{21}, x_{22}, \cdots, x_{2n})$ 的闵可夫斯基距离如下：

$$m(\boldsymbol{x}_1, \boldsymbol{x}_2) = \left(\sum_{j=1}^{n} |x_{1j} - x_{2j}|^p \right)^{\frac{1}{p}} \tag{4.4.5}$$

注：$p=1$ 时是布洛克距离；$p=2$ 时是欧氏距离。

6. 余弦距离

$$d(\boldsymbol{x}_1, \boldsymbol{x}_2) = \left(1 - \frac{\boldsymbol{x}_1\boldsymbol{x}_2^{\mathrm{T}}}{\sqrt{\boldsymbol{x}_1\boldsymbol{x}_1^{\mathrm{T}}}\sqrt{\boldsymbol{x}_2\boldsymbol{x}_2^{\mathrm{T}}}}\right) \tag{4.4.6}$$

这是受相似性几何原理启发而产生的一种标准，在识别图像和文字时，常用夹角余弦为标准。

7. 相似距离

$$d(\boldsymbol{x}_1, \boldsymbol{x}_2) = 1 - \frac{(\boldsymbol{x}_1 - \overline{\boldsymbol{x}}_1)(\boldsymbol{x}_2 - \overline{\boldsymbol{x}}_2)^{\mathrm{T}}}{\sqrt{(\boldsymbol{x}_1 - \overline{\boldsymbol{x}}_1)(\boldsymbol{x}_1 - \overline{\boldsymbol{x}}_1)^{\mathrm{T}}}\sqrt{(\boldsymbol{x}_2 - \overline{\boldsymbol{x}}_2)(\boldsymbol{x}_2 - \overline{\boldsymbol{x}}_2)^{\mathrm{T}}}} \tag{4.4.7}$$

（二）MATLAB 中常用的计算距离的函数

MATLAB 提供了两种方法进行聚类分析。

第一种方法：利用 clusterdata 函数对数据样本进行一次聚类，这个方法简洁方便，其特点是使用范围较窄，不能由用户根据自身需要来设定参数，更改距离计算方法。

clusterdata 函数的调用格式：

```
T=clusterdata(X,cutoff)
```

clusterdata 函数可以视为 pdist、linkage 与 cluster 的综合，即 clusterdata 函数调用了 pdist、linkage 和 cluster，用来由原始样本数据矩阵 $\boldsymbol{X}$ 创建系统聚类，一般比较简单。

输出参数 $\boldsymbol{T}$ 是一个包含 n 个元素的列向量，其元素为相应观测所属类的类序号；输入参数 $\boldsymbol{X}$ 是 $n \times p$ 的矩阵，矩阵的每一行对应一个观测（样品），每一列对应一个变量；cutoff 为阈值。

（1）当 0<cutoff<2 时，T=clusterdata(X,cutoff) 等价于 Y=pdist (X,'euclid')；Z=linkage(Y,'single')；T=cluster(Z,'cutoff', cutoff)，'cutoff' 指定不一致系数或距离的阈值，参数值为正实数。

（2）当 cutoff>>2 时，T=clusterdata(X,cutoff) 等价于 Y=pdist (X,'euclid')；Z=linkage(Y,'single')；T=cluster(Z,'maxclust', cutoff)，'maxclust' 指定最大类数，参数值为正整数。

第二种方法：

第一步：用 pdist 函数计算变量之间的距离，找到数据集合中两个变量之间的相似性和非相似性，用 pdist 函数计算出相似矩阵，有多种方法可以求距离，若此前数据还未无量纲化，则可用 z-score 函数对其标准化。

pdist 函数调用格式：

```
Y=pdist(X,'metric')
```

其中，'metric' 取值及含义见表 4.18。

表 4.18　'metric'取值及含义

取值	含义	取值	含义
'seuclid'	标准化欧氏距离	'minkowski'	闵可夫斯基距离
'mahal'	马氏距离	'minkowski',p	参数为 p 的闵可夫斯基距离
'cityblock'	布洛克距离	'cosine'	余弦距离
'correlation'	相似距离	'hamming'	海明距离

另外，内部函数

Y=squareform(Y)

表示将样本点之间的距离用矩阵的形式输出。

Y=pdist(X,'minkowski',p)

表示用闵可夫斯基距离计算矩阵 X 中对象间的距离，p 为闵可夫斯基距离计算用到的指数值，缺省为 2。

第二步：用 linkage 函数定义变量之间的连接。

Z=linkage(Y)

表示使用最短距离算法生成具层次结构的聚类树，输入矩阵 Y 为 pdist 函数输出的 $(m-1)\cdot m/2$ 维距离行向量。

Z=linkage(Y,'method')

表示使用由'method'指定的算法计算生成聚类树。'method'可取表 4.19 中特征字符串值。

表 4.19　'method'取值及含义

取值	含义	取值	含义
'single'	最短距离法(默认)	'weighted'	赋权平均距离法
'centroid'	重心法	'ward'	离差平方和方法(ward 方法)
'complete'	最长距离法	'cosine'	余弦距离
'median'	赋权重心法	'hamming'	海明距离

第三步：用 cophenet 函数评价聚类信息。

调用格式：

c=cophenet(Z,Y)

表示利用 pdist 函数生成的 Y 和 linkage 函数生成的 Z 计算系统聚类树的 cophenetic 相关系数。cophenet 检验一定算法下产生的二叉聚类树和实际情况的相符程度，就是检测二叉聚类树中各元素间的距离和 pdist 计算产生的实际的距离之间有多大的相关性，另外也可以用 inconsistent 表示量化某个层次的聚类上的节点间的差异性。

cophenetic 相关系数反映了聚类效果的好坏，cophenetic 相关系数越接近 1，说明聚类效果越好。可通过 cophenetic 相关系数对比各种不同的距离计算方法和不同的系统聚类的聚类效果。

第四步：用 cluster 进行聚类，返回聚类列。

cluster 函数在 linkage 函数的输出结果的基础上创建聚类，并输出聚类结果，其调用格式：

```
T=cluster(Z,'cutoff',c,'depth',d)
```

表示由系统聚类树矩阵创建聚类。输入参数 Z 是由 linkage 函数创建的系统聚类树矩阵，它是 $(m-1) \times 3$ 的矩阵，m 是原始数据中观测（即样品）的个数；c 用来设定聚类的阈值，当一个节点和它的所有子节点的不一致系数小于 c 时，该节点及其下面的所有节点被聚为一类；输出参数 T 是一个包含 m 个元素的列向量，其元素为相应观测所属类的类序号，特别地，当输入参数 c 为一个向量，则输出 T 为一个 m 行多列的矩阵，c 的每个元素对应 T 的一列；d 为计算的深度，默认为 2。

举例：

```
x=[3 1.7;1 1;2 3;2 2.5;1.2 1;1.1 1.5;3 1];
y=pdist(x,'mahal');
yy=squareform(y)
z=linkage(y,'centroid')
h=dendrogram(z)
t=cluster(z,3)
```

其中，t=cluster$(z,3)$ 表示分成 3 个聚类（需要分成几个聚类由人工选择）。得到结果如下：第 1、第 7 样本点为第 3 类，第 2、第 5、第 6 样本点为第 1 类，第 3、第 4 样本点为第 2 类。

在 MATLAB 软件包中，内部函数 clusterdata 对原始数据创建分类，格式有两种：

```
clusterdata(x,a)
```

其中，$0<a<1$，表示将系统聚类树中距离小于 a 的样本点归结为一类；

```
clusterdata(x,b)
```

其中，$b>1$ 是整数，表示将原始数据 x 分为 b 类。

举例说明：

```
x=[3 1.7;1 1;2 3;2 2.5;1.2 1;1.1 1.5;3 1];
t=clusterdata(x,0.5)
z=clusterdata(x,3)
```

其中，t 的结果表示距离小于 0.5 的样本点归结为一类。这样，共有 4 类。第 1 类：样本点 6；第 2 类：样本点 3、4；第 3 类：样本点 2、5；第 4 类：样本点 1、7。而 z 的结果表示首先约定将原始数据 x 分为 3 类，然后计算，得出结果——第 1 类：样本点 3、4；第 2 类：样本点 1、7；第 3 类：样本点 2、5、6。

利用内部函数 clusterdata 对原始数据创建分类，其缺点是不能更改距离的计算法。比较好的方法是**分步聚类法**。

例 4.11　表 4.20 是 1999 年中国不同地区（不包含香港、澳门、台湾地区，下同）城市规模结构特征的一些数据（苏沪、京津冀分别作为一个地区分类），请通过聚类分析将这些地区进行分类。

表 4.20　1999 年中国各地区的城市规模结构特征

地区	首位城市规模(万人)	城市首位度	城市指数	基尼系数	城市规模中位值(万人)
京津冀	699.70	1.437 1	0.936 4	0.780 4	10.880
山西	179.46	1.898 2	1.000 6	0.587 0	11.780
内蒙古	111.13	1.418 0	0.677 2	0.515 8	17.775
辽宁	389.60	1.918 2	0.854 1	0.576 2	26.320
吉林	211.34	1.788 0	1.079 8	0.456 9	19.705
黑龙江	259.00	2.305 9	0.341 7	0.507 6	23.480
苏沪	923.19	3.735 0	2.057 2	0.620 8	22.160
浙江	139.29	1.871 2	0.885 8	0.453 6	12.670
安徽	102.78	1.233 3	0.532 6	0.379 8	27.375
福建	108.50	1.729 1	0.932 5	0.468 7	11.120
江西	129.20	3.245 4	1.193 5	0.451 9	17.080
山东	173.35	1.001 8	0.429 6	0.450 3	21.215
河南	151.54	1.492 7	0.677 5	0.473 8	13.940
湖北	434.46	7.132 8	2.441 3	0.528 2	19.190
湖南	139.29	2.350 1	0.836 0	0.489 0	14.250
广东	336.54	3.540 7	1.386 3	0.402 0	22.195
广西	96.12	1.228 8	0.638 2	0.500 0	14.340
海南	45.43	2.191 5	0.864 8	0.413 6	8.730
川渝	365.01	1.680 1	1.148 6	0.572 0	18.615
云南	146.00	6.633 3	2.378 5	0.535 9	12.250
贵州	136.22	2.827 9	1.291 8	0.598 4	10.470
西藏	11.79	4.151 4	1.179 8	0.611 8	7.315
陕西	244.04	5.119 4	1.968 2	0.628 7	17.800
甘肃	145.49	4.751 5	1.936 6	0.580 6	11.650
青海	61.36	8.269 5	0.859 8	0.809 8	7.420
宁夏	47.60	1.507 8	0.958 7	0.484 3	9.730
新疆	128.67	3.853 5	1.621 6	0.490 1	14.470

解　MATLAB 程序：

```
x=load('data.txt');
y1=pdist(x);y2=pdist(x,'seuclid');y3=pdist(x,'mahal');y4=
pdist(x,'cityblock');
z1=linkage(y1);z2=linkage(y2);z3=linkage(y3);z4=linkage(y4);
t1=cophenet(z1,y1);t2=cophenet(z2,y2);t3=cophenet(z3,y3);
t4=cophenet(z4,y4);
A=[t1 t2 t3 t4];
m=max(A);
```

```
if t1==m
    y1=pdist(x);
    z1=linkage(y1)
elseif t2==m
    y2=pdist(x);
    z2=linkage(y2)
elseif t3==m
    y3=pdist(x);
    z3=linkage(y3)
else
    y4=pdist(x);
    z4=linkage(y4)
end
```

       □

例 4.12 城镇居民的消费水平通常用以下八项指标来描述。x_1：人均粮食支出(元/人)；x_2：人均副食支出(元/人)；x_3：人均烟、酒、茶支出(元/人)；x_4：人均其他副食支出(元/人)；x_5：人均衣着商品支出(元/人)；x_6：人均日用品支出(元/人)；x_7：人均燃料支出(元/人)；x_8：人均非商品支出(元/人)，原始数据见表 4.21。为了对城镇居民的消费状况有一个深入了解，我们先从评价指标的分析入手，表 4.21 实质上给出了一个 8 维的 30 个样本点的样本信息阵。我们欲对指标进行聚类，这里用相关系数为相似性度量。由表 4.21 可以得到相关系数矩阵见表 4.22。

表 4.21　30 个地区城镇消费结构原始数据表　　　（单位：元/人）

样本	编号	x_1	x_2	x_3	x_4	x_5	x_6	x_7	x_8
北京	1	7.78	48.44	8.00	20.51	22.12	15.73	1.15	16.61
天津	2	10.85	44.68	7.32	14.51	17.13	12.081	1.26	11.57
河北	3	9.09	28.12	7.40	9.62	17.26	11.12	2.49	12.65
山西	4	8.35	23.53	7.51	8.62	17.42	10.00	1.04	11.21
内蒙古	5	9.25	23.75	6.61	9.19	17.77	10.48	1.72	10.51
辽宁	6	7.90	39.77	8.49	12.94	19.27	11.05	2.04	13.29
吉林	7	8.19	30.50	4.72	9.78	16.28	7.60	2.52	10.32
黑龙江	8	7.73	29.20	5.42	9.43	19.27	8.49	2.52	10.00
上海	9	7.68	64.34	8.00	22.22	20.06	15.52	0.72	22.89
江苏	10	7.21	45.79	7.66	10.36	16.56	12.86	2.25	11.69
浙江	11	7.68	50.37	11.35	13.30	19.25	14.59	2.75	14.87
安徽	12	8.14	37.75	9.61	8.49	13.15	9.76	1.28	11.28
福建	13	10.60	52.41	7.70	9.98	12.53	11.70	2.31	14.69
江西	14	6.25	35.02	4.72	6.28	10.03	7.15	1.93	10.39
山东	15	8.82	33.70	7.59	10.98	18.82	14.73	1.78	10.10

样本	编号	x_1	x_2	x_3	x_4	x_5	x_6	x_7	x_8
河南	16	9.42	27.93	8.20	8.14	16.17	9.42	1.55	9.76
湖北	17	8.67	36.05	7.31	7.75	16.67	11.68	2.38	12.88
湖南	18	6.77	38.69	6.01	8.82	14.79	11.42	1.74	13.23
广东	19	12.47	76.39	5.52	11.24	14.52	22.00	5.46	25.50
广西	20	7.27	52.65	3.84	9.16	13.03	15.26	1.98	14.57
海南	21	13.45	55.85	5.50	7.45	9.55	9.52	2.21	16.30
四川	22	7.18	40.91	7.32	8.94	17.60	12.75	1.14	14.80
贵州	23	7.67	35.71	8.04	8.31	15.13	7.76	1.41	13.25
云南	24	9.98	37.69	7.01	8.94	16.15	11.08	0.83	11.67
西藏	25	7.94	39.65	20.97	20.82	22.52	12.41	1.75	7.90
陕西	26	9.41	28.20	5.77	10.80	16.36	11.56	1.53	12.17
甘肃	27	9.16	27.98	9.01	9.32	15.99	9.10	1.82	11.35
青海	28	10.06	28,64	10.52	10.05	16.18	8.39	1.96	10.81
宁夏	29	8.70	28.12	7.21	10.53	19.45	13.30	1.66	11.96
新疆	30	6.93	29.85	4.54	9.49	16.62	10.65	1.88	13.61

表 4.22　指标相似系数矩阵

	x_1	x_2	x_3	x_4	x_5	x_6	x_7
x_2	0.3335						
x_3	−0.0547	−0.229					
x_4	−0.0614	0.39880	0.5333				
x_5	−0.2896	−0.1564	0.4966	0.6984			
x_6	0.1962	0.7165	0.0328	0.4782	0.2837		
x_7	0.3484	0.4131	−0.1383	−0.1714	−0.2097	0.4082	
x_8	0.3190	0.8350	0.2583	0.3125	−0.0815	0.7099	0.3982

　　对于指标聚类，利用系统聚类法的一般准则，点距离即相关系数 $d_{ij}=r_{ij}$，类距离采用最大距离法，将八个指标看成八个类 $G_1,G_2,\cdots,G_8$；取表 4.22 相似系数最大的两类 G_2 与 G_8 合并为一个新类 G_9（其中相关系数 $r_{2,8}=0.835$），再计算 G_9 与各类的相关系数，然后找最大的相关系数，每次减少一类。我们将消费结构的评定划分以下三个领域。一个是由人均副食支出、日用品支出及非商品服务性支出为主的消费领域，这一领域是消费结构中起主导作用的方面；其次一个领域是由购买烟、酒、茶、衣着及其他副食方面的支出；最后是粮食与燃料两个指标构成的消费领域。从三个消费领域的构成看，第一个领域的消费比重较大，是研究消费结构的重点内容，它是影响消费结构分析中恩格尔系数的主要因素；第二个消费领域具有较大的消费弹性；第三个领域是较稳定的部分。　　　□

二、动　态　聚　类

用系统聚类法聚类，样本一旦划到某个类后就不变了，这要求分类的方法比较准确。为了弥补这一缺陷，根据迭代法的思想，首先选出一个粗糙的初始分类，然后用某种原则进行修改，直至分类比较合理为止，采用这种思想产生的聚类法叫作动态聚类法。为了得到初始分类，有时设法选择一些凝聚点，让样品按某种原则向凝聚点凝聚。动态聚类法大体可用图 4.2 来表示。

图 4.2 中每一部分均有很多种方法，这些方法按框图进行组合就会得到种种动态聚类法。

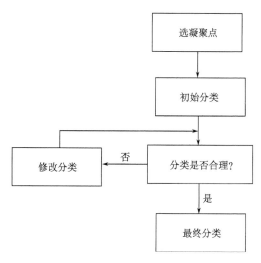

图 4.2　动态聚类法框图

（一）初始分类中聚点选择

1. 经验选点法

如果对评价对象有较好的经验知识或训练样本，则可以凭经验知识确定目前样本的分类，并确定每一类的代表样本作为聚点。如对某班同学的学习成绩进行聚类，一般分为不及格、及格、良好、优良、优秀等。我们可以选取各类代表样本作为聚点，如取 45、65、75、85、90 分然后进入下一步聚类分析。

2. 随机选点法

当样本量 n 很大时，可以先随机抽选 p 个样本，然后用系统聚类法将其分类，以每类的重心作为初始抽选样本聚点，如刚才的例子，我们可以以 60、80 分为分界将 3 部分样本[0,59]、[60,79]、[80,100]分别按系统聚类法聚类，取每类重心作为样本聚点，然后进入下一步。

3. 极小极大原则

要将 n 个样本分成 k 类，先取 x_{i_1}、x_{i_2} 使得 $d(x_{i_1},x_{i_2}) \triangleq d_{i_1 i_2} = \max\limits_{i,j}\{d_{i,j}\}$ $(i,j=1,2,\cdots,n)$。

若已取 t 个聚点 $x_{i_1}, x_{i_2}, \cdots, x_{i_t}$，则第 $t+1$ 个聚点为

$$\min_{r=1,2,\cdots,t} d(x_{i_{t+1}}, x_{i_r}) = \max_{j \neq i_1, i_2, \cdots, i_r} \{ \min_{r=1,2,\cdots,t} d(x_j, x_{i_r}) \}$$

如此下去，直到选取第 k 个聚点为止。然后进入下一步。

4. 界值确定法

对于事先确定的正数 d，把所有样本的重心作为第一聚点，然后把每一个样本输入，如果输入样本与已确定的聚点距离大于 d，则该样本作为一个新聚点，否则不计入聚点集，如此直到所有样本输完为止。

5. 密度法

人为确定两正数 d_1、$d_2(d_2>d_1)$，以每个样本点为球心，以 d_1 为半径，落在该球内的样本数称为该样本的密度。选取最大密度样本点作为第一聚点，再选次大密度点，求该点与第一聚点的距离。如果该距离大于 d_2，选该点为第二聚点，否则不选该点为聚点。依次按密度大小选下去，这样得到若干个两两距离都大于 d_2 的聚点集，然后进入下一步。

(二)聚点选取后的初始分类原则

将所有样本逐个输入，计算该样本点与到所有聚点的距离，将该样本点归入距离最小的聚点所在类。

(三)对初始分类的修改方法

1. 按批修改原则

(1)选取一批聚点后，给出样本之间距离的定义。
(2)按就近原则将所有样本归类。
(3)计算每一类重心，以重心作为新一批聚点，再按就近原则归类，当所有新的重心形成的聚点与上次聚点重合时，过程终止，动态聚类结束，否则回到(3)。

2. k-Means 方法的原则

(1)确定三个数 k、C、R。
(2)取前 k 个样品作为凝聚点，计算 k 个聚点间距离，如小于 C，则将相应两聚点合并，用两聚点重心作为新聚点。重复以上步骤，直到所有聚点间距离大于 C 为止。

(3)将余下 $n-k$ 个样本逐个输入,如样本与聚点之间的最小距离大于 R,则将该样本作为新聚点;如小于 R 则将该样本归入最近聚点所在的类,重新计算该类重心,并以此重心为新的聚点,回到(2)。

(4)将所有样本输入,按(3)中办法归类,直至新的分类与上次完全相同,聚类过程结束,否则重复(4)。

三、判别分析基本知识介绍

基本数学原理: 判别分析是利用原有的分类信息得到判别函数(判别函数是这种分类的函数关系式,一般是与分类相关的若干个指标的线性关系式),然后利用该函数去判断未知样本属于哪一类。因此这是一个学习和预测的过程。

常用的判别分析法有距离判别法、费歇尔判别法、贝叶斯判别法等。

1. 距离判别法

距离判别法有欧式距离法和马氏距离法等。其中,欧式距离法比较粗糙,MATLAB软件包中采用的是马氏距离法。

假设共有 n 个指标,第 i 个指标共测得 m 个数据(要求 $m>n$):

$$x_i = \begin{pmatrix} x_{i1} \\ x_{i2} \\ \vdots \\ x_{im} \end{pmatrix}$$

于是,我们得到 $m \times n$ 阶的数据矩阵 $X = (x_1, x_2, \cdots, x_n)$,每一行是一个样本数据。$m \times n$ 阶数据矩阵 X 的 $n \times n$ 阶协方差矩阵记做 $\text{cov}(X)$。

(1)求 n 维向量 $r = (r_1, r_2, \cdots, r_n)$ 到 $m \times n$ 矩阵 X 的马氏距离。

设 $r - \overline{X} = (r_1 - \overline{x}_1, r_2 - \overline{x}_2, \cdots, r_n - \overline{x}_n)$,则 n 维向量 $r = (r_1, r_2, \cdots, r_n)$ 到 $m \times n$ 矩阵 X 的马氏距离的公式如下:

$$\text{mahal}(r, X) = (r - \overline{X})\text{cov}(X)^{-1}(r - \overline{X})^{\text{T}}$$

其中, $\overline{x}_i$ 表示第 i 个指标 x_i 的算术平均值。

(2)矩阵 X 到自身的马氏距离,相当于矩阵 X 的每一行到 X 的马氏距离,记做 $\text{mahal}(X, X)$。

2. 费歇尔判别法

该法以费歇尔准则为标准来评选判别函数。所谓费歇尔判别法,指的是较优的判别函数应该能根据待判对象的 n 个指标最大程度地将它所属的类与其他类区分开来。一般采用线性函数作为判别函数。基本方法是:首先假定一个线性的判别函数,然后根据已知信息对判别函数进行训练,得到函数关系式的系数,从而最终确定判别函数。该法有时会使误判次数增加,但由于使用的是线性函数,所以使用起来也比较方便。

3. 贝叶斯判别法

贝叶斯判别法是一种概率方法，它的好处是可以充分利用先验信息，可以考虑专家的意见。应用此方法，需要事先假定样本指标值的分布（例如，多元正态分布等）。

四、MATLAB 程序

在 MATLAB 软件包中，将已经分类的 m 个数据（长度为 n）作为行向量，得到一个矩阵 training，每行都属于一个分类类别，分类类别构成一个整数列向量 g（共有 m 行），待分类的 k 个数据（长度为 n）作为行向量，得到一个矩阵 sample，然后利用 classify 函数进行线性判别分析（默认）。

调用格式：

```
classify(sample,training,group)
```

其中，sample 与 training 必须具有相同的列数；group 与 training 必须具有相同的行数；group 是一个整数向量。MATLAB 内部函数 classify 的功能是将 sample 的每一行进行判别，分到 training 指定的类中。进一步，较复杂的格式为

```
[class,err]=classify(sample,training,group,type)
```

其中，class 返回分类表；err 返回误差比例信息；sample 是样本数据矩阵；training 是已有的分类数据矩阵；group 是分类列向量；type 有 3 种选择：①type=linear（默认设置）表示进行线性判别分析，②type=quadratic 表示进行二次判别分析，③type=mahalanobis 表示用马氏距离进行判别分析。

例 4.13 某地大气样本污染分类如表 4.23：

表 4.23   某地大气样本污染分类

气体	氯	硫化氢	二氧化硫	碳 4	环氧氯丙烷	环己烷	污染分类
1	0.056	0.084	0.031	0.038	0.0081	0.022	1
2	0.04	0.055	0.1	0.11	0.022	0.0073	1
3	0.05	0.074	0.041	0.048	0.0071	0.02	1
4	0.045	0.05	0.11	0.1	0.025	0.0063	1
5	0.038	0.13	0.079	0.17	0.058	0.043	2
6	0.03	0.11	0.07	0.16	0.05	0.046	2
7	0.034	0.095	0.058	0.16	0.2	0.029	1
8	0.03	0.09	0.068	0.18	0.22	0.039	1
9	0.084	0.066	0.029	0.32	0.012	0.041	2
10	0.085	0.076	0.019	0.3	0.01	0.04	2
11	0.064	0.072	0.02	0.25	0.028	0.038	2
12	0.054	0.065	0.022	0.28	0.021	0.04	2
13	0.048	0.089	0.062	0.26	0.038	0.036	2
14	0.045	0.092	0.072	0.2	0.035	0.032	2
15	0.069	0.087	0.027	0.05	0.089	0.021	1

在此地某大型化工厂的厂区及临近地区挑选 4 个有代表性的大气样本取样点，获取数据如表 4.24：

表 4.24　代表性大气样本取样点数据

气体	氯	硫化氢	二氧化硫	碳 4	环氧氯丙烷	环己烷	污染分类
样本 1	0.052	0.084	0.021	0.037	0.0071	0.022	
样本 2	0.041	0.055	0.11	0.11	0.021	0.0073	
样本 3	0.03	0.112	0.072	0.16	0.0056	0.021	
样本 4	0.074	0.083	0.105	0.19	0.02	1	

求它们的污染分类。

解　在 MATLAB 软件包中写一个名为 opt_class_1 的 M 文件：

```
training=[0.056 0.084 0.031 0.038 0.0081 0.022;
          0.04 0.055 0.1 0.11 0.022 0.0073;
          0.05 0.074 0.041 0.048 0.0071 0.02;
          0.045 0.05 0.11 0.1 0.025 0.0063;
          0.038 0.13 0.079 0.17 0.058 0.043;
          0.03 0.11 0.07 0.16 0.05 0.046;
          0.034 0.095 0.058 0.16 0.2 0.029;
          0.03 0.09 0.068 0.18 0.22 0.039;
          0.084 0.066 0.029 0.32 0.012 0.041;
          0.085 0.076 0.019 0.3 0.01 0.04;
          0.064 0.072 0.02 0.25 0.028 0.038;
          0.054 0.065 0.022 0.28 0.021 0.04;
          0.048 0.089 0.062 0.26 0.038 0.036;
          0.045 0.092 0.072 0.2 0.035 0.032;
          0.069 0.087 0.027 0.05 0.089 0.021];
group=[1;1;1;1;2;2;1;1;2;2;2;2;2;2;1];
sample=[0.052 0.084 0.021 0.037 0.0071 0.022;
        0.041 0.055 0.11 0.11 0.021 0.0073;
        0.03 0.112 0.072 0.16 0.0056 0.021;
        0.074 0.083 0.105 0.19 0.02 1];
class=classify(sample,training,group);
```

得到结果如下：样品 1、样品 2 为 1 类污染，样品 3、样品 4 为 2 类污染。　　　□

例 4.14　动物归类模型

两种蠓 Af 和 A_pf 已由有关专家根据它们的触角长度和翼长加以区分，9 只 Af 和 6 只 A_pf 的触角长度 (x_1) 和翼长 (x_2) 数据如表 4.25 所示。

表 4.25 两种蠓 **Af** 和 **A$_p$f** 触角长度和翼长

Af	x_1	1.24	1.36	1.38	1.38	1.38	1.40	1.48	1.54	1.56
	x_2	1.72	1.74	1.64	1.82	1.90	1.70	1.82	1.82	2.08
A$_p$f	x_1	1.14	1.16	1.20	1.26	1.28	1.30			
	x_2	1.78	1.96	1.36	2.00	2.00	1.96			

如何根据给出的数据判定一个给定的蠓(已知其触角长和翼长)是 Af 还是 A$_p$f?

解 分别用距离法和 Fisher 法求解问题。

(1)距离判别法

我们首先计算出 Af 类蠓及 A$_p$f 类蠓的指标向量(其分量为触角长度 x_1 和翼长 x_2)的均值向量,那么,对于一个给定的蠓,我们考虑其指标向量与哪类均值向量距离近,从而判断此蠓属于哪一类。对于距离公式,我们习惯欧氏距离,但欧氏距离无法排除模式样本之间的相关性。例如,一个模式向量的 9 个分量反映同一特征 A,而只有一个分量反映另一个特征 B,这时如果利用欧氏距离计算,则主要反映同一特征 A。为避免这个缺点,我们这里采用马氏距离。具体地,根据所给数据,可求得两个总体的均值向量和协方差矩阵的估计为

$$\mathrm{Af}: \overline{\boldsymbol{X}}_{\mathrm{Af}} = \begin{pmatrix} 1.413 \\ 1.804 \end{pmatrix}, \qquad \boldsymbol{S}_{\mathrm{Af}} = \begin{pmatrix} 0.00975 & 0.00813 \\ 0.00813 & 0.01688 \end{pmatrix}$$

$$\mathrm{A_p f}: \overline{\boldsymbol{X}}_{\mathrm{A_p f}} = \begin{pmatrix} 1.223 \\ 1.927 \end{pmatrix}, \qquad \boldsymbol{S}_{\mathrm{A_p f}} = \begin{pmatrix} 0.0044 & 0.0042 \\ 0.0042 & 0.0078 \end{pmatrix}$$

设 $\boldsymbol{X} = (x_1, x_2)^{\mathrm{T}}$ 为一只给定的蠓,则它到 Af 类蠓的马氏距离为

$$d(\boldsymbol{X}, \mathrm{Af}) = [(\boldsymbol{X} - \overline{\boldsymbol{X}}_{\mathrm{Af}})^{\mathrm{T}} \boldsymbol{S}_{\mathrm{Af}}^{-1} (\boldsymbol{X} - \overline{\boldsymbol{X}}_{\mathrm{Af}})]^{\frac{1}{2}} = (171.4 x_1^2 + 99.473 x_2^2 - 165.8906 x_1 x_2$$
$$- 185.1098 x_1 - 125.7981 x_2 + 245.4082)$$

同理到 A$_p$f 类蠓的马氏距离为

$$d(\boldsymbol{X}, \mathrm{A_p f}) = (467.6259 x_1^2 + 263.7890 x_2^2 - 502.3596 x_1 x_2 - 175.7656 x_1$$
$$- 402.2558 x_2 + 495.0551)^{\frac{1}{2}}$$

两距离判别公式的回代检验结果如表 4.26、表 4.27 所示,回代正确率为 100%。

表 4.26 Af 回代检验结果

Af	$d(\boldsymbol{X}, \mathrm{Af})$	1.88	0.64	1.48	0.53	1.23	1.01	0.77	1.56	2.05
	$d(\boldsymbol{X}, \mathrm{A_p f})$	3.63	5.56	7.48	4.79	3.72	6.96	6.91	8.9	5.78
	结论	Af	Af	Af	Af	Af	Af	Af	Af	Af

表 4.27 A$_p$f 回代检验结果

A$_p$f	$d(\boldsymbol{X}, \mathrm{Af})$	3.43	4.44	3.16	3.54	3.31	2.70
	$d(\boldsymbol{X}, \mathrm{A_p f})$	1.67	1.79	0.81	0.83	0.91	1.34
	结论	A$_p$f	A$_p$f	A$_p$f	A$_p$f	A$_p$f	A$_p$f

(2)Fisher 判别法

我们首先给出下面的假设：

若已知 k 个 p 维类别 $S_1, S_2, \cdots, S_k$，它们的均值（列）向量为 $u_1, u_2, \cdots, u_k$，协方差矩阵为 $V_1, V_2, \cdots, V_k$（均为非奇异矩阵），令

$$\overline{\mu} = \frac{1}{k} \sum_{t=1}^{k} \mu_t$$

$$\boldsymbol{B} = \sum_{t=1}^{k} (\mu_t - \overline{\mu})(\mu_t - \overline{\mu})^{\mathrm{T}}$$

$$\boldsymbol{E} = \sum_{t=1}^{k} \mu_t$$

又设 $\left| \boldsymbol{E}^{-1}\boldsymbol{B} - \lambda \boldsymbol{I} \right| = 0$ 的最大特征值是向量 $\boldsymbol{\mu}^*$ 满足 $\boldsymbol{\mu}^{*\mathrm{T}}\boldsymbol{E}\boldsymbol{\mu}^* = 1$。

若 p 维样本 $\boldsymbol{X}$ 与各总体 $\boldsymbol{S}_t (t=1,2,\cdots,k)$ 间的距离 $L(\boldsymbol{X},\boldsymbol{S}_t) = \left| \boldsymbol{\mu}^{*\mathrm{T}}\boldsymbol{x} - \boldsymbol{\mu}^{*\mathrm{T}}\boldsymbol{x}^{(t)} \right|$ 中的最小值为 $L(\boldsymbol{X},\boldsymbol{S}_e)$，则判定 $\boldsymbol{X} \in \boldsymbol{S}_e$。

这样，对本题有

$$\boldsymbol{B} = \begin{pmatrix} 0.13538 & 0.1335 \\ 0.1335 & 0.05766 \end{pmatrix}, \quad \boldsymbol{E} = \begin{pmatrix} 0.1 & 0.086 \\ 0.086 & 0.174 \end{pmatrix}, \quad \boldsymbol{\mu}^* = \begin{pmatrix} 2.93 \\ 0.2579 \end{pmatrix}$$

$$L(\boldsymbol{X},\mathrm{Af}) = |2.93x_1 + 0.2579x_2 - 4.6053|$$

$$L(\boldsymbol{X},\mathrm{A_pf}) = |2.93x_1 + 0.2579x_2 - 4.0804|$$

样本回代结果如表 4.28 所示,回代正确率为 14/15=93.3%。　　　　　□

表 4.28　Fisher 判别法回代检验结果

Af	$L(\boldsymbol{X},\mathrm{Af})$	0.5285	0.1718	0.1389	0.0925	0.0719	0.0749	0.2005	0.3763	0.5019
	$L(\boldsymbol{X},\mathrm{A_pf})$	0.0036	0.3531	0.3860	0.4324	0.4530	0.46	0.7254	0.9012	1.0286
	结论	$\mathrm{A_pf}$	Af	Af	Af	Af	Af	Af	Af	Af
$\mathrm{A_pf}$	$L(\boldsymbol{X},\mathrm{Af})$	0.8060	0.7010	0.6096	0.3977	0.3391	0.2908			
	$L(\boldsymbol{X},\mathrm{A_pf})$	0.2811	0.1761	0.0847	0.1272	0.1858	0.2341			
	结论	$\mathrm{A_pf}$	$\mathrm{A_pf}$	$\mathrm{A_pf}$	$\mathrm{A_pf}$	$\mathrm{A_pf}$	$\mathrm{A_pf}$			

习　题　4

1. 将抗生素注入人体会发生抗生素与血浆蛋白质结合的现象，以致药效降低。表 4.29 为 5 种常用的抗生素注入牛的体内时，抗生素与血浆蛋白质结合的百分比。试在水平 $\alpha = 0.05$ 下检验这些百分比的均值有无显著的差异。设各总体服从正态分布，且方差相同。

表 4.29 抗生素与血浆蛋白质结合的百分比 (单位：%)

青霉素	四环素	链霉素	红霉素	氯霉素
29.6	27.3	5.8	21.6	29.2
24.3	32.6	6.2	17.4	32.8
28.5	30.8	11.0	18.3	25.0
32.0	34.8	8.3	19.0	24.2

2. 为分析4种化肥和3个小麦品种对小麦产量的影响，把一块试验田等分成36小块，对种子和化肥的每一种组合种植3小块田，产量如表4.30所示，问品种、化肥及二者的交互作用对小麦产量有无显著影响。

表 4.30 不同种子和化肥组合的试验田产量 (单位：kg)

化肥		A_1	A_2	A_3	A_4
品种	B_1	173，172，173	174，176，178	177,179，176	172，173，174
	B_2	175，173，176	178，177，179	174，175，173	170，171，172
	B_3	177，175，176	174，174，175	174，173，174	169，169，170

3. (三因素方差分析) 某集团为了研究商品销售点所在的地理位置、销售点处的广告和销售点的装潢这三个因素对商品的影响程度，选了三个位置(如市中心黄金地段、非中心的地段、城乡接合部)、两种广告形式、两种装潢档次在四个城市进行了搭配试验。表4.31是销售量的数据，试在显著水平 $\alpha = 0.05$ 下，检验不同地理位置、不同广告、不同装潢下的销售量是否有显著差异？

表 4.31 销售量数据

水平组合 ＼ 城市号	1	2	3	4
$A_1B_1C_1$	955	967	960	980
$A_1B_1C_2$	927	949	950	930
$A_1B_2C_1$	905	930	910	920
$A_1B_2C_2$	855	860	880	875
$A_2B_1C_1$	880	890	895	900
$A_2B_1C_2$	860	840	850	830
$A_2B_2C_1$	870	865	850	860
$A_2B_2C_2$	830	850	840	830
$A_3B_1C_1$	875	888	900	892
$A_3B_1C_2$	870	850	847	965
$A_3B_2C_1$	870	863	845	855
$A_3B_2C_2$	821	842	832	848

4. 一矿脉有13个相邻样本点，人为地设定一原点，现测得各样本点对原点的距离 x 与该样本点处某种金属含量 y 的一组数据如表4.32，画出散点图观测二者的关系，试建立合适的回归模型，如二次曲线、双曲线、对数曲线等。

表4.32　矿脉样本数据

x	2	3	4	5	7	8	10
y	106.42	109.20	109.58	109.50	110.00	109.93	110.49
x	11	14	15	16	18	19	
y	110.59	110.60	110.90	110.76	111.00	111.20	

5. 对某种商品的销量 y 进行调查，并考虑有关的四个因素： x_1 ——居民可支配收入， x_2 ——该商品的平均价格指数， x_3 ——该商品的社会保有量， x_4 ——其他消费品平均价格指数，调查数据如表4.33所示。利用主成分方法建立 y 与 x_1 、 x_2 、 x_3 、 x_4 的回归方程。

表4.33　调查数据

序号	x_1	x_2	x_3	x_4	y
1	82.9	92	17.1	94	8.4
2	88.0	93	21.3	96	9.6
3	99.9	96	25.1	97	10.4
4	105.3	94	29.0	97	10.4
5	117.7	100	34.0	100	12.2
6	131.0	101	40.0	101	14.2
7	148.2	105	44.0	104	15.8
8	161.8	112	49.0	109	17.9
9	174.2	112	51.0	111	19.6
10	184.7	112	53.0	111	20.8

6. 考察温度 x 对产量 y 的影响，测得10组数据，如表4.34所示。

表4.34　温度与产量数据

温度 x(℃)	20	25	30	35	40	45	50	55	60	65
产量 y(kg)	13.2	15.1	16.4	17.1	17.9	18.7	19.6	21.2	22.5	24.3

求 y 关于 x 的线性回归方程，检验回归效果是否显著，并预测 $x=42$℃时产量的估值及预测区间(置信度95%)。

7. 某零件上有一段曲线，为了在程序控制机床上加工这一零件，需要求这段曲线的解析表达式，在曲线横坐标 x_i 处测得纵坐标 y_i 共11对数据，如表4.35所示。

表 4.35　坐标数据

x_i	0	2	4	6	8	10	12	14	16	18	20
y_i	0.6	2.0	4.4	7.5	11.8	17.1	23.3	31.2	39.6	49.7	61.7

求这段曲线的纵坐标 y 关于横坐标 x 的二次多项式回归方程。

8. 在研究化学动力学反应过程中，建立了一个反应速度和反应物含量的数学模型，形式为

$$y = \frac{\beta_1 x_2 - \dfrac{x_3}{\beta_5}}{1 + \beta_2 x_1 + \beta_3 x_2 + \beta_4 x_3}$$，其中 $\beta_1, \cdots, \beta_5$ 是未知参数，x_1、x_2、x_3 是三种反应物（氢、n 戊烷、异构戊烷）的含量，y 是反应速度。今测得一组数据如表 4.36，试由此确定参数 $\beta_1, \cdots, \beta_5$，并给出置信区间。$\beta_1, \cdots, \beta_5$ 的参考值为 $(1, 0.05, 0.02, 0.1, 2)$。

表 4.36　反应数据

序号	反应速度 y	氢 x_1	n 戊烷 x_2	异构戊烷 x_3
1	8.55	470	300	10
2	3.79	285	80	10
3	4.82	470	300	120
4	0.02	470	80	120
5	2.75	470	80	10
6	14.39	100	190	10
7	2.54	100	80	65
8	4.35	470	190	65
9	13.00	100	300	54
10	8.50	100	300	120
11	0.05	100	80	120
12	11.32	285	300	10
13	3.13	285	190	120

9. 混凝土的抗压强度随养护时间的延长而增加，现将一批混凝土做成 12 个试块，记录了养护时间 $x(\text{d})$ 及抗压强度 $y(\text{kg/cm}^2)$ 的数据，如表 4.37 所示。

表 4.37　混凝土试块数据

养护时间 $x(\text{d})$	2	3	4	5	7	9	12	14	17	21	28	56
抗压强度 $y(\text{kg/cm}^2)$	35	42	47	53	59	65	68	73	76	82	86	99

试求 $\hat{y} = a + b \ln x$ 型回归方程。

10. 表 4.38 是我国 1984~2000 年宏观投资的一些数据，试利用主成分分析法对投资效益进行分析和排序。

表 4.38　我国 1984~2000 年宏观投资数据

年份	投资效果系数（无时滞）	投资效果系数（时滞一年）	全社会固定资产交付使用率	建设项目投产率	建设房屋竣工率
1984	0.71	0.49	0.41	0.51	0.46
1985	0.40	0.49	0.44	0.57	0.50
1986	0.55	0.56	0.48	0.53	0.49
1987	0.62	0.93	0.38	0.53	0.47
1988	0.45	0.42	0.41	0.54	0.47
1989	0.36	0.37	0.46	0.54	0.48
1990	0.55	0.68	0.42	0.54	0.48
1991	0.62	0.90	0.38	0.56	0.46
1992	0.61	0.99	0.33	0.57	0.43
1993	0.71	0.93	0.35	0.66	0.44
1994	0.59	0.69	0.36	0.57	0.48
1995	0.41	0.47	0.40	0.54	0.48
1996	0.26	0.29	0.43	0.57	0.48
1997	0.14	0.16	0.43	0.55	0.47
1998	0.12	0.13	0.45	0.59	0.54
1999	0.22	0.25	0.44	0.58	0.52
2000	0.71	0.49	0.41	0.51	0.46

11. 表 4.39 为 25 名健康人的 7 项生化检验结果，7 项生化检验指标依次命名为 x_1, x_2, $\cdots$, x_7，请对该资料进行因子分析。

表 4.39　25 名健康人的 7 项生化检验结果

x_1	x_2	x_3	x_4	x_5	x_6	x_7
3.76	3.66	0.54	5.28	9.77	13.74	4.78
8.59	4.99	1.34	10.02	7.50	10.16	2.13
6.22	6.14	4.52	9.84	2.17	2.73	1.09
7.57	7.28	7.07	12.66	1.79	2.10	0.82
9.03	7.08	2.59	11.76	4.54	6.22	1.28
5.51	3.98	1.30	6.92	5.33	7.30	2.40
3.27	0.62	0.44	3.36	7.63	8.84	8.39
8.74	7.00	3.31	11.68	3.35	4.76	1.12
9.64	9.49	1.03	13.57	13.13	18.52	2.53
9.73	1.33	1.00	9.87	9.87	11.06	3.70
8.59	2.98	1.17	9.17	7.85	9.91	2.62
7.12	5.49	3.68	9.72	2.64	3.34	1.19
4.69	3.01	2.17	5.98	2.76	3.55	2.01

续表

x_1	x_2	x_3	x_4	x_5	x_6	x_7
5.51	1.34	1.27	5.81	4.57	5.38	3.43
1.66	1.61	1.57	2.80	1.78	2.09	3.72
5.9	5.76	1.55	8.84	5.40	7.50	1.97
9.84	9.27	1.51	13.60	9.02	12.67	1.75
8.39	4.92	2.54	10.05	3.96	5.24	1.43
4.49	4.38	1.03	6.68	6.49	9.06	2.81
7.23	2.30	1.77	7.79	4.39	5.37	2.27
9.46	7.31	1.04	12.00	11.58	16.18	2.42
9.55	5.53	4.25	11.74	2.77	3.51	1.05
4.94	4.52	4.50	8.07	1.79	2.10	1.29
8.21	3.08	2.42	9.10	3.75	4.66	1.72
9.41	6.44	5.11	12.50	2.45	3.10	0.91

第五章　微分方程模型

在实际情况中，我们会遇到这样的问题：如果一个变量变化(增大或减小)，另一个变量将会如何随之变化？这需要寻求两个变量之间的关系式 $y = y(x)$，直接求出两个变量间的关系，第三章提供了一些方法。本章从另一个角度考虑这个问题，就是通过建立关于未知变量的导数、未知变量以及自变量的方程，即能得到变量能满足的微分方程的情形，从而得到变量之间的关系。这就是微分方程模型。

高等数学课程让我们知道了微分方程反映的思想是：如果能知道曲线上每一点处的导数以及它的起始点，那么就能重新构成这一条解曲线。在实际问题中，有许多表示"导数"的常用词，如"速率"、"增长"(在生物学以及人口问题研究中)、"衰变"(在放射性问题中)以及"边际的"(在经济学中)等。这就说明微分方程模型有很广阔的应用领域。

本章通过微分方程模型的建立以及求解来体会微分方程的应用。我们从微分方程的个数维度介绍微分方程模型的应用，几乎不涉及理论分析(常见的相平面分析等)，重点在于微分方程的数值解。

第一节　单个微分方程模型

在生态学中，很多时候，种群(动物、人类)总数量的增长动力学需要数学建模帮助理解。比如，对鱼群数量建模并解释捕鱼对鱼群的影响，其对渔业产业是非常重要的，因为人类不能穷竭这一宝贵资源。单个微分方程模型的一个重要应用是帮助理解世界(一个国家、一个城市或一个组织机构)人口增长行为模式。

问题：根据 1900 年世界人口总数 16 亿的人口普查数据，估计出 1990 年的世界人口总数大约是 53 亿。自然的一个问题：接下来的 5 年、甚至 100 年后世界人口总数将会是多少？

这个问题只要简单地假设人口出生率和死亡率，用单个微分方程模型就可以进行预测。首先是如下的指数增长模型。

一、指数增长模型

最简单的人口增长模型：设 x_0 为今年人口总数，k 年后人口总数记为 x_k，年增长率为 r(出生率减去死亡率)，则

$$x_k = x_0(1 + r)^k \tag{5.1.1}$$

这个模型的根本特征是年增长率 r 是一个一直保持不变的常数。

注：方程(5.1.1)是一个离散的差分方程，不是微分方程；同时，它也是大家熟悉的

银行存款复利模型。下面我们建立微分方程模型。

我们使用**房室图示建模方法**。首先画出房室图示(图5.1),表示人口数量变化的原因。

图5.1　世界人口输入输出房室图示

根据图5.1,可得一个反映人口变化的文字方程:
$$\{人口规模变化率\}=\{人口出生率\}-\{人口死亡率\} \tag{5.1.2}$$

当考虑的人群总数数量巨大时,可以忽略个体间的随机涨落,把每个人看作是一样的。从而我们假设:**在给定的时间区间内,人群中的每个个体等可能生孩子,同时等可能死亡**。这个假设使得考虑单位时间内人均出生率β和人均死亡率α是有意义的。

注:根据微软电子百科全书,1990年全世界人口的两个估计数据为α=0.010、β=0.027。当然,这个数据对于世界不同国家是不一样的。比如,澳大利亚的SBS发布澳大利亚1990~1995年间的数据为α=0.007、β=0.014。

为了建立人口微分方程模型,我们做如下假设:

假设5.1:考虑的人口种群总数充分大到可以忽略个体的差异。

假设5.2:出生和死亡是连续的。

假设5.3:人均出生率和死亡率是常数。

假设5.4:不考虑人口的迁移。

设考虑的人口种群初始人口数量为x_0,目的是给出任意时刻t的人口总数$x(t)$(根据假设5.1,这是一个连续变量)。任一时刻人口数量变化率与当时的人口总量成比例,则有
$$\{人口出生率\}=\beta x(t),\quad \{人口死亡率\}=\alpha x(t) \tag{5.1.3}$$

将式(5.1.3)代入式(5.1.2)得
$$\frac{dx(t)}{dt}=\beta x(t)-\alpha x(t)\triangleq rx(t) \tag{5.1.4}$$

其中,r称为人口增长率。

注:模型(5.1.4)被称为种群增长的马尔萨斯模型,是一个一阶线性微分方程。给定一个初值条件,方程(5.1.4)就有唯一解。

对于方程(5.1.4),容易求得通解为
$$x(t)=ce^{rt}$$

其中,c为任意常数。对于初值$x(0)=x_0$的问题(5.1.4)的对应解为
$$x(t)=x_0e^{rt} \tag{5.1.5}$$

当$r>0$时,描述的是一个指数增长过程;反之,当$r<0$时是指数衰减过程。

我们给出人均死亡率α的一个近似解释。根据人均死亡率,我们可以通过死亡率乘以单位时间$\Delta t=[t_0,t_1]$近似得到这个时间段内死亡人数且Δt越小近似得越好,即

$$\{\Delta t\text{时段内死亡人数}\} \approx \alpha x(t)\Delta t$$

假设 t_1 时刻有 x_0 个人将死去，即 t_1 是平均预期寿命。令 $x(0)=x_0$、$\Delta t=t_1$，根据上面讨论有

$$x_0 \approx \alpha x_0 t_1$$

从而有

$$\alpha \approx \frac{1}{t_1}$$

这就给出了 α 的估计值是**平均预期寿命的倒数**。

注：对于发达国家而言，年人均死亡率通常为 $\alpha=0.007$（或者说每年每 1000 人死亡 7 人）。这就是近似说发达国家人类预期寿命为 $1/\alpha=1/0.007=140$（年），显然估值过高。尽管如此，相较于人类目前 70~80 年的平均寿命，这在数量级上来说还是正确的。导致差异的原因在于，人类的年龄分布不是近似服从指数分布，而是其分布密度函数在"老龄人"处取值急剧下降。但是对有些生命周期较短且很高比例的个体在年幼时就死亡的动物种群来说，α 的估计还是相当准确的。

例 5.1 求出人口翻倍的时刻。

解　求 T 使得

$$x(t+T)=2x(t)$$

根据式(5.1.5)，

$$\frac{x(t+T)}{x(t)}=2=\frac{x_0\mathrm{e}^{r(t+T)}}{x_0\mathrm{e}^{rt}}$$

求得

$$T=\frac{\ln 2}{r} \qquad\qquad \square$$

为了说明**模型有效性**，取 1990 年世界人口增长率 $r=0.017$ 和初始人口数 $x_0=53$ 亿，应用式(5.1.5)可算得 1995 年的值为 $x(5)=57.7$ 亿。同样可算得 $x(10)=62.8$ 亿和 $x(100)=290.1$ 亿。即，按照式(5.1.5)的预测，世界人口在 2090 年将几乎增长 5 倍，实在令人难以相信！再看另一面：$x(-30)=31.8$ 亿和 $x(-90)=11.5$ 亿，分别对应着 1960 年和 1900 年世界人口的预测值。而事实是这两年的世界人口总数分别是 30.05 亿和 16.08 亿。预测值和真实值的差距好像是时间离 1990 年越远越大。一个可能的原因是参数 r 应该是一个随时间变化的量（比如 1970 年的世界人口增长率为 $r=2.0$）。

二、依赖于密度的增长模型（logistic 模型）

根据上面的讨论，我们发现人口增长率 r 是常数这个基本假设(**假设 5.3**)在长期预测时不合实际，迫使我们考虑 r 是变化的情况。我们知道，随着人口的增长，个类最终要为有限的生存资源而竞争，即自然资源、环境条件等因素对人口增长起阻滞作用，并且

随着人口的增加，阻滞作用越来越大。阻滞作用体现在对人口增长率 r 的影响上，就是 r 随着人口数量 x 的增加而降低，即 $r(x)$ 应是 x 的减函数。于是式 (5.1.5) 写作：

$$\frac{dx}{dt} = r(x)x, \quad x(0) = x_0 \tag{5.1.6}$$

$r(x)$ 可以取如下最简单的形式：

$$r(x) = \alpha - \gamma x \quad (\alpha > 0, \gamma > 0) \tag{5.1.7}$$

其中，α 称为**固有增长率**，表示人口很少时 (理论上是 $x=0$) 的增长率。

引入 x_m 表示自然资源和环境条件所能容纳的最大人口数量 (称为**人口容量**)。当 $x = x_m$ 时人口不再增长，即增长率 $r(x_m) = 0$，代入式 (5.1.7) 得 $\gamma = \alpha / x_m$，于是式 (5.1.7) 为

$$r(x) = \alpha \left(1 - \frac{x}{x_m} \right) \tag{5.1.8}$$

式 (5.1.8) 的另一种解释是，增长率 $r(x)$ 与人口尚未实现部分的比例 $\left(\dfrac{x_m - x}{x_m} \right)$ 成正比，比例系数为固有增长率 α。

将式 (5.1.8) 代入式 (5.1.6) 得

$$\frac{dx}{dt} = \alpha x \left(1 - \frac{x}{x_m} \right), \quad x(0) = x_0 \tag{5.1.9}$$

方程 (5.1.9) 的因式 αx 体现人口自身的增长趋势，因式 $\left(1 - \dfrac{x}{x_m} \right)$ 则体现了资源和环境对人口增长的阻滞作用。

注：19 世纪中叶，荷兰生物数学家 Verhulst 提出的方程 (5.1.9) 是一个非线性微分方程，称为 logistic 方程，亦称为阻滞增长模型或密度依赖模型。这个方程的解析解为

$$x = \frac{x_m}{1 + (x_m / x_0 - 1) e^{-\alpha t}}$$

注：模型 (5.1.4) 用来描述人口变化规律的关键在于对人口增长率做出合理、简化的假定。logistic 模型 (5.1.9) 就是将模型 (5.1.4) 关于人口增长率是常数的假设进行修正后得到的。进一步可以想到，影响增长率的出生率和死亡率与年龄有关，所以更合乎实际的人口模型应该要考虑年龄因素。

注：logistic 模型 (5.1.9) 不仅能够大体上描述人口变化规律，还能描述许多其他种群数量 (如水中的鱼群、树林中的树木等) 的变化规律，也在如耐用消费品的销售量等社会经济领域有广泛应用。它是一个**全民需知的基本模型**。

三、具有收获的限制增长模型

对一个种群的定期或固定量的收获对很多产业来说有相当重要的影响，比如渔业。最简单的两个问题：高收获率会毁掉整个鱼群吗？低收获率会毁掉渔业产业吗？我们通

过模型来尝试解释。首先，我们作如下一个假设：

假设 5.5：收获率是常数。

我们得到如下模型：

$$\frac{dx}{dt} = \alpha x\left(1 - \frac{x}{x_m}\right) - h \qquad (5.1.10)$$

其中，h 表示常数收获率（单位时间捕获总数或单位时间内因为收获而导致的死亡数），它和群体规模无关，可以视为定额(quota)。

方程(5.1.10)和方程(5.1.9)相比，只在右端多了一个常数项，但其解析解却不易求得。我们求其数值解。对方程(5.1.10)，我们取参数 $\alpha = 1$、$x_m = 1000$，收获率 h 取 100，利用 MATLAB 计算，得图 5.2。

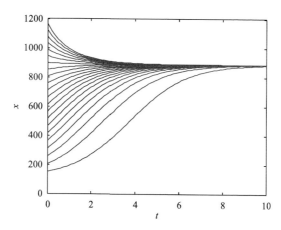

图 5.2　有收获的 logistic 增长模型(5.1.10)不同初始条件下的状态演化图

注：通过微分方程(5.1.10)的数值解（见图 5.2）可以看出其收敛域（读者可以试验更多的初值，以体会收敛域和发散域）。

四、时间延时调控

本小节简单介绍时间延时对人口增长模型(5.1.9)的影响。方程(5.1.9)右端第二项是资源和环境对人口变化的即时响应，常常这个不是现实情形，而是需要在一段时间之后才会有响应。这就导致了如下带时间延时的 logistic 模型：

$$\frac{dx}{dt} = \alpha x\left(1 - \frac{x(t-\tau)}{x_m}\right) \qquad (5.1.11)$$

这种方程称为微分-差分方程或延时微分方程。延时微分方程的解析解一般不易获得，我们也是常用数值计算技术解决这个问题。比如下列 MATLAB 代码可以计算方程(5.1.11)的数值解，其图形如图 5.3 所示，其解展现周期性。

```
functionlogistic_dde
global alpha xm tau;
alpha=2.0; xm=100;
tau=1.0; %延时量
tend = 30; %总时长
X0 = 50; %初值
sol = dde23(@rhs, tau, X0, [0 tend]);
plot(sol.x, sol.y);
function Xdot = rhs(t, X, Xlag)
global alpha xm;
Xdot = alpha*X*(1-Xlag/xm);
```

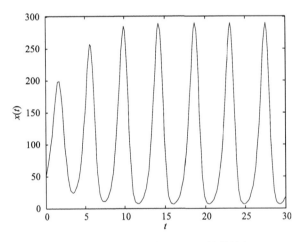

图 5.3　延时微分方程(5.1.11)的数值解

初值取 $x(0) = 50$ ，参数 $\alpha = 2.0$、$x_m = 100$

第二节　两个微分方程(组)模型

两个状态变量构成的微分方程组模型可以描述更为丰富和复杂的自然现象。

一、食饵-捕食者模型

自然界中不同种群之间存在着一种非常有趣的既有依存、又有制约的生存方式：种群 A 靠丰富的自然资源生长；而种群 B 靠捕食 A 为生，食用鱼和鲨鱼、美洲兔和山猫等都是这种生存方式的代表。生态学上把种群 A 称为食饵(prey)，而种群 B 为捕食者(predator)，二者组成食饵-捕食者系统。我们先来介绍 Volterra 食饵-捕食者模型。

历史背景：意大利生物学家 D'Ancona 曾致力于鱼类各种群间相互依存、相互制约关系的研究，从第一次世界大战期间地中海各港口捕获的几种鱼类占总捕获量百分比的资料中，发现鲨鱼(捕食者)的比例有明显的增加。他知道，捕获的各种鱼的比例基本上代表了地中海渔场中的各种鱼的比例。战争中捕获量大幅度下降，应该使渔场中食用鱼(鱼饵)和以此为生的鲨鱼同时增加，但是，捕获量的下降为什么会使鲨鱼的比例增加，即对捕食者更加有利呢?他无法解释这种现象，于是求助于他的朋友，著名的意大利数学家 Volterra。Volterra 建立了一个简单的数学模型，回答了 D'Ancona 的问题。

食饵(食用鱼)和捕食者(鲨鱼)在时刻 t 的数量分别记作 $x(t)$、$y(t)$，因为大海中资源丰富，假设当食饵独立生存时以指数规律增长，(相对)增长率为 r，即 $\dot{x}=rx$，而捕食者的存在使食饵的增长率减小，设减小的程度与捕食者的数量成正比，于是 $x(t)$ 满足方程：

$$\dot{x}(t)=x(r-ay)=rx-axy \tag{5.2.1}$$

比例系数 a 反映捕食者掠取食饵的能力。

捕食者离开食饵无法生存，设它独自存在时死亡率为 d，即 $\dot{y}=-dy$，而食饵的存在为捕食者提供了食物，相当于使捕食者的死亡率降低，且促使其增长。设这种作用与食饵数量成正比，于是 $\dot{y}(t)$ 满足

$$\dot{y}(t)=y(-d+bx)=-dy+bxy \tag{5.2.2}$$

比例系数 b 反映食饵对捕食者的供养能力。

注 5.9：方程(5.2.1)和方程(5.2.2)是自然环境中食饵和捕食者之间依存和制约的关系，这里没有考虑种群自身的阻滞增长作用，是 Volterra 提出的最简单的模型。方程(5.2.1)和方程(5.2.2)构成的方程组没有解析解。

利用 MATLAB 软件编程如下，可以得到图 5.4 和图 5.5。很容易看出方程(5.2.1)和方程(5.2.2)呈现周期解。

```
function PP
global a b r d;
ts=0:0.1:15;
x0=[25;2];  %初值
r=1; d=0.5; a=0.1; b=0.02;
[t,x]=ode45(@shier, ts ,x0);
plot(t,x),grid,gtext('x(t)'), gtext('y(t)'),
Pause,
plot(x(:,1),x(:,2)),grid on;
function xdot=shier(t,x)
global a b r d;
xdot=[(r-a*x(2)).*x(1);(-d+b*x(1)).*x(2)];
```

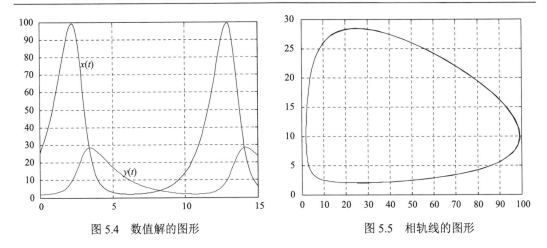

图 5.4 数值解的图形   图 5.5 相轨线的图形

二、平 衡 点

联立方程(5.2.1)和方程(5.2.2)可得两个平衡点 $P_1\left(\dfrac{d}{b}, \dfrac{r}{a}\right)$、$P_2(0,0)$。$P_2$ 的生物意义是两个物种灭绝,在此不作考虑(如果需要讨论物种灭绝情况,数学理论也可以帮助提出 P_2 稳定的条件)。

将方程(5.2.2)改写为

$$x(t) = \frac{1}{b}\left(\frac{\dot{y}}{y} + d\right) \tag{5.2.3}$$

因为 $x(t)$、$y(t)$ 呈现周期行为,假设周期为 T,注意到 $y(T) = y(0)$,将方程(5.2.3)两边在一个周期内积分,得 $x(t)$ 在一个周期内的平均值为

$$\bar{x} = \frac{1}{T}\int_0^T x(t)dt = \frac{1}{T}\left(\frac{\ln y(T) - \ln y(0)}{b} + \frac{dT}{b}\right) = \frac{d}{b} \tag{5.2.4}$$

类似可得 $y(t)$ 的平均值 $\bar{y} = \dfrac{r}{a}$,即平衡点就是平均值。

三、模 型 解 释

注意到 r、d、a、b 在生态学上的意义,上述结果表明,捕食者的数量(用一周期的平均值 $\bar{y}$ 代表)与食饵增长率 r 成正比,与它掠取食饵的能力 a 成反比;食饵的数量(用一周期的平均值 $\bar{x}$ 代表)与捕食者的死亡率 d 成正比,与它供养捕食者的能力 b 成反比。这就是说:在弱肉强食情况下降低食饵的繁殖率(r 减小)可使捕食者减少,降低捕食者的掠取能力(a 减小)却会使之增加;捕食者的死亡率上升(d 变大)导致食饵增加,食饵供养捕食者的能力增强(b 变大)会使食饵减少。

上面的结果是在自然环境下得到的，为了考虑人为捕获的影响，引入表示捕获能力的系数 e，相当于食饵增长率由 r 下降为 $r-e$，而捕食者死亡率由 d 上升为 $d+e$，用 $\bar{x}_1$、$\bar{y}_1$ 表示此种情形下的食用鱼(食饵)和鲨鱼(捕食者)的(平均)数量，由前可知：

$$\bar{x}_1 = \frac{d+e}{b}, \bar{y}_1 = \frac{r-e}{a} \tag{5.2.5}$$

显然，$\bar{x}_1 > \bar{x}$、$\bar{y}_1 < \bar{y}$。

战争期间捕获量下降，采用新的捕获系数 $\tilde{e}(<e)$，于是食用鱼和鲨鱼的数量变为

$$\bar{x}_2 = \frac{d+\tilde{e}}{b}, \bar{y}_2 = \frac{r-\tilde{e}}{a} \tag{5.2.6}$$

显然 $\bar{x}_2 < \bar{x}_1$、$\bar{y}_2 > \bar{y}_1$，这正说明战争期间鲨鱼的比例会有明显的增加。Volterra 用这个模型来解释生物学家 D'Ancona 提出的问题：战争期间捕获量下降为什么会使鲨鱼(捕食者)的比例有明显的增加？

四、Volterra 模型的局限性

尽管 Volterra 模型解释了 D'Ancona 提出的问题，但是它作为近似反映现实对象的一个数学模型，仍然存在不少局限性。

局限一，许多生物学家指出，多数食饵-捕食者系统都观察不到 Volterra 模型显示的那种周期震荡，而是趋向某种平衡状态，即系统存在稳定平衡点。实际上，只要在 Volterra 模型中加入自身阻滞作用的 logistic 项，即可描述此现象，模型如下。

$$\begin{cases} \dot{x}_1(t) = r_1 x_1 \left(1 - \dfrac{x_1}{K_1} - \alpha_1 \dfrac{x_2}{K_2}\right) \\ \dot{x}_2(t) = r_2 x_2 \left(-1 + \alpha_2 \dfrac{x_1}{K_1} - \dfrac{x_2}{K_2}\right) \end{cases} \tag{5.2.7}$$

局限二，一些生态学家认为，自然界里长期存在的周期变化的生态平衡系统应该是结构稳定的，即系统受到不可避免的干扰而偏离原来的周期轨道后，其内部制约作用会使系统自动恢复原状(如恢复原有的周期和振幅)。而 Volterra 模型描述的周期变化状态却不是结构稳定的(如图 5.6 显示的不同初值条件对应的不同闭轨线，即对应不同的周期和振幅)。为了能得到反映周期变化的结构稳定的模型，要用到极限环的知识，不在本书的讨论范围。

注 5.10：用两个微分方程描述的经典模型还有正规战与游击战模型。

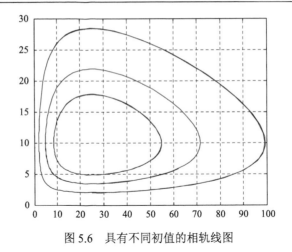

图 5.6　具有不同初值的相轨线图

第三节　多个微分方程(组)模型

前面两节分别用一个状态变量或两个状态变量的微分方程模型解释了一些自然现象。这些都是在高度抽象的前提下才实现的。而自然是复杂的，现实的情况需要更多的状态变量来描述。理论上来说，状态变量越多，描述的现象越精细或描述的现象更复杂。随之带来的困难是多个状态变量微分方程系统的分析变得越来越困难。这就不得不在现实和抽象之间找到平衡。本小节在前面的基础上，介绍三个或更多个状态变量的微分方程模型。三个微分方程组成的系统可以产生更为复杂的动力学现象，比如混沌。

现在我们考虑三个物种食物链的现象。现有三个物种 A、 B 和 C，并且假设 A 作为 B 的食饵而 B 作为 C 的食饵，其关系图如图 5.7。设 X、Y、Z 分别表示物种 A、B 和 C 的数量，根据前面的经验，我们容易得到如下三个状态变量的微分方程模型：

$$\begin{cases} \dfrac{dX}{dT} = rX\left(1 - \dfrac{X}{K}\right) - \alpha_1 F_1(X)Y \\[2mm] \dfrac{dY}{dT} = F_1(X)Y - F_2(Y)Z - \beta_1 Y \\[2mm] \dfrac{dZ}{dT} = \alpha_2 F_2(Y)Z - \beta_2 Z \end{cases} \tag{5.3.1}$$

物种A

饲养

物种B

饲养

物种C

图 5.7　三个物种食物链关系示意图

其中，函数 $F_i(u) = \dfrac{A_i u}{B_i + u}$ $(i = 1, 2)$ 表示功能反应(functional response)；r 表示物种 A 的内禀增长率，K 表示其"人口容量"；α_i 表示转化率而 β_i 表示死亡率；功能反应函数中的参数 A_i 表示饱和性功能反应，B_i 表示半饱和常数。

模型(5.3.1)中有 10 个参数，这使得分析变得不那么容易。为了减少参数个数，确定哪些参数组合控制着系统的动力学行为，我们选择变量变换：

$$
\begin{aligned}
x &= X / K \\
y &= \alpha_1 Y / K \\
z &= \alpha_1 Z / (\alpha_2 K) \\
t &= rT
\end{aligned}
\tag{5.3.2}
$$

模型(5.3.1)可以转化为

$$
\begin{cases}
\dfrac{dx}{dt} = x(1-x) - f_1(x)y \\[2mm]
\dfrac{dy}{dt} = f_1(x)y - f_2(y)z - d_1 y \\[2mm]
\dfrac{dz}{dt} = f_2(y)z - d_2 z
\end{cases}
\tag{5.3.3}
$$

这里，

$$
f_i(u) = \frac{a_i u}{1 + b_i u} \quad (i = 1, 2)
\tag{5.3.4}
$$

这是含有 6 个参数的无量纲化系统，其中参数如表 5.1 所示。

表 5.1　模型(5.3.3)中的参数及其模拟中的取值

无量纲化参数	量纲参数	模拟中使用的参数值
a_1	$(KA_1) / (rB_1)$	5
b_1	K / B_1	[2.0, 6.2]
a_2	$(\alpha_2 KA_2) / (\alpha_1 rB_2)$	0.1
b_2	$K / (\alpha_1 B_2)$	2.0
d_1	β_1 / r	0.4
d_2	β_2 / r	0.01

到目前为止，一个微分或微分方程组的数值解，直接使用 MATLAB 自带命令(ode45 或 dde)可得数值结果。但在考虑其他多种因素(比如随机、脉冲、时变延时等)的微分方程组的数值计算时，核心还是需要用到称为 Runge-Kutta 的数值计算方法，现简单介绍如下。

对于初值问题

$$
\frac{dy}{dt} = f(t, y), \quad y(t_0) = y_0
\tag{5.3.5}
$$

四阶 Runge-Kutta 算法如下：

$$
y_{n+1} = y_n + \frac{h}{6}(k_1 + 2k_2 + 2k_3 + k_4)
\tag{5.3.6}
$$

其中，

$$k_1 = f(t_n, y_n)$$

$$k_2 = f(t_n + \frac{h}{2}, y_n + \frac{h}{2}k_1)$$

$$k_3 = f(t_n + \frac{h}{2}, y_n + \frac{h}{2}k_2)$$

$$k_4 = f(t_n + h, y_n + hk_3)$$

按照式(5.3.6)的算法，模型(5.3.3)的 MATLAB 程序可以编写如下：

```
clear
clc
close
hold on
step=1;%步长
NN=[];
TT=[];    %记录时间 1×n 矩阵
UU=[];    %UU 中存放最终所有计算的结果是一个 3×n 矩阵
u1=[0.5;0.2;8];    %存放初值 3×1 矩阵
k=0;      %记录最终循环了多少步数
T=8000;
d1=0.4;d2=0.01;
for t=0:step:T
k1=[u1(1)*(1-u1(1))-f1(t,u1(1))*u1(2);
f1(t,u1(1))*u1(2)-f2(t,u1(2))*u1(3)-d1*u1(2);
f2(t,u1(2))*u1(3)-d2*u1(3)];
k2=[(u1(1)+step/2*k1(1))*(1-(u1(1)+step/2*k1(1)))-f1(t,(u1(1
)+step/2*k1(1)))*(u1(2)+step/2*k1(2));
f1(t,(u1(1)+step/2*k1(1)))*(u1(2)+step/2*k1(2))-f2(t,(u1(2)+
step/2*k1(2)))*(u1(3)+step/2*k1(3))-d1*(u1(2)+step/2*k1(2));
f2(t,(u1(2)+step/2*k1(2)))*(u1(3)+step/2*k1(3))-d2*(u1(3)+
step/2*k1(3))];
k3=[(u1(1)+step/2*k2(1))*(1-(u1(1)+step/2*k2(1)))-f1(t,(u1(1
)+step/2*k2(1)))*(u1(2)+step/2*k2(2));
f1(t,(u1(1)+step/2*k2(1)))*(u1(2)+step/2*k2(2))-f2(t,(u1(2)+
step/2*k2(2)))*(u1(3)+step/2*k2(3))-d1*(u1(2)+step/2*k2(2));
f2(t,(u1(2)+step/2*k2(2)))*(u1(3)+step/2*k2(3))-d2*(u1(3)+
step/2*k2(3))];
k4=[(u1(1)+step*k3(1))*(1-(u1(1)+step*k3(1)))-f1(t,(u1(1)+
```

```
step*k3(1)))*(u1(2)+step*k3(2));
    f1(t,(u1(1)+step*k3(1)))*(u1(2)+step*k3(2))-f2(t,(u1(2)+step*
k3(2)))*(u1(3)+step*k3(3))-d1*(u1(2)+step*k3(2));
    f2(t,(u1(2)+step*k3(2)))*(u1(3)+step*k3(3))-d2*(u1(3)+step*
k3(3))];
    u1=u1+step/6*(k1+2*k2+2*k3+k4);
    TT=[TT t];
    UU=[UU u1];
    end


    function F=f1(t,x)
    a1=5.0;b1=3;
    F=a1*x/(1+b1*x);
    end


    function F=f2(t,x)
    a2=0.1;b2=2.0;
    F=a2*x/(1+b2*x);
    end
```

画图命令可使用如下程序:

```
subplot(2,2,1)
h=plot(TT(1,5000:6500),UU(1,5000:6500));hold on
set(h,'LineWidth',1.5); set(gca,'fontsize',12)
xlabel('t','fontsize',12); ylabel('x','fontsize',12)
axis([5000 6500 0 1]);
hold on;
subplot(2,2,2)
h=plot(TT(1,5000:6500),UU(2,5000:6500));hold on
set(h,'LineWidth',1.5); set(gca,'fontsize',12)
xlabel('t','fontsize',12); ylabel('y','fontsize',12)
axis([5000 6500 0 0.6]);
hold on;
subplot(2,2,3)
h=plot(TT(1,5000:6500),UU(3,5000:6500));hold on
set(h,'LineWidth',1.5); set(gca,'fontsize',12)
xlabel('t','fontsize',12); ylabel('z','fontsize',12)
```

```
axis([5000 6500 7 12]);
hold on;
subplot(2,2,4)
h=plot3(UU(1,5000:6500),UU(2,5000:6500),UU(3,5000:6500));hold on
set(h,'LineWidth',1.5); set(gca,'fontsize',12)
xlabel('x','fontsize',12);
ylabel('y','fontsize',12);zlabel('z','fontsize',12)
hold on;
figure(2)
h=plot3(UU(1,5000:6500),UU(2,5000:6500),UU(3,5000:6500));hold on
set(h,'LineWidth',1.5); set(gca,'fontsize',12)
xlabel('x','fontsize',12);
ylabel('y','fontsize',12);zlabel('z','fontsize',12)
hold on;
```

应用表 5.1 中的参数(其中 $b_1 = 3$)，数值结果如图 5.8 所示。

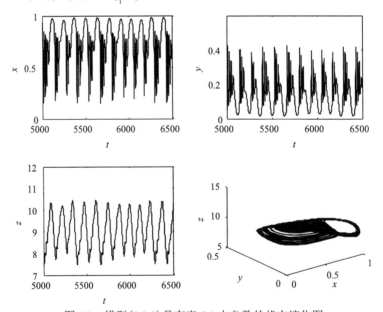

图 5.8　模型(5.3.3)具有表 5.1 中参数的状态演化图

右下角是三维相图；其他三个是状态变量随时间的演化图，时间显示的是中间稳定的一段，即从 5000 开始的一段时间

图 5.8 显示此时系统呈现混沌态。为了看得更方便，我们把三维相图放大显示(图 5.9)。

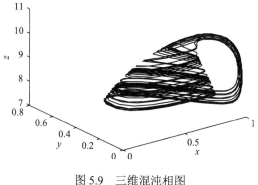

图 5.9 三维混沌相图

第四节 微分方程模型的进一步推广

在前面三节中, 我们以种群动力学模型(一个微分方程极为重要的应用领域, 也是发展比较成熟的一个分支)大概描述了微分方程模型由简单向复杂发展的思路, 具体就是最早由 Malthus 在 1788 年出版的《人口论》一书中提出的指数增长模型:

$$\frac{dx}{dt} = rx(t)$$

随后, Verhulst 在 1938 年提出了著名的 logistic 模型:

$$\frac{dx}{dt} = \alpha x \left(1 - \frac{x}{x_m}\right)$$

用来描述人口或其他生物种群的增长规律。

另外, Volterra 在 1926 年提出了用来解释 Finme 港鱼群变化规律的著名的 Lotka-Volterra 模型:

$$\begin{cases} \dfrac{dx}{dt} = ax(t) - bx(t)y(t) \\ \dfrac{dy}{dt} = dx(t)y(t) - cy(t) \end{cases} \tag{5.4.1}$$

后来, Guass 和 Witt 于 1935 年将模型(5.4.1)一般化, 提出了种群生态模型:

$$\begin{cases} \dfrac{dx}{dt} = x(t)(a_1 + b_1 x(t) + c_1 y(t)) \\ \dfrac{dy}{dt} = y(t)(a_2 + b_2 x(t) + c_2 y(t)) \end{cases} \tag{5.4.2}$$

模型(5.4.2)可以用来描述两个种群间的捕食与被捕食关系($c_1 c_2 < 0$)、相互竞争关系($c_1 < 0, c_2 < 0$)和互惠共存关系($c_1 > 0, c_2 > 0$)。

进一步的模型推广, 还有如下一些。

一、脉冲微分方程模型

许多种群在其发展过程中，往往要经历一个短时间的外部干扰，这个作用相比整个生物发展过程来说是非常短暂的，就用脉冲微分方程这个数学语言来描述。比如动物季节性的出生，对种群的收获、投放等都是脉冲现象。一个捕食-被捕食脉冲微分方程模型如下：

$$\begin{cases} \dfrac{dx_1(t)}{dt} = x_1(t)(a_1 + b_1 x_1(t) + c_1 x_2(t)) \\ \dfrac{dx_2(t)}{dt} = x_2(t)(a_2 + b_2 x_2(t) + c_2 x_2(t)) \end{cases} \right\} t \neq nT \\ \begin{cases} \Delta x_1(t) = -q_1 x_1(t) \\ \Delta x_2(t) = -q_2 x_2(t) \end{cases} \right\} t = nT \tag{5.4.3}$$

二、偏微分方程模型

考虑到种群在所处的生存环境中分布的不均匀性，导致种群不仅在时间方向变化，还会在空间方向进行演化，此时引入扩散项便得到基于偏微分方程的种群生态模型。一类具有一般扩散和齐次 Neumann 边界条件的反应扩散模型如下，读者可以阅读 Shi 等 (2010) 的文章获取更多相关信息。

$$\begin{cases} \dfrac{\partial u}{\partial t} = d_1 \Delta u + u(1-u) - \dfrac{kuv}{a+u+mv}, & (x,t) \in \Omega \times (0,\infty) \\ \dfrac{\partial v}{\partial t} = d_2 \Delta v + v(\delta - \dfrac{\beta v}{u}), & (x,t) \in \Omega \times (0,\infty) \\ \dfrac{\partial u}{\partial n} = \dfrac{\partial v}{\partial n} = 0, & x \in \partial \Omega \\ u(x,0) = u_0(x) \geqslant 0, v(x,0) = v_0(x) \geqslant 0, x \in \Omega \end{cases} \tag{5.4.4}$$

三、随机微分方程模型

考虑到自然界的一些不确定因素以及随机现象使种群生态系统常常受到各种不同形式的随机干扰，用随机微分方程模型来描述种群动力学从某种意义上更能精确地反映生态现象。一类受环境白噪声影响的随机单种群模型如下，更多信息可参看 Prajneshu (1980) 的文章。

$$dx(t) = x(t)[K - x(t)]dt + \sigma x(t)dB(t) \tag{5.4.5}$$

其中，$dB(t)$ 为白噪声，$B(t)$ 为 Brownian 运动。

习　题　5

1. **MATLAB 方法的比较**(此题来源于 Barnes 和 Fulford(2015)所著之书的 113~114 页)
考虑如下初值问题的微分方程

$$\frac{dy}{dt} = 3y, \quad y(0) = 1$$

(1)使用 MATLAB 自带标准命令 ode45 求解此方程并画出其图形。同时画出区间 $(0,2)$ 上的解析解 $y = e^{3t}$ 函数图像。

(2)如下 MATLAB 代码给出了一种使用 Euler 方法求解的例子。请使用这个代码，取不同迭代步长(分别是 0.1、0.05、0.01)，比较其解及解析解。

```
function c_cn_eulersolve
tend = 1; trange = [0, tend];
Npts = 10; %时间步长的数目
y0 = 1;
[tsol, ysol] = odeEuler(@rhs, trange, y0, Npts);
plot(tsol, ysol,'b'); hold on;
plot(tsol, exp(3*tsol),'g');
function ydot = rhs(t, y)
ydot = 3*y;
function [t, y] = odeEuler(fcn, trange, y0, Npts)
h = trange(end)/Npts; %步长大小
t = zeros(1,Npts); y = zeros(1,Npts);
y(1) = y0; t(1)=trange(1);
for k=1:Npts
y(k+1) = y(k) + h*fcn(t(k),y(k));
t(k+1) = t(k) + h;
end
```

(3)利用 Huen 算法修改代码，求解并作出其图形并和 Euler 解比较。
2. 给出方程(5.4.2)到方程(5.4.4)的 **MATLAB** 求解代码。

第六章 树、网络和网络流模型

图论的起源可追溯到 1736 年，这一年瑞士数学家欧拉(Euler)发表了图论的第一篇论文，以解决著名的哥尼斯堡(Königsberg)七桥问题。哥尼斯堡城中有 7 座桥将普雷格尔(Pregel)河中 2 个岛与河岸连接起来，如图 6.1(a)。当时，人们热衷于这样一个问题：一个人能否从 4 块陆地中的任一个出发走过这 7 座桥，且每座桥仅通过 1 次，最后回到起点？此即为著名的哥尼斯堡七桥问题。该城居民通过各种方法尝试去解决这一难题，但均未成功。欧拉为解决这个问题，采用了建立数学模型的方法，即将每一块陆地用一个点来代替，将每一座桥用连接相应两点的一条线来代替，从而得到一个有 4 个点、7 条边的图，见图 6.1(b)。如此，就将要解决的问题转化为从任一点出发一笔画出 7 条线且再回到起点的问题。欧拉考察了一笔画问题的结构特点，给出了一笔画问题的一个判定法则，获得了著名的哥尼斯堡七桥问题是"不可能走通"的结论！欧拉的论文不仅彻底解决了一笔画问题，而且开创了图论研究的先河。

1847 年，克希霍夫在研究电网络方程时引入"树"的概念。1857 年凯莱在计算烷 C_nH_{2n+2} 的同分异构体时也发现了"树"。1859 年汉密尔顿应用图论的术语，系统地研究了如何在一个连通图中寻找它的生成圈。目前，图论是离散数学的重要分支，特别是近几十年来，计算机科学和技术的飞速发展，大大促进了图论的研究和应用，图论的理论和方法已经渗透到物理学、化学、系统控制与通信、运筹学、编码理论、生物遗传学、生物信息学、管理科学、经济学和社会科学等学科中。图论与相关的网络分析在数学建模中也成为经常采用的方法之一。

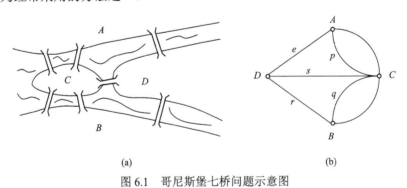

(a)　　　　　　　　　　　　　　　(b)

图 6.1　哥尼斯堡七桥问题示意图

第一节 图的基本概念与数据结构

一、图的基本概念与性质

在现实生活中，许多事件用平面上点和线构成的图形描述较为方便。例如，可以用点表示城市，用连线表示城市间的铁路线，或者用点表示各支球队，用连线表示球队之间的比赛情况。这种由平面上的 n 个点以及其中的一些点对用曲线或直线连接起来，不考虑点的位置和连线的曲直长短，这样形成的一个关系结构就是一个图。图是网络的基本描述形式，以下介绍图的基本概念与性质。

一般地，一个图 G 是指一个有序的三元组 (V,E,φ)，记作 $G=(V,E,\varphi)$。V 是图 G 的顶点集(即以上述点为元素的集合)，且 V 非空，记为 $V=V(G)$；E 是图 G 的边的集合(即以上述顶点间连线为元素的集合)，记为 $E=E(G)$；φ 是关联函数，它是边集 E 到顶点间无序偶(或有序偶)集合上的函数(注：顶点不必相异)，记为 $\varphi=\varphi_G:E(G)\to V(G)\times V(G)$，无序偶 (u,v) 对应的边被称为无向边(注：满足对称性，即 $(u,v)=(v,u)$)，有序偶对应边被称为有向边。若一个图包含的边均为有向边，则称此为**有向图**，否则就称为**无向图**。若一个图中既含有向边，又含无向边，则称此图为**混合图**。一个图 G 的顶点数和边数一般记为 $|V|$ 和 $|E|$。

进一步，若 e 是一条边，而 u 与 v 使得 $\varphi(e)=(u,v)$，则称 e 连接 u 与 v，且顶点 u 与 v 也称为边 e 的端点。一条边的端点称为与这条边关联；反之，若两顶点间存在一条边，则称这条边与顶点关联。与同一条边关联的两个顶点则称它们是相邻的，与同一顶点关联的两条边也称它们是相邻的。特别地，顶点重合的边称为**环**，与同一对顶点关联的两条或两条以上的边称为**重边**。既没有环也没有重边的图称为简单图。如无特别说明，下文中所说的图均指简单图。

记 $\deg(v)$ 为图 G 中与顶点 v 关联边的数目，也称为顶点 v 的度数。

定理 6.1(握手定理)　　给定图 $G=(V,E,\varphi)$，则有 $\sum_{v\in V}\deg(v)=2|E|$。

证明　　因为每条边关联着两个顶点，而每条边分别给这两个顶点各增加 1 个度数。因此在一个图中，顶点度数的总和等于边数的两倍。　　　　　　　　　　　　　□

推论 6.1　　在任意图中，度数为奇数的顶点数一定是偶数。

证明　　设 V_1 为图 G 中度数为奇数的顶点集，而 V_2 为图 G 中度数为偶数的顶点集，则根据定理 6.1，有 $\sum_{v\in V_1}\deg(v)+\sum_{v\in V_2}\deg(v)=2|E|$。由于 $\sum_{v\in V_2}\deg(v)$ 是偶数之和，仍为偶数，且 $2|E|$ 为偶数，所以 $\sum_{v\in V_1}\deg(v)$ 必为偶数，因此 $|V_1|$ 为偶数。　　　　　　　　　　　　　□

例 6.1　在图 6.1(b)中，无向图 $G=(V,E,\varphi)$。其中，$V=\{A,B,C,D\}$；$E=\{e,p,q,r,s,m,n\}$；φ：$\varphi(e)=(A,D)$、$\varphi(r)=(B,D)$、$\varphi(s)=(C,D)$、$\varphi(m)=\varphi(p)=(A,C)$、$\varphi(n)=\varphi(q)=(B,C)$。

与顶点 D 关联的边是 e、r 和 s；与顶点对 A 和 C 关联的边是 m 和 p，即 m 和 p 为重边。　　　　　　　　　　　　　□

一个图的画法并不是唯一的，只要它的边和顶点的关联关系不变。一般地，有下列概念。

定义 6.1 设 G_1 和 G_2 是两个图，若存在一一映射 f 和 g
$$f:V(G_1)\to V(G_2)，\quad g:E(G_1)\to E(G_2)$$
使得 $\forall e\in E(G_1)$，$\varphi_{G_1}(e)=(u,v)$ 当且仅当 $\varphi_{G_2}(g(e))=(f(u),f(v))$，则称图 G_1 与 G_2 同构，记作 $G_1\cong G_2$。

依据定义 6.1，两图同构的必要条件：①顶点数目相等；②边数相等；③度数相等的顶点数目相等。

(一)完全图、二部图和子图

完全图(或完备图)：在一个简单图中，如果图中任意两点间恰有一条边，则称该图为完全图或完备图，记为 K_n，其中 n 为图的顶点数。显然，完全图的性质是它的顶点数完全确定，顶点数也称为它的阶。例如，5 阶完全图 K_5 的边数为 $C_5^2=10$，图 6.2 中给出 K_5 的三种画法，显然有 $G_1\cong G_2\cong G_3$。

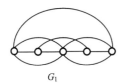 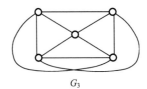

图 6.2 K_5 的三种画法

二部图(或偶图)：在图 $G=(V,E,\varphi)$ 中，如果它的顶点集 V 可分解为两个非空子集 X 和 Y，使得 G 中每条边都有一个端点在 X 中且另一个端点在 Y 中，则称 G 为二部图或偶图，记作 $G=((X,Y),E,\varphi)$。进一步，在一个二部图 $G=((X,Y),E,\varphi)$ 中，若 X 中任一点与 Y 中任一点都有边相连，则称 G 为完全二部图或完备二部图。

子图、生成子图：给定图 G 和 H，若满足 $V(H)\subseteq V(G)$ 且 $E(H)\subseteq E(G)$，则称图 H 是 G 的子图。特别地，若 $V(H)\subset V(G)$ 且 $E(H)\subseteq E(G)$，则称图 H 是 G 的真子图；若 $V(H)=V(G)$ 且 $E(H)\subseteq E(G)$，则称图 H 是 G 的生成子图。

(二)图的路、回路和连通性

给定图 $G=(V,E,\varphi)$，将图 G 中由顶点和边交替组成的序列 $W=v_0e_1v_1e_2v_2\cdots e_kv_k$ 称为从 v_0 到 v_k 的一条链，其中 v_{i-1} 和 v_i 是边 e_i 的两个端点($i=1,2,\cdots,k$)，v_0 和 v_k 称为链 W 的起点和终点，$v_1,v_2,\cdots,v_{k-1}$ 称为链 W 的内部的点。

路(或路径)：若 $W=v_0e_1v_1e_2v_2\cdots e_kv_k$ 是图 G 的一条链，且顶点 $v_0,v_1,\cdots,v_k$ 互不相同，则称 W 为图 G 从点 v_0 到点 v_k 的一条路或路径。

回路(或圈)：若 $W=v_0e_1v_1e_2v_2\cdots e_kv_k$ 是图 G 的一条链，满足 $v_0=v_k$ 且顶点

$v_0, v_1, \cdots, v_{k-1}$ 互不相同，则称 W 为图 G 的回路或圈。

特别地，含有图中所有顶点的路称为 **Hamilton 路**，闭合的 Hamilton 路(注：起点和终点相同)称为 **Hamilton 回路(或圈)**。含有 Hamilton 回路(或圈)的图称为 **Hamilton 图**。类似地，含有图中所有边且每条边只出现一次的路称为 **Euler 路**，闭合的 Euler 路(注：起点和终点相同)称为 **Euler 回路**。含有 Euler 回路的图称为 **Euler 图**。

直观地说，Euler 图就是从一顶点出发，每条边恰通过一次且能回到出发点的图，即不重复地行遍所有的边再回到出发点。相对应地，Hamilton 图就是从一顶点出发，每个顶点恰通过一次且能回到出发点的图，即不重复地行遍所有的顶点再回到出发点。Euler 图是由瑞士数学家欧拉为解决著名的哥尼斯堡七桥问题引入的。而 Hamilton 图是 1859 年数学家 Hamilton 发明的一种"周游世界"的数学玩具，即在一个 12 面体的 20 顶点上分别标有北京、东京、华盛顿等 20 个大城市的名字，要求玩此玩具的人从某城市出发，沿 12 面体的棱通过每个城市恰好一次，再回到出发的城市。事实上，这就是求 20 个顶点的 Hamilton 回路，其答案有很多。

(三) 树

连通性：给定图 $G = (V, E, \varphi)$，$v_i, v_j \in V$，若 v_i 和 v_j 间存在路径相连，则称 v_i 和 v_j 是连通的。进一步，若图 G 的任意两点都是连通的，则称 G 为连通图，否则称 G 为不连通图。再进一步，设 G 为连通图，若从 G 中去掉任何一条边后就变成不连通图，则称 G 为最小连通图。

通俗地说，一个连通图就是所有的点连成一体，而无分离的情形。

树：一个无圈的连通图称为树。

生成树：若图 T 是连通图 G 的一个连通的生成子图，且是无圈的，则称图 T 是 G 的生成树。

在各种图中，树和生成树是一类非常重要的图。根据图的连通性、树和生成树的定义，容易获得下列结论。

定理 6.2 G 是连通图的充分必要条件是 G 有生成树。

对于一个连通图 G 来说，其生成树一般是不唯一的，记 $\tau(G)$ 为连通图 G 的生成树的个数。

定理 6.3(Caylay) 给定连通图 $G = (V, E, \varphi)$，$|V| = n$，则有 $\tau(G) = n^{n-2}$。

定理 6.4(树的等价条件)　给定图 $G = (V, E, \varphi)$，$|V| = n$，下列 5 个命题是等价的：

(1) G 是无圈的连通图；

(2) G 是连通的，且有 $n-1$ 条边；

(3) G 无圈，且有 $n-1$ 条边；

(4) G 中任意两个顶点之间恰有一条链；

(5) G 是一个最小连通图。

在定理 6.4 中，可直接获得下面两个重要结论：

(1) 在点集相同的所有图中，树是包含边数最少的连通图。

(2) 在数值不相邻的两个顶点间添加一条边，则恰好构成一个圈。进一步，若再从这个圈中去掉任何一条边，则又得到一个树。

特别是结论 (2)，其对计算连通图的生成树的个数非常重要。

关于 Euler 路、Euler 回路和 Euler 图有下列的结论成立。

定理 6.5　给定图 $G = (V, E, \varphi)$，有

(1) G 是 Euler 图的充分必要条件是 G 连通且每个顶点的度数为偶数；

(2) G 是 Euler 图的充分必要条件是 G 连通且 $G = \bigcup_i C_i$，C_i 是圈，$E(C_i) \bigcap E(C_j) = \varnothing$

($i \neq j$)；

(3) G 中有 Euler 路的充分必要条件是 G 连通且至多有两个顶点的度数为奇数。

定理 6.5 表明 Euler 路和 Euler 图问题完全解决了。由于哥尼斯堡七桥问题中的 4 个顶点的度数均为奇数(见图 6.1)，因此著名的哥尼斯堡七桥问题不是 Euler 图，同时也不存在 Euler 路，即此图不可以"一笔画"。

(四) 有向图和加权图

有些问题中仅用连接两点的边去表示两点间的关系是不够的，如表示电网上两点间的电流，两球队的比赛胜负等，除了两者间有关系外，还具有方向性，即电流是从两个点中哪个点流向另一个点，两个球队中哪个球队胜了另一个球队。这种在边集上定义了方向的边就称为**有向边**。正如前面所说，有向边是用有序偶对来表示。它与无向边最大的区别在于：后者边的序偶对具有对称性。在一个有向图 $G = (V, E, \varphi)$ 中，去掉所有方向得到的图就称为 G 的**基础图**。类似地，可定义有向图中的有向路和有向圈等概念。

进一步，在无向图、有向图或混合图 $G = (V, E, \varphi)$ 的每一条边 (v_i, v_j) ($v_i, v_j \in V$) 上定义一个数 w_{ij} 与之对应，则称图 $G = (V, E, \varphi)$ 为加权图(或赋权图)。在实际应用中，所赋的"权"通常是距离、时间、费用、流量等。如在一个城市交通图中，可用混合加权图来表示，其中，有向边表示单行道，无向边表示双向道，所赋的权表示两点间道路的距离。

特别地,在一个有向图 $G=(V,E,\varphi)$ 中,称指向顶点 $v(v \in V)$ 的边的数目为 v 的入度,记为 $\deg^+(v)$;同理,称从顶点 $v(v \in V)$ 出发的边的数目为 v 的出度,记为 $\deg^-(v)$。容易推得:有向图顶点的出度和入度之和满足下列结论。

定理 6.6　给定有向图 $G=(V,E,\varphi)$,有
$$\sum_{v \in V}\deg^+(v) = \sum_{v \in V}\deg^-(v) = |E|$$

二、图与网络的数据结构

由于图是网络的基本描述形式,为了在计算机上实现网络优化的算法,必须有一种方法或数据结构用于描述图与网络。一般地,算法的好坏与网络的数据结构描述以及中间结果的操作方案等密切相关。以下介绍计算机上用来描述图与网络的几种常用的表示方法:关联矩阵、邻接矩阵和稀疏矩阵。

记图 $G=(V,E,\varphi)$, $V=\{v_1,v_2,\cdots,v_n\}$, $E=\{e_1,e_2,\cdots,e_m\}$, $|V|=n$, $|E|=m$。

(一)图的关联矩阵

定义 6.2　在图 $G=(V,E,\varphi)$ 中,称矩阵 $A=(a_{ij})_{n \times m}$ 为图 G 的关联矩阵,其中
$$a_{ij} = \begin{cases} 1, & v_i 与 e_j 关联, 且 e_j \neq (v_i,v_i) \\ 2, & v_i 与 e_j 关联, 且 e_j = (v_i,v_i) \\ 0, & v_i 与 e_j 不关联 \end{cases}$$

由定义 6.2 可知:在无向图 $G=(V,E,\varphi)$ 中, $\sum_{i,j}a_{ij} = \sum_{v \in V}\deg(v) = 2m$;在有向图 $G=(V,E,\varphi)$ 中, $\sum_{i,j}a_{ij} = \sum_{v \in V}\deg^+(v) + \sum_{v \in V}\deg^-(v) = 2m$。

例 6.2　如图 6.3 为一个无向图,按定义 6.2 可得其关联矩阵为
$$A = \begin{pmatrix} 2 & 1 & 0 & 0 & 1 \\ 0 & 1 & 1 & 1 & 0 \\ 0 & 0 & 1 & 1 & 1 \end{pmatrix}$$
□

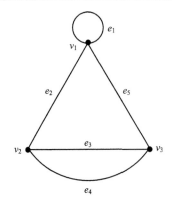

图 6.3　由 v_1、v_2 和 v_3 构成的无向图

(二) 图的邻接矩阵

> **定义 6.3**　在无向图或有向图 $G = (V, E, \varphi)$ 中，称矩阵 $\boldsymbol{B} = (b_{ij})_{n \times m}$ 为图 G 的邻接矩阵，其中：b_{ij} 表示从顶点 v_i 到 v_j 的边的数目。

在例 6.2 中，邻接矩阵 $\boldsymbol{B} = \begin{pmatrix} 1 & 1 & 1 \\ 1 & 0 & 2 \\ 1 & 2 & 0 \end{pmatrix}$，此为对称矩阵。一般地，无向图的邻接矩阵均为对称阵。

> **定理 6.7**　设矩阵 A 是无向图或有向图 $G = (V, E, \varphi)$ 的邻接矩阵，则 A^k（$k \in Z^+$，其中 Z^+ 为正整数的集合）的第 i 行、第 j 列的数值是图 G 中从顶点 v_i 到 v_j 的长度为 k 的通路的数目。

从定义 6.3 和定理 6.7 可以看出：无向图或有向图 $G = (V, E, \varphi)$ 的邻接矩阵是用于描述图的定性性质。

> **定义 6.4**　在简单无向加权图或简单有向加权图 $G = (V, E, \varphi)$ 中，称矩阵 $W = (w_{ij})_{n \times n}$ 为加权图 G 的邻接矩阵，其中 w_{ij} 定义如下：
> $$w_{ij} = \begin{cases} \text{权值}, & (v_i, v_j) \in E \\ 0 \text{或} \infty, & (v_i, v_j) \notin E \end{cases}$$

加权图的邻接矩阵在处理网络流问题中非常有用。

例 6.3　图 6.4 是某城市的主要道路网，其中：$v_1, v_2, \cdots, v_7$ 为此城市的主要道路的重要连接点；汽车按道路的箭头方向行驶，若两个相邻的点只有一个箭头的弧连接时表示此道路是单向行驶，否则是双向行驶。试写出它的邻接矩阵。进一步，v_1 到 v_7 有无道路相通？若有，至少有多长的通路？

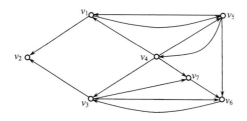

图 6.4　某城市的主要道路网图

解　由定义 6.3 容易得它的邻接矩阵为

$$A = \begin{pmatrix} 0 & 1 & 0 & 0 & 1 & 0 & 0 \\ 0 & 0 & 0 & 0 & 0 & 0 & 0 \\ 0 & 1 & 0 & 0 & 0 & 1 & 1 \\ 1 & 0 & 1 & 0 & 1 & 0 & 1 \\ 1 & 0 & 0 & 1 & 0 & 1 & 0 \\ 0 & 0 & 1 & 0 & 0 & 0 & 0 \\ 0 & 0 & 0 & 0 & 0 & 1 & 0 \end{pmatrix}$$

由于 $a_{17} = 0$，v_1 到 v_7 无长度为 1 的道路相通。按定理 6.7，可计算

$$A^2 = \begin{pmatrix} 1 & 0 & 0 & 1 & 0 & 1 & 0 \\ 0 & 0 & 0 & 0 & 0 & 0 & 0 \\ 0 & 0 & 1 & 0 & 0 & 1 & 0 \\ 1 & 2 & 0 & 1 & 1 & 3 & 1 \\ 1 & 1 & 2 & 0 & 2 & 0 & 1 \\ 0 & 1 & 0 & 0 & 0 & 1 & 1 \\ 0 & 0 & 1 & 0 & 0 & 0 & 0 \end{pmatrix}$$

由于 A^2 中第 1 行、第 7 列上数值仍为 0，即无 v_1 到 v_7 长度为 2 的道路。

$$A^3 = \begin{pmatrix} 1 & 1 & 2 & 0 & 2 & 0 & 1 \\ 0 & 0 & 0 & 0 & 0 & 0 & 0 \\ 0 & 1 & 1 & 0 & 0 & 1 & 1 \\ 2 & 1 & 4 & 1 & 2 & 2 & 1 \\ 2 & 3 & 0 & 2 & 1 & 5 & 2 \\ 0 & 0 & 1 & 0 & 0 & 1 & 0 \\ 0 & 1 & 0 & 0 & 0 & 1 & 1 \end{pmatrix}$$

由于 A^3 中第 1 行、第 7 列上数值为 1，存在唯一从 v_1 到 v_7 长度为 3 的通路，即 $v_1 v_5 v_4 v_7$。□

（三）图的稀疏矩阵

稀疏矩阵是指矩阵中零元素很多，且非零元素很少的矩阵。对于稀疏矩阵，在计算时只需要存储非零元素所在的行标、列标和非零元素的值即可。一般地，矩阵中非零元素的个数远远小于矩阵元素的总数，并且非零元素的分布没有规律，通常认为矩阵中非零元素的总数与矩阵所有元素总数的比值小于等于 0.05 时，则可认为该矩阵是稀疏矩阵 (sparse matrix)，且该比值称为这个矩阵的稠密度。稀疏矩阵几乎产生于所有的大型科学工程计算领域，包括计算流体力学、统计物理、电路模拟、图像处理、纳米材料计算等。

在 MATLAB 中，无向图和有向图的邻接矩阵的使用上有很大差别。在有向图中，只要写出它的邻接矩阵，通过使用 MATLAB 的 sparse 命令，可直接将它的邻接矩阵转化为稀疏矩阵表示；对于无向图，由于它的邻接矩阵是对称阵，MATLAB 中只需使用邻接矩阵的下三角部分的非零元素稀疏矩阵表示。

稀疏矩阵仅是一种数据存储格式。在 MATLAB 中，普通矩阵使用 sparse 命令即可转化为稀疏矩阵；反之，稀疏矩阵使用 full 命令就可还原成普通矩阵。

三、算法及其复杂性

在有限顶点和边图问题中，从理论上说，总可以采用穷举法对有限种可能进行逐一考查，从中挑选出需要的结果。例如，判断简单无向图 $G = (V, E, \varphi)$ 是否是 Hamilton 图，可以对 G 的顶点进行全排列，再对 $n!/2$ 种可能的排列逐一验证（注 $|V| = n$），看其是否形成一个圈。如果存在 Hamilton 圈，则 G 是 Hamilton 图；如果 $n!/2$ 种可能的排列均没有 Hamilton 圈，则可判定 G 不是 Hamilton 图。在以上叙述中，涉及 $n!/2$ 种可能的方案的验证，由斯特林 (Stirling) 公式

$$n! = n^n e^{-n} \sqrt{2\pi n} e^{\frac{\theta}{12n}} \quad (0 < \theta < 1)$$

容易推得：当 $n \geqslant 6$ 时，$n! > 2^{n+1}$，即当 $n \geqslant 6$ 时，$n!/2 > 2^n$。因此，对于顶点数超过 6 的图，其时间复杂度超过 2^n。从计算复杂度来说，这是一个 NPC 问题！通常，图论问题的求解最终归结为算法的设计与计算问题。

一般地，**算法**是指由一个有穷规则（指令）的有序集合组成，用于确定求解某一类计算问题的一个运算顺序，对于某一类计算问题的任何初始输入，它能逐步计算，且经过有限步之后计算终止，并能产生一个输出。

对于一个规模为 n 的计算问题及给定的算法，若存在一个多项式 $P(n)$，使这一计算问题在不超过 $P(n)$ 个基本运算步骤内计算结束，则称此算法为**有效算法**，这一算法也称为**多项式算法**。能用多项式算法计算的问题统称为 P 问题。

相对于复杂度的多项式算法，简单无向图的 Hamilton 图判断问题的上述算法就称为指数算法。因此，有效算法（即多项式算法）是比指数算法好得多的算法，这也是"有效"的由来。

有一类计算问题，至今仍未发现它有多项式算法，只能用穷举法逐个地加以判定，这类问题统称为 **NP-complete**(NPC)**问题**，这里的"NP"是指"非 P"。

在图论中，有许多问题都属于 NPC 问题，例如 Hamilton 圈问题、Steiner 树问题等。对于这一类问题，目前主要是讨论其近似算法，进而找到解决实际问题的近似最优解。

第二节　网络中的基本模型与算法

以下我们来介绍几种常见的网络计算中一些基本模型与算法。

一、最小生成树问题

我们知道：一个图的连通且无圈的子图就是它的生成树。在一个连通图中获取其生成树的问题称为生成树问题或最小连接(MC)问题。进一步，在已知加权连通图上求其权之和为最小的生成树就称为最小生成树问题。最小生成树问题在实际中有着广泛的应用。

基本问题的提法： 欲修筑连接 n 个城市的铁路，已知 i 城与 j 城之间的铁路造价为 w_{ij}，试设计一个线路图，使它的总造价最低。

上述问题的本质就是在连通加权图上求其权之和为最小的生成树。记图 $G = (V, E, W)$，$V = \{v_1, v_2, \cdots, v_n\}$，$E = \{e_1, e_2, \cdots, e_m\}$，$W$ 为边集 E 中 m 条边上的权的集合，其中不连通的两顶点间的权值取 ∞。以下介绍构造最小生成树的两种算法：Kruskal 算法和 Prim 算法。

（一）Kruskal 算法

一个连通图求其生成树最直接的方法就是"避圈法"，即在任一圈中去掉一条边，直到不含任何圈的连通图，就得到生成树。1956 年克鲁斯卡尔(Kruskal)推广了生成树的"避圈法"，即对连通加权图的任一圈中去掉权值最大的边，直到不含任何圈的加权连通子图，以此获得最小生成树并给出了求最小生成树算法——Kruskal 算法。其算法如下：

(1)选 $e_1 \in E$，使得 e_1 是权值最小的边；

(2)若 $e_1, e_2, \cdots, e_i$ 已选好，则从 $E - \{e_1, e_2, \cdots, e_i\}$ 中选取 e_{i+1}，使得 $\{e_1, e_2, \cdots, e_i, e_{i+1}\}$ 中无圈且 e_{i+1} 是 $E - \{e_1, e_2, \cdots, e_i\}$ 中权值最小的边；

(3)直到有 $|V| - 1$ 边选定为止，否则转(2)；

(4)结束。

定理 6.8　给定连通加权图，由 Kruskal 算法构成的任何生成树都是最小生成树。

关于定理 6.8 的证明，一般有关图论的教科书中都有，这里略去。

例 6.4 用 Kruskal 算法构造图 6.5 的最小生成树。

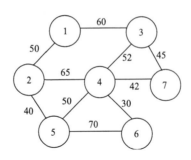

图 6.5　最小生成树问题

解　用 $\text{index}_{2\times n}$ 存放各边端点的信息，当选中某一边之后，就将此边对应的顶点序号中较大序号 u 改为此边的另一序号 v，同时把后面边中所有序号为 u 的改为 v。此方法的几何意义是将序号 u 的这个顶点收缩到 v 顶点，u 顶点不复存在。后面继续寻查时，发现某边的两个顶点序号相同时，认为已被收缩掉，失去了被选取的资格。

MATLAB 程序如下：

```
clc;clear;
a(1,[2,3])=[50,60]; a(2,[4,5])=[65,40]; %这里给出邻接矩阵的另外
一种输入方式
a(3,[4,7])=[52,45]; a(4,[5,6])=[50,30];
a(4,7)=42; a(5,6)=70;
[i,j,b]=find(a);
data=[i';j';b'];index=data(1:2,:);
loop=length(a)-1;
result=[];
while length(result)<loop
   temp=min(data(3,:));
   flag=find(data(3,:)==temp);
   flag=flag(1);
   v1=index(1,flag);v2=index(2,flag);
   if v1~=v2
      result=[result,data(:,flag)];
   end
   index(find(index==v2))=v1;
   data(:,flag)=[];
   index(:,flag)=[];
end
result
```

最终所求的最小生成树的边集为 $\{(v_1,v_2),(v_2,v_5),(v_5,v_4),(v_4,v_6),(v_4,v_7),(v_7,v_3)\}$。　□

（二）Prim 算法

Prim 算法是一种产生最小生成树的算法。该算法于 1930 年由捷克数学家沃伊捷赫·亚尔尼克(Vojtěch Jarník)发现；并在 1957 年由美国计算机科学家罗伯特·普里姆 (Robert C. Prim)独立发现；1959 年，艾兹格·迪科斯彻(Edsger Wybe Dijkstra)再次发现了该算法。与 Kruskal 算法相比，该算法的主要特点是采用"破圈法"，即为了构造连通加权图 $G=(V,E,W)$ 的最小生成树，设置两个集合 P 和 Q，其中 P 用于存放 G 的最小生成树中的顶点，集合 Q 存放 G 的最小生成树中的边。令集合 P 的初值为 $P=\{v_1\}$（假设构造最小生成树时，从顶点 v_1 出发），集合 Q 的初值为 $Q=\varnothing$（空集）。Prim 算法的思想是：从所有 $v\in P$、$u\in V-P$ 的边中，选取具有最小权值的边 (v,u)，将顶点 u 加入集合 P 中，将边 (v,u) 加入集合 Q 中，如此不断重复，直到 $P=V$ 时，最小生成树构造完毕，这时集合 Q 中包含了最小生成树的所有边。

Prim 算法过程如下：
(1)输入 V、E 和 W，$P:=\varnothing$，$Q:=\varnothing$，$S:=0$，$v\in V$；
(2) $P:=P\bigcup\{v\}$；
(3)寻找边 $(v,u)\in E$，使得 $w_{vu}=\min\{w_{vp}\mid p\in V-P\}$；
(4) $S:=S+w_{vu}$，$Q:=Q\bigcup\{(v,u)\}$，$v:=u$，$P:=P\bigcup\{v\}$；
(5)如果 $P\neq V$，转到步骤(3)；
(6)输出 Q 和 S；
(7)结束。

在 Prim 算法过程中：符号 "$A:=B$" 表示将 B 赋值给 A；输出的 S 表示图 G 的最小生成树的所有权之和。

比较 Prim 算法与 Kruskal 算法，Prim 算法回避了 Kruskal 算法中每次增加边时必须检验它与前面是否形成圈，同时也回避了比较剩下的边的权。因此，一般而言，Prim 算法比 Kruskal 算法更有效。

例 6.5 用 Prim 算法求例 6.4 的最小生成树。

解 利用 Prim 算法的 MATLAB 编程如下：

```
clc, clear;
a=zeros(7);
a(1,2)=50; a(1,3)=60;
a(2,4)=65; a(2,5)=40;
a(3,4)=52; a(3,7)=45;
a(4,5)=50; a(4,6)=30; a(4,7)=42;
```

```
a(5,6)=70;
a=a+a';a(a==0)=inf;
result=[];p=1;tb=2:length(a);
while size(result,2)~=length(a)-1
    temp=a(p,tb);temp=temp(:);
    d=min(temp);
    [jb,kb]=find(a(p,tb)==d,1);  %找第 1 个最小值
    j=p(jb);k=tb(kb);
    result=[result,[j;k;d]];p=[p,k];tb(find(tb==k))=[];
end
result
```

求得的结果与例 6.4 相同。   □

比最小生成树更一般的问题是 **Steiner 树问题**，其一般的提法是：在已知由城市间构成的交通或通信网络上，给定若干个城市，求连接这些城市的最廉价交通或通信网。Steiner 树问题的本质就是在连通加权图上获取权之和为最小的树状子图，使得此树包含指定的顶点集。这是一个典型的 NPC 问题，解决 Steiner 树问题的思路是：在给定顶点基础上，引入"虚设站"以构造最小生成树。关于 Steiner 树问题求解的具体方案，请参看相关文献，这里不再赘述。

二、最短路问题

在实际问题的应用研究中，如交通网络系统，最短路是经常遇到的问题，它也是常用的图论优化问题之一。

(一) 最短路的基本算法——两个指定顶点间的最短路径

最短路问题的提法：给定一个连通加权图 $G = (V, E, W)$ ，其中：顶点集 $V = \{v_1, \cdots, v_n\}$ ；E 为边的集合；邻接矩阵 $W = (w_{ij})_{n \times n}$ ，这里 w_{ij} (>0) 表示顶点 v_i 和 v_j 之间邻接的权，且顶点 v_i 和 v_j 之间无直接邻接时取 $w_{ij} = \infty$ 。试求图 G 中指定的两个顶点 v_0 、v 间的具有权之和为最小的通路。

一般地，将连通加权图 $G = (V, E, W)$ 中指定顶点 u 和 v 间的权之和为最小的通路称为顶点 u 和 v 间的**最短路**，且相应的最小的权之和称为顶点 u 和 v 间的距离，记作 $d(u, v)$ 。若记顶点 u 和 v 间的所有通路的集合为 $P(u, v)$ ，$s(p)$ 表示路径 p 上所有边权之和，则两个指定顶点间的最短路问题的数学模型为

$$d(u, v) = \min\{s(p) \mid p \in P(u, v)\} \tag{6.2.1}$$

对于两个指定顶点间的最短路问题，已有成熟的算法，如迪克斯特拉（Dijkstra）算法，其基本思想是按距离顶点 u_0 从近到远为顺序，依次求得 u_0 到图 G 的各顶点的最短路和距

离，直至 v_0（或直至 G 的所有顶点），算法结束。为避免重复并保留每一步的计算信息，采用了标号算法。具体算法步骤如下。

迪克斯特拉(Dijkstra)算法：

(1) $l(u_0):=0$；对 $u\neq v_0$，$l(u)=\infty$，$i:=0$，$S_i:=\{u_0\}$；

(2) 计算

$$l(u_{i+1})=\min_{u\in V-S_i}\{l(u),l(u_i)+w(u_i,u)\}$$

其中，$w(u,v)$ 表示顶点 u 和 v 之间边的权值，$l(u_{i+1})$ 中 u_{i+1} 记录的是这个最小值的一个顶点；

(3) $S_{i+1}:=S_i\bigcup\{u_{i+1}\}$；

(4) 若 $i<|V|-1$，$i:=i+1$，转到(2)；

(5) 输出 $(u_i,l(u_i))$ $(i=1,2,\cdots,|V|-1)$；

(6) 结束。

迪克斯特拉(Dijkstra)算法给出了从某个给定的顶点 u_0 出发到各其他顶点的最短路距离，即算法结束时，从 u_0 到各顶点 u_i 的距离由 $l(u_i)$ 给出。

例 6.6 某公司在六个城市 $c_1,c_2,\cdots,c_6$ 中有分公司，从 c_i 到 c_j 的直接行程的票价记在下述矩阵的 (i,j) 位置上(注：∞ 表示无直通路径)。请帮助该公司设计一张城市 c_1 到其他城市间的票价最便宜的路线图。

$$A=\begin{pmatrix} 0 & 50 & \infty & 40 & 25 & 10 \\ 50 & 0 & 15 & 20 & \infty & 25 \\ \infty & 15 & 0 & 10 & 20 & \infty \\ 40 & 20 & 10 & 0 & 10 & 25 \\ 25 & \infty & 20 & 10 & 0 & 55 \\ 10 & 25 & \infty & 25 & 55 & 0 \end{pmatrix}$$

解 用矩阵 $A_{n\times n}$（n 为顶点个数）存放各边权的邻接矩阵，行向量 pb、index_1、index_2 和 d 分别用来存放 P 标号信息、标号顶点顺序、标号顶点索引、最短通路的值。其中分量

$$pb(i)=\begin{cases}1, & \text{当第}i\text{顶点的标号已成为}P\text{标号}\\ 0, & \text{当第}i\text{顶点的标号未成为}P\text{标号}\end{cases}$$

$\text{index}_2(i)$ 存放起点到第 i 顶点最短通路中第 i 顶点前一顶点的序号；$d(i)$ 存放由起点到第 i 顶点最短通路的值。

```
clc, clear
a=zeros(6); %邻接矩阵初始化
a(1,2)=50;a(1,4)=40;a(1,5)=25;a(1,6)=10;
a(2,3)=15;a(2,4)=20;a(2,6)=25;
```

```
a(3,4)=10;a(3,5)=20;
a(4,5)=10;a(4,6)=25;
a(5,6)=55;
a=a+a';
a(a==0)=inf;
pb(1:length(a))=0;pb(1)=1;index1=1;index2=ones(1,length(a));
d(1:length(a))=inf;d(1)=0;
temp=1;  %最新的 P 标号的顶点
while sum(pb)<length(a)
    tb=find(pb==0);
    d(tb)=min(d(tb),d(temp)+a(temp,tb));
    tmpb=find(d(tb)==min(d(tb)));
    temp=tb(tmpb(1));  %可能有多个点同时达到最小值，只取其中的一个
    pb(temp)=1;
    index1=[index1,temp];
    temp2=find(d(index1)==d(temp)-a(temp,index1));
    index2(temp)=index1(temp2(1));
end
```

求得 c_1 到 $c_2, \cdots, c_6$ 的最便宜的票价分别为 35、45、35、25 和 10。　　　　　□

从起点 sb 到终点 db 通路的 Dijkstra 标号算法程序如下：

```
function [mydistance,mypath]=mydijkstra(a,sb,db);
% 输入：a-邻接矩阵，a(i,j)是指 i 到 j 之间的距离，可以是有向的
% sb-起点的标号，db-终点的标号
% 输出：mydistance-最短路的距离，mypath-最短路的路径
n=size(a,1); visited(1:n) = 0;
distance(1:n) = inf; distance(sb) = 0; %起点到各顶点距离的初始化
visited(sb)=1; u=sb;  %u 为最新的 P 标号顶点
parent(1:n) = 0; %前驱顶点的初始化
for i = 1: n-1
    id=find(visited==0); %查找未标号的顶点
    for v = id
        if a(u, v) + distance(u) < distance(v)
            distance(v) = distance(u) + a(u, v);  %修改标号值
            parent(v) = u;
        end
    end
```

```
      temp=distance;
      temp(visited==1)=inf;     %已标号点的距离换成无穷
      [t, u] = min(temp);       %找标号值最小的顶点
      visited(u) = 1;           %标记已经标号的顶点
  end
mypath = [];
if parent(db) ~= 0              %如果存在路
    t = db; mypath = [db];
    while t ~= sb
        p = parent(t);
        mypath = [p mypath];
        t = p;
    end
end
mydistance = distance(db)
```

（二）有向图中两个指定顶点之间最短路问题的数学规划模型

假设有向图有 n 个顶点，现需要求从顶点 v_1 到顶点 v_n 的最短路。设 $\boldsymbol{W} = (w_{ij})_{n \times n}$ 为邻接矩阵，其分量为

$$w_{ij} = \begin{cases} 边(v_i, v_j)的权值, & (v_i, v_j) \in E \\ \infty, & 其他 \end{cases}$$

决策变量为 x_{ij}，当 $x_{ij} = 1$，说明弧 (v_i, v_j) 位于顶点 v_1 至顶点 v_n 的最短路上；否则 $x_{ij} = 0$。其数学规划表达式为

$$\min \sum_{(v_i, v_j) \in E} w_{ij} x_{ij}$$

$$\text{s.t.} \begin{cases} \sum_{\substack{j=1 \\ (v_i, v_j) \in E}}^{n} x_{ij} - \sum_{\substack{j=1 \\ (v_j, v_i) \in E}}^{n} x_{ji} = \begin{cases} 1, & i = 1 \\ -1, & i = n \\ 0, & i \neq 1, n \end{cases} \\ x_{ij} = 0或1 \end{cases}$$

一般地，这类整型数学规划模型的计算可采用 Lingo 程序编程计算，这里略去。

（三）每对顶点间的最短路问题

计算加权图中各对顶点之间最短路径，显然可以通过指定起始点，再调用 Dijkstra 算法来处理。具体方法是：每次以不同的顶点作为起点，用 Dijkstra 算法计算从该起点

到其余顶点的最短路径，反复执行 n 次这样的操作，就可得到从每一个顶点到其他顶点的最短路径。这种算法的时间复杂度为 $O(n^3)$。以下我们来介绍这一问题的另一个有效的算法——Floyd 算法，这是由 R. W. Floyd 于 1962 年提出的。

对于加权图 $G = (V, E, A_0)$，顶点集 $V = \{v_1, \cdots, v_n\}$，邻接矩阵

$$A_0 = \begin{pmatrix} a_{11} & a_{12} & \cdots & a_{1n} \\ a_{21} & a_{22} & \cdots & a_{2n} \\ \vdots & \vdots & & \vdots \\ a_{n1} & a_{n2} & \cdots & a_{nn} \end{pmatrix}$$

其中，$a_{ii} = 0 \ (i = 1, 2, \cdots, n)$，且

$$a_{ij} = \begin{cases} w_{ij}, & (v_i, v_j) \in E \\ \infty, & (v_i, v_j) \notin E \end{cases} \quad (i \neq j)$$

对于无向图，A_0 是对称矩阵，即 $a_{ij} = a_{ji}$。

Floyd 算法的基本思想是通过递推产生一个矩阵序列 $A_1, \cdots, A_k, \cdots, A_n$，其中矩阵 A_k 的第 i 行第 j 列元素 $A_k(i, j)$ 表示从顶点 v_i 到顶点 v_j 的路径上所经过的顶点序号不大于 k 的最短路径长度。计算时采用迭代公式

$$A_k(i, j) = \min(A_{k-1}(i, j), A_{k-1}(i, k) + A_{k-1}(k, j)) \tag{6.2.2}$$

其中，k 是迭代次数，$i, j, k = 1, 2, \cdots, n$。

最后，当 $k = n$ 时，A_n 即是各顶点之间的最短路值。

例 6.7 用 Floyd 算法求解例 6.6。

解 MATLAB 编程如下：

```
clear;clc;
n=6; a=zeros(n);
a(1,2)=50;a(1,4)=40;a(1,5)=25;a(1,6)=10;
a(2,3)=15;a(2,4)=20;a(2,6)=25; a(3,4)=10;a(3,5)=20;
a(4,5)=10;a(4,6)=25; a(5,6)=55;
a=a+a';
a(a==0)=inf; %把所有零元素替换成无穷
a([1:n+1:n^2])=0; %对角线元素替换成零，MATLAB 中数据是逐列存储的
path=zeros(n);
for k=1:n
  for i=1:n
    for j=1:n
      if a(i,j)>a(i,k)+a(k,j)
        a(i,j)=a(i,k)+a(k,j);
        path(i,j)=k;
      end
```

```
        end
    end
end
a, path
function [dist,mypath]=myfloyd(a,sb,db);
% 输入：a—邻接矩阵，元素(aij)是顶点 i 到 j 之间的直达距离，可以是有向的
% sb—起点的标号；db—终点的标号
% 输出：dist—最短路的距离；% mypath—最短路的路径
n=size(a,1); path=zeros(n);
for k=1:n
    for i=1:n
        for j=1:n
            if a(i,j)>a(i,k)+a(k,j)
                a(i,j)=a(i,k)+a(k,j);
                path(i,j)=k;
            end
        end
    end
end
dist=a(sb,db);
parent=path(sb,:); %从起点 sb 到终点 db 的最短路上各顶点的前驱顶点
parent(parent==0)=sb; %path 中的分量为 0，表示该顶点的前驱是起点
mypath=db; t=db;
while t~=sb
        p=parent(t); mypath=[p,mypath];
        t=p;
end
```

计算结果为

$$A_6 = \begin{pmatrix} 0 & 35 & 45 & 35 & 25 & 10 \\ 35 & 0 & 15 & 20 & 30 & 25 \\ 45 & 15 & 0 & 10 & 20 & 35 \\ 35 & 20 & 10 & 0 & 10 & 25 \\ 25 & 30 & 20 & 10 & 0 & 35 \\ 10 & 25 & 35 & 25 & 35 & 0 \end{pmatrix}$$

□

三、网络最大流问题

网络最大流问题是图论应用中最常见问题之一。在实际问题的应用研究中，如交通

网络系统、石油运输管网和城市地下水管网等，都是典型的网络最大流问题。

(一) 基 本 概 念

一般情况，一个**网络** N 是指一个具有两个特定顶点子集 S 和 T 的有向图 G，以及一个在 G 的弧集 E 上定义的非负函数 C。若顶点集 S 和 T 是不相交的和非空的，则称 S 中的顶点是 N 的发点，T 中的顶点是 N 的收点，它们分别对应于网络流的源点和终点，其余的顶点称为中间点。函数 C 称为 N 的**容量函数**，其值 c_{ij} 称为边 e_{ij} 的**容量**，且一条弧的容量可以看作沿着这条弧输送物品所允许的最大流量。

所谓网络上的流，是指定义在弧集合 E 上的一个函数或权值 $f = \{f_{ij}\} = \{f(v_i, v_j)\}$，并称 f_{ij} 为弧 (v_i, v_j) 上的流量。

例如一个网络如图 6.6 所示，此网络有两个发点 s_1 和 s_2，即 $S = \{s_1, s_2\}$；三个收点 t_1、t_2 和 t_3，即 $T = \{t_1, t_2, t_3\}$；四个中间点 v_1、v_2、v_3 和 v_4，对应的权值即为容量。

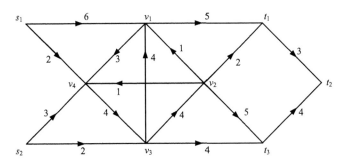

图 6.6　含有多个收点和发点的网络

我们可以将其转化为只有一个发点和一个收点的网络，方法如下：

(1) 在 N 中添加两个新点 v_s 和 v_t；

(2) 用容量为 ∞ 的弧把 v_s 与 S 中的每个顶点连接起来；

(3) 用容量为 ∞ 的弧把 v_t 与 T 中的每个顶点连接起来；

(4) 如此就构成了以 v_s 作为新网络的发点、以 v_t 作为新网络的收点的新网络。

经转化的网络图见图 6.7。容易理解，除新添加的弧之外，其余弧的网络流问题与原

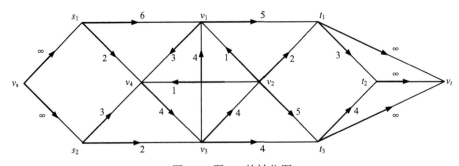

图 6.7　图 6.6 的转化图

问题一样。因此，不会改变原问题的求解(注：从后面的求解过程看)。同时，也可使原问题求解得到简化。

(二)可行流与最大流

在网络 N 中，流 f 称为**可行流**，如果满足下列条件

(1)容量限制条件：对每一弧 $(v_i, v_j) \in E$ ，$0 \leqslant f_{ij} \leqslant c_{ij}$ ；

(2)平衡条件或流量守恒条件：对于中间点 i $(i \neq s, t)$ 有

$$\sum_{j:(v_i, v_j) \in E} f_{ij} - \sum_{j:(v_j, v_i) \in E} f_{ji} = 0$$

由流量守恒条件不难证明：对于任何可行流 f ，流出 v_s 的净流量应该等于流进 v_t 的净流量，并记为 $v(f)$ 。从而

$$\text{对于发点 } v_s, \qquad \sum_{(v_s, v_j) \in E} f_{sj} - \sum_{(v_j, v_s) \in E} f_{js} = v(f)$$

$$\text{对于收点 } v_t, \qquad \sum_{(v_t, v_j) \in E} f_{tj} - \sum_{(v_j, v_t) \in E} f_{jt} = -v(f)$$

其中，$v(f)$ 称为这个可行流的流量，即发点的净输出量。

特别地，若 $v(f) = 0$ ，则称 f 为**零流**。一个网络的可行流总是存在的，例如零流。

最大流问题的线性规划模型如下：

$$\max v(f)$$

$$\text{s.t.} \begin{cases} \displaystyle\sum_{j:(v_i, v_j) \in E} f_{ij} - \sum_{j:(v_j, v_i) \in E} f_{ji} = \begin{cases} v(f), & i = s \\ -v(f), & i = t \\ 0, & i \neq s, t \end{cases} \\ 0 \leqslant f_{ij} \leqslant c_{ij}, \quad \forall (v_i, v_j) \in E \end{cases} \tag{6.2.3}$$

其求解可用线性规划方法。以下，我们来介绍最大流问题的最大流最小割算法——Ford-Fulkerson 算法。

(三)可增路与最大流判别

对于给定的任一可行流，我们自然希望能判断其是否为最大流，即最大流判别。为此，我们先引进一些基本概念和术语。

在网络 N 中，若点集 V 被剖分为两个非空集合 V_1 和 $\overline{V_1}$ ，使得 $v_s \in V_1$、$v_t \in \overline{V_1}$ ，则把弧集 $\left(V_1, \overline{V_1}\right)$ 称为 N 中的**割**。

显然，若将割 $(V_1, \overline{V_1})$ 从网络中去掉，则不存在从 v_s 到 v_t 的路，割的容量是指它的各条弧的容量之和，记为 $c(V_1, \overline{V_1})$ ，即

$$c(V_1, \overline{V_1}) = \sum_{a_{ij} \in (V_1, \overline{V_1})} c_{ij}$$

容易证明：任何一个可行流 f 的流量 $v(f)$ 都不会超过任一割的容量，即

$$v(f) \leqslant c(V_1, \overline{V_1})_{\circ}$$

特别地，若有一可行流 f 和割 $(V_1, \overline{V_1})$，使 $v(f) = c(V_1, \overline{V_1})$，则 f 必为最大流，而 $(V_1, \overline{V_1})$ 必为最小割。

设 f 是网络 N 的一个可行流，对于 N 中的每条路 P，在其上定义一个非负函数：

$$\delta(P) = \sum_{(v_i, v_j) \in P} \begin{cases} \begin{cases} c_{ij} - f_{ij}, & a_{ij} \text{是} P \text{的顺向弧} \\ f_{ij}, & a_{ij} \text{是} P \text{的反向弧} \end{cases} \end{cases}$$

后面将会看出 $\delta(P)$ 是在不违反可行流的两个条件的前提下，沿着 P 所能增加的流量（相对于 f）的最大数值。进一步，若 $\delta(P)=0$，则称路 P 是 f **饱和的**；若 $\delta(P)>0$，则称 P 是 f **非饱和的**，说明沿着 P 可以适当增加流量，从发点 v_s 到收点 v_t 的 f 非饱和路称为 f **可增路**。

例 6.8 某油田 Q 有一个石油运输管网，如图 6.8 所示，v_s 是石油产地，v_t 是石油销地，网络上还标明了每一输油管单位时间容许的最大输油量（单位：桶/min）。问题就转化为决定从 v_s 到 v_t 单位时间的最大输入油量。

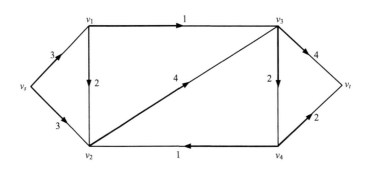

图 6.8　Q 油田石油运输管网

解　给定一个石油运输方案或一个可行流如图 6.9 所示。对路 P：$v_s v_2 v_4 v_t$，如图 6.10 (a) 所示，其中 (v_s, v_2) 和 (v_4, v_t) 为顺向弧，(v_2, v_4) 为反向弧。P 的反向弧为 (v_2, v_4)，并有 $\delta(P)=1$，即路 P 是一条 f 可增路。由于网络中 f 可增路 P 的存在，f 不是最大流。事实上，沿着 P 增加一个值为 $\delta(P)$ 的附加流量，可得由

$$f_{ij} = \begin{cases} f_{ij} + \delta(P), & a_{ij} \text{是} P \text{的顺向弧} \\ f_{ij} - \delta(P), & a_{ij} \text{是} P \text{的反向弧} \\ f_{ij}, & \text{其他} \end{cases}$$

所定义的新可行流 $\widehat{f}$，即 $v(\widehat{f}) = v(f) + \delta(P)$，称 $\widehat{f}$ 为**基于 P 的调整流**。图 6.10 (b) 为图 6.10 (a) 基于 f 可增路 P 的调整流，其中弧上所标数字为 (c_{ij}, f_{ij})。　　　　□

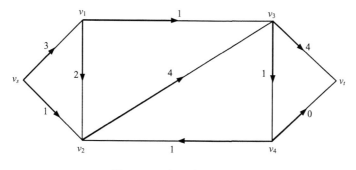

图 6.9 一个石油运输方案

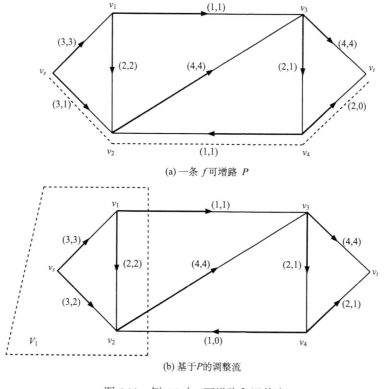

(a) 一条 f 可增路 P

(b) 基于 P 的调整流

图 6.10 例 6.8 中 f 可增路和调整流

定理 6.9 N 中的可行流 f 是最大流当且仅当 N 不包含 f 可增路。

证明 **充分性**(用反证法):假定 N 有 f 可增路 P,则 f 一定不是最大流,这是因为存在基于 P 的调整流使得 $v(\widehat{f}) = v(f) + \delta(P) > v(f)$(这里 $\delta(P) > 0$)。

必要性:若 N 无 f 可增路,下面证明 f 是最大流。构造点集 V_1 和 $\overline{V_1}$,先取 $V_1 = \{v_s\}$,按下面的方法扩大 V_1:

若 $v_i \in V_1$,$f_{ij} < c_{ij}$,则将 V_1 扩充为 $V_1 \bigcup \{v_i\}$,此时 a_{ij} 为非饱和弧;

若 $v_i \in V_1$,$f_{ji} > 0$,则将 V_1 扩充为 $V_1 \bigcup \{v_j\}$,此时 a_{ji} 为非零流弧。

因为 N 中无 f 可增路，故 $v_t \in \overline{V_1}$，由此得到一割 $(V_1, \overline{V_1})$，由上面 V_1 和 $\overline{V_1}$ 的构造知：

$$f_{ij} = \begin{cases} c_{ij}, & a_{ij} \in (V_1, \overline{V_1}) \\ 0, & a_{ij} \in (\overline{V_1}, V_1) \end{cases}$$

因此，$v(f) = c(V_1, \overline{V_1})$，即 f 是最大流。　　　　　　　　　　　　　　□

由上面的证明知，若 f 是最大流，则网络中必存在一割 $(V_1, \overline{V_1})$，使

$$v(f) = c(V_1, \overline{V_1})$$

而两者相等，又说明 f 是最大流，$(V_1, \overline{V_1})$ 是最小割。由此 Ford 和 Fulkerson（1956）得到了著名的最大流最小割定理。

定理 6.10　　在任何网络中，最大流的流量等于最小割的容量。

定理 6.10 可以作为最大流或最小割的检验手段。

（四）最大流的标号法——Ford-Fulkerson 算法

定理 6.9 的证明本质上是最大流的构造，它提供了寻求网络最大流的一个方法。若给了一个可行流 f，可以利用定理 6.9 后半部分证明中定义 V_1 的办法，根据 v_t 是否属于 V_1 来判断 N 中是否包含 f 可增路：若存在 f 可增路，则可以用定理 6.9 前半部分证明中的办法改进 f，得到一个流量增大的新可行流；如果不存在 f 可增路，则 f 即为所求最大流。

Ford 和 Fulkerson 提出的寻求最大流的标号法就是基于定理 6.9 的思想构造的。从一个已知可行流（如零流）开始，不断增加流量，得到一个流的序列，并且终止于最大流。

在介绍 Ford-Fulkerson 算法之前，先将上述思想应用于图 6.10（a）。为记录下可能的可增路，从 v_s 开始，给每个顶点 v_i 规定一个标号 (v_x, δ_i)，v_x 表示从 v_s 到 v_i 可增路上 v_i 的下一个顶点，而 δ_i 是从 v_s 输送到 v_i 的超过现行流的额外流量，它符合容量限制条件和流量守恒条件。对 v_s，令其标号为 $(0, +\infty)$。

在图 6.10（a）中，首先给 v_s 标上 $(0, +\infty)$，检查与 v_s 关联的弧：由 $f_{s1} = c_{s1} = 3$，a_{s1} 是饱和弧；由 $f_{s2} = 1 < 3 = c_{s2}$，故 a_{s2} 为非饱和弧，考虑给 a_{s2} 增加额外流量，它必定不超过前一弧的额外流量，同时也不能超过该弧的过剩容量 $c_{s2} - f_{s2} = 3 - 1 = 2$，即

$$\delta_2 = \min\{\delta_s, c_{s2} - f_{s2}\} = \min\{+\infty, 2\} = 2$$

将 v_2 标号为 $(v_s, 2)$。检查与 v_2 关联的弧，由 $f_{12} = 2 > 0$，a_{12} 为非零流弧，是反向弧，故 $\delta_1 = \min\{\delta_2, f_{12}\} = \min\{2, 2\} = 2$，将 v_1 标号为 $(v_2, 2)$；由 $f_{23} = c_{23} = 4$，a_{23} 为饱和弧；由 $f_{42} = 1 > 0$，a_{42} 为非零流弧，故 $\delta_4 = \min\{\delta_2, f_{42}\} = \min\{2, 1\} = 1$，将 v_4 标号为 $(v_2, 1)$。继续检查与 v_4 关联的弧，由 $f_{34} = 2 > 0$，a_{34} 为非零流弧，故 $\delta_3 = \min\{\delta_4, f_{34}\} = \min\{1, 2\} = 1$，将 v_3 标号为 $(v_4, 1)$；由 $f_{4t} = 0 < 2 = c_{4t}$，a_{4t} 为非饱和弧，令 $\delta_t = \min\{\delta_4, c_{4t} - f_{4t}\} = \min\{1, 2\} = 1$。因此，找到了一条从 v_s 到 v_t 的可增路 $(v_s v_2 v_4 v_t)$，其额外增加流量 $\delta = \delta_t = 1$。

沿着已找到的可增路，进行流的调整，即

$$f_{s2} \text{ 变为 } f_{s2} + 1 = 1 + 1 = 2$$

$$f_{42} \text{ 变为 } f_{42} - 1 = 1 - 1 = 0 \text{ (因 } a_{42} \text{ 为反向弧)}$$

$$f_{4t} \text{ 变为 } f_{4t} + 1 = 0 + 1 = 1$$

其他弧的流量不变。此时新可行流的流量 $v(f)$ 变为 $v(f) + \delta = 4 + 1 = 5$，如图 6.10(b) 所示。

接下来，在图 6.10(b) 中，重复前面的过程，寻找 f 可增路。给 v_s 标上 $(0, +\infty)$，检查与 v_s 关联的弧。由 $f_{s1} = c_{s1} = 3$，a_{s1} 是饱和弧；由 $f_{s2} = 2 < 3 = c_{s2}$，a_{s2} 为非饱和弧，$\delta_2 = \min\{\delta_s, c_{s2} - f_{s2}\} = \min\{+\infty, 1\} = 1$，将 v_2 标号为 $(v_s, 1)$。检查与 v_2 关联的弧：由反向弧 a_{42} 中 $f_{42} = 0$，即 a_{42} 为零流弧；顺向弧 a_{23} 中，$f_{23} = c_{23} = 4$，a_{23} 为饱和弧；在反向弧 a_{12} 上，$f_{12} = 2 > 0$，故 $\delta_1 = \min\{\delta_2, f_{12}\} = \min\{1, 2\} = 1$，将 v_1 标号为 $(v_2, 1)$。检查与 v_1 关联的弧，发现在弧 a_{13} 上，$f_{13} = c_{13} = 1$，a_{13} 为饱和弧，标号过程无法进行下去。说明不存在从 v_s 到 v_t 的可增路，从而现行流 f 即为最大流，搜索停止，且最大流 $v(f) = 5$。同时，注意到标号集合 $V_1 = \{v_s, v_2, v_1\}$，$v_s \in V_1$，且 $v_t \in \overline{V_1}$，$c(V_1, \overline{V_1}) = c_{13} + c_{23} = 1 + 4 = 5 = v(f)$，进一步说明 f 为最大流，而 $(V_1, \overline{V_1})$ 为最小割（见图 6.10(b)）。

由此例和最大流最小割定理知，改善或提高最小割集的运载能力将会提高总的运输量，因此，最小割集是制约总运输量的瓶颈。

下面给出 Ford-Fulkerson 标号算法的一般步骤：

Ford-Fulkerson 标号算法：

(1) 置每个 f_{ij} 等于一个可行流 f 的对应值，若网络中没有给定 f，则设 f 是零流。

(2) 给发点 v_s 标上 $(0, +\infty)$，v_s 成为已标号而未检查的点，其他点为未标号点。

(3) 如果不存在已标号而未检查的点，现行流 f 即为最大流，转 (6)；否则按标号的先后次序取一个已标号而未检查的点 v_i，对一切未标号点 v_j，若弧 a_{ij} 为非饱和弧，即 $f_{ij} < c_{ij}$，则给 v_j 以标号 (v_i, δ_j)，其中

$$\delta_j = \min\{\delta_i, c_{ij} - f_{ij}\}$$

若弧 a_{ji} 为非零流弧，即 $f_{ji} > 0$，则给 v_j 以标号 (v_i, δ_j)，其中

$$\delta_j = \min\{\delta_i, f_{ji}\}$$

这时 v_j 成为已标号而未检查的点。考虑完一切未标号点 v_j 后，v_i 便成为已标号并检查过的点。

(4) 如果收点 v_t 未标号，转 (3)。

(5) 从 v_t 开始，通过第一标号，逆向找出可增路 P，并令

$$f_{ij} = \begin{cases} f_{ij} + \delta_t, & a_{ij} \text{是} P \text{的顺向弧} \\ f_{ij} - \delta_t, & a_{ij} \text{是} P \text{的反向弧} \\ f_{ij}, & \text{其他} \end{cases}$$

去掉所有点的标号，转 (2)。

(6) 结束。

(五)最小费用最大流问题

上面我们已经求得例 6.8 中油田 Q 的石油运输管网的最大输油量为 5 桶/min。假设运输管网上各管道 a_{ij} 输送石油的单位流量的运费如图 6.11 所示，其中弧旁数字为容量(即加圈的数字表示运费的容量)。Q 油田欲确定这样一个运输方案，使输油量最大，同时使总的运输费用最小。这就是最小费用最大流问题。

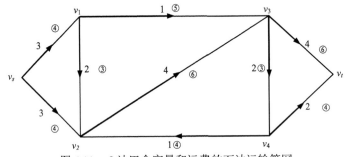

图 6.11　Q 油田含容量和运费的石油运输管网

一般在网络 N 上，对应于每一弧 $a_{ij} \in E$，有一个容量 c_{ij} 和一个单位流量的费用 $b_{ij} = b(v_i, v_j)(\geqslant 0)$。所谓最小费用最大流问题就是要求一个从发点 v_s 到收点 v_t 的最大流，使流的总输送费用 $\sum_{a_{ij} \in E} b_{ij} f_{ij}$ 取最小值。最小费用最大流问题可以归结为两个线性规划问题，首先用线性规划模型 (6.2.3) 求出最大流量 $v(f_{\max})$，然后用如下的线性规划模型求出最大流对应的最小费用。

$$\min \left(\sum_{a_{ij} \in E} b_{ij} f_{ij} \right)$$
$$\text{s.t.} \begin{cases} 0 \leqslant f_{ij} \leqslant c_{ij}, \forall a_{ij} \in E \\ \sum_{j: a_{ij} \in A} f_{ij} - \sum_{j: a_{ji} \in A} f_{ji} = d_i \end{cases} \tag{6.2.4}$$

其中，$d_i = \begin{cases} v(f_{\max}), & i = s \\ -v(f_{\max}), & i = t \\ 0, & i \neq s, t \end{cases}$，这里 $v(f_{\max})$ 表示线性规划模型 (6.2.3) 求得的最大流的流量。

下列给出的是模型 (6.2.4) 的 Ford-Fulkerson(1962) 迭加算法。

Ford-Fulkerson 迭加算法：

(1) 给定目标流量 F 或 ∞。从给定的最小费用流 f 开始；若未给，令 f 为零流。

(2) 若 $v(f) = F$，f 为最小费用流。

(3) 在 $N'(f)$ 中存在从 v_s 到 v_t 的最小费用有向路 P，沿 P 增加流 f 的流量直到 F，转(2)；若不存在从 v_s 到 v_t 的最小费用有向路 P，f 就是最小费用最大流。

(4) 结束。

下面用迭加算法从零流开始，求图6.11中的最小费用最大流，如图6.12所示。首先构造调整容量的流网络 $N'(f)$，并求出从 v_s 到 v_t 的最短路 (v_s, v_1, v_3, v_t)，如图 6.12 (a)，$\delta = \min\{3, 1, 4\}$，将其添加到原网络 N 中去，进一步得新的调整网络，如图6.12 (b)。按照迭加算法，依次得到流量为1、4和5的流，其对应的调整网络分别为图6.12的(b)、(c)和(d)。最终得最小费用为83、流量为5的最小费用最大流。

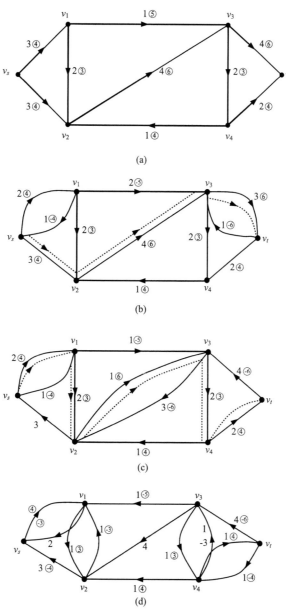

图 6.12　用迭加算法求最小费用最大流

加圈的数字为运费，细线为最短路

四、旅行商(TSP)问题

一名推销员准备前往若干城市推销产品，然后回到他的出发地。如何为他设计一条最短的旅行路线(从驻地出发，经过每个城市恰好一次，最后返回驻地)？这个问题称为**旅行商问题**。用图论的术语说，就是在一个加权完全图中，找出一个有最小权的 Hamilton 圈，也称这种圈为最优圈。目前，旅行商问题求解还没有一种有效算法。

一个可行的办法是首先求一个 Hamilton 圈 C，然后适当修改 C 以得到具有较小权的另一个 Hamilton 圈，这种修改的方法称为改良圈算法。其基本步骤如下：

改良圈算法：
(1) 给定 Hamilton 圈 $C = v_1 v_2 \cdots v_n v_1$。
(2) 若存在 $i, j : 1 \leqslant i < i+1 < j \leqslant n$，满足：
$$w(v_i v_j) + w(v_{i+1} v_{j+1}) < w(v_i v_{i+1}) + w(v_j v_{j+1})$$
则构造新的 Hamilton 圈：$C_{ij} = v_1 v_2 \cdots v_i v_j v_{j-1} v_{j-2} \cdots v_{i+1} v_{j+1} v_{j+2} \cdots v_n v_1$ (它是由 C 中删去边 $v_i v_{i+1}$ 和 $v_j v_{j+1}$，添加边 $v_i v_j$ 和 $v_{i+1} v_{j+1}$ 而得到的)，C_{ij} 叫做 C 的改良圈；否则，转到(4)。
(3) C_{ij} 代替 C，转到(2)。
(4) 输出 C，结束。

例 6.9 已知北京(Pe)、东京(T)、纽约(N)、墨西哥城(M)、伦敦(L)、巴黎(Pa)这六个城市间的飞行距离构成的邻接矩阵如 A 所示。现要求从北京(Pe)出发，每城市恰去一次再回北京，应如何安排旅游线使旅程最短？试用改良圈算法，求一个近似解。

$$A = \begin{pmatrix} 0 & 13 & 68 & 78 & 51 & 51 \\ 13 & 0 & 68 & 70 & 60 & 61 \\ 68 & 68 & 0 & 21 & 35 & 36 \\ 78 & 70 & 21 & 0 & 56 & 57 \\ 51 & 60 & 35 & 56 & 0 & 21 \\ 51 & 61 & 36 & 57 & 21 & 0 \end{pmatrix}$$

解 依据改良圈算法 MATLAB 编程如下：

```
function main
a=zeros(6);
a(1,2)=56;a(1,3)=35;a(1,4)=21;a(1,5)=51;a(1,6)=60;
a(2,3)=21;a(2,4)=57;a(2,5)=78;a(2,6)=70;
a(3,4)=36;a(3,5)=68;a(3,6)=68;  a(4,5)=51;a(4,6)=61;
a(5,6)=13; a=a+a'; L=size(a,1);
c=[5 1:4 6 5]; %选取初始圈
```

```
[circle,long]=modifycircle(a,L,c)   %调用下面修改圈的子函数
%************************************
%以下为修改圈的子函数
%************************************
function [circle,long]=modifycircle(a,L,c);
for k=1:L
flag=0;    %退出标志
for m=1:L-2    %m 为算法中的 i
for n=m+2:L    %n 为算法中的 j
    if a(c(m),c(n))+a(c(m+1),c(n+1))
    <a(c(m),c(m+1))+a(c(n),c(n+1))
     c(m+1:n)=c(n:-1:m+1); flag=flag+1; %修改一次，标志加 1
     end
end
end
    if flag==0    %一条边也没有修改,就返回
      long=0;        %圈长的初始值
      for i=1:L
        long=long+a(c(i),c(i+1)); %求改良圈的长度
      end
      circle=c;    %返回修改圈
      return
    end
end
```

求得近似圈为 $1 \to 6 \to 5 \to 3 \to 4 \to 2 \to 1$，即从北京出发，依次到巴黎、伦敦、纽约、墨西哥城、东京，最后回到北京，近似圈长度为 211。　　　　　　　　　□

旅行商问题的数学规划模型：设城市的个数为 n，d_{ij} 是两个城市 i 与 j 之间的距离，$x_{ij} = 0$ 或 1(1 表示走过城市 i 到城市 j 的路，0 表示没有选择走这条路)。则其 0-1 数学规划模型为

$$\min \sum_{i \neq j} d_{ij} x_{ij}$$

$$\text{s.t.} \begin{cases} \sum_{j=1}^{n} x_{ij} = 1, & (i = 1, 2, \cdots, n) \\ \sum_{i=1}^{n} x_{ij} = 1, & (j = 1, 2, \cdots, n) \\ \sum_{i,j \in S} x_{ij} \leqslant |s| - 1, 2 \leqslant |s| \leqslant n-1, & (s \subset \{1, 2, \cdots, n\}) \\ x_{ij} \in \{0, 1\}, & (i \neq j; i, j = 1, 2, \cdots, n) \end{cases} \quad (6.2.5)$$

其求解可用 Lingo 编程计算, 此略。

五、匹 配 模 型

(一)最优分派问题

某公司准备分派 n 个职员 $x_1, x_2, \cdots, x_n$ 做 n 件工作 $y_1, y_2, \cdots, y_n$, 已知每个职员都能胜任一件或几件工作, 他们处理各种工作的效率是已知的。试确定一个人员分派方案, 使每人最多干一件工作, 同时使得职员们发挥的总效率达到最大。这种问题称为**最优分派问题**。

构造一个图 G, G 有两个顶点集 $X = \{x_1, x_2, \cdots, x_n\}$、$Y = \{y_1, y_2, \cdots, y_n\}$ 分别表示职员和工作, x_i 与 y_j 之间用边相连, 其权 w_{ij} 表示职员 x_i 做 y_j 工作时的效率。因 X 和 Y 的内部没有边, 所有的边只在 (X, Y) 之间, 故图 G 是具有二分类 (X, Y) 的二部图(或偶图)。最优分派问题等价于在这个加权图中寻找一个边集, 使得任意两条边均不相邻, 同时边集的总权之和最大, 此也称为**最大权匹配**(或**最优匹配**); 二部图的加权匹配问题又称为**指派问题**。

若 G 不是二部图, 则问题转化为一般的加权问题。不难看出, 在加权问题里, 可以假定 G 是完全图, 因为对于不在 G 里的边可以认为其权为 0; 进而也可以假定 G 有偶数个点, 否则可以增加一个新点与其余所有的点都有边相连, 这些边的权都为 0。类似地, 对于二部图的加权匹配问题可假定 X、Y 顶点的个数相等, 且任意 x_i 与 y_j 之间有边相连, 即为完全二部图。

设 M 是 G 的匹配, 若匹配中的某条边与顶点 v 关联, 则称 v 是**饱和**的。由于 $w_{ij} \geq 0$, 故最优解总可以使任一顶点是 M 饱和的, 从而其匹配是一个**完美匹配**。

最小权匹配问题: 可以转化为权为 $c_{ij} = w - w_{ij}$ 的最大权匹配问题, 其中 w 大于所有的 $w_{ij} (\geq 0)$, 从而保证 $c_{ij} \geq 0$。

特别地, 当所有 $w_{ij} = 1$ 时, 问题即转化为不加权匹配问题或称**基数匹配**。

下面我们先讨论基数匹配问题, 然后进一步讨论二部图的加权匹配问题, 并介绍相应的算法。

(二)基数匹配和覆盖

在图 G 中, 若匹配 M 是边数最多的匹配, 则称为 G 的**最大匹配**。

设 M 是 G 的匹配, G 的 M **交错路**是指边在 $E \setminus M$ 和 M 中交错出现的路, M **可扩路**是指起点和终点都是 M 非饱和的 M 交错路。

根据定义, 有下面的结论成立。

定理 6.11(Berge, 1957)　G 的匹配 M 是最大匹配当且仅当 G 不包含 M 可扩路。

证明　设 M 是 G 的最大匹配，但 G 有一 M 可扩路 $P=(v_0v_1\cdots v_{2m+1})$。令 $M'\subseteq E$ 为

$$M'=(M\setminus\{(v_1,v_2),(v_3,v_4),\cdots,(v_{2m-1},v_{2m})\})\bigcup\{(v_0,v_1),(v_2,v_3),\cdots,(v_{2m},v_{2m+1})\}$$

$$=(M\setminus P)\bigcup(P\setminus M)=M\Delta P\quad(M\text{ 与 }P\text{ 的对称差})$$

则 M' 是 G 的匹配，且 $|M'|=|M|+1$，与 M 是最大匹配矛盾，故 G 中不包含 M 可扩路。

反之，若 M 不是最大匹配，则存在匹配 M'，$|M'|>|M|$。令 $H=G[M\Delta M']$，即 H 为由 M 与 M' 的对称差生成 G 的子图。H 的任一顶点或是只与 M 或 M' 中一条边关联，或是同时与 M 中一条边及 M' 中一条边关联。于是 H 的每个分支或是一个边交错地属于 M 与 M' 的长度为偶数的圈，或是一条交错地属于 M 与 M' 的路。因为 $|M'|>|M|$，H 中包含的 M' 的边多于 M 的边，所以 H 中至少有一个分支 P，它所含的属于 M' 的边比属于 M 的边多，这个分支不可能是圈，只能是一条起点与终点均为 M 非饱和的 M 交错路，与 G 不含 M 可扩路矛盾。　□

对于图 G 的任一顶点集 S，定义 G 中 S 的**邻集**为与 S 的顶点相邻的所有顶点的集，记为 $N(S)$。设 G 是具有二分类 (X,Y) 的二部图，在分派问题中，能否存在这样一个分派方案使每个职员都有对应的工作可做？也即在 G 中是否存在一个匹配，使它饱和 X 的每个顶点？存在这种匹配的充要条件是由 Hall 给出的。

定理 6.12（Hall，1935）　设 G 为具有二分类 (X,Y) 的二部图，则 G 存在饱和 X 的每个顶点的匹配的充要条件是对任何 $S\subseteq X$ 均有 $|N(S)|\geqslant|S|$。

如果图 G 中所有顶点的度数都为 k，则称图 G 是 k **正则**的。由上述定理容易得到下面的推论。

推论 6.2　若 G 是 k 正则二部图（$k>0$），则 G 有完美匹配。

依据上面的两个定理，Edmonds 于 1965 年提出了如下的匈牙利算法，解决了二部图基数匹配问题，步骤如下：

匈牙利算法：

(1) 在 G 中任取一个匹配 M。

(2) 若 X 中 M 的每个顶点饱和，M 为完美匹配，转到 (6)。

(3) 设 u 是 X 中的 M 非饱和顶点，令 $S=\{u\}$，$T=\varnothing$。

(4) 若 $N(S)=T$，不存在饱和 X 每个顶点的匹配，转到 (6)；否则，取 $y\in N(S)-T$。

(5) 若 y 是 M 饱和的，设 $(y,z)\in M$，$S:=S\bigcup\{z\}$，$T:=T\bigcup\{y\}$，转 (4)；否则，设 P 是 M 可扩路 $P(u,y)$，$M:=M\Delta E(P)$，转到 (2)。

(6) 结束。

例 6.10　已知 5 个职员 5 件工作的一个匹配如图 6.13(a)，求其最大匹配。

解　采用匈牙利算法的步骤如下：

(1) 取初始匹配 $M=\{x_2y_2,x_3y_3,x_5y_5\}$。

(2) 以非饱和点 x_1 开始生长外向交错树，结果找出一条 M 可扩路 $(x_1y_2x_2y_1) = P$（图 6.13(b)）。

(3) 构造新的匹配 $M_1 = M \Delta P = \{x_1y_2, x_2y_1, x_3y_3, x_5y_5\}$（图 6.13(c)）。

(4) 从非饱和点 x_4 开始生长外向交错树，未得到 M_1 可扩路（图 6.13(d)），故 M_1 是最大匹配。此时，$S = \{x_4, x_1, x_3\}$，$N(S) = \{y_2, y_3\}$，表明 G 不存在完美匹配。　　　□

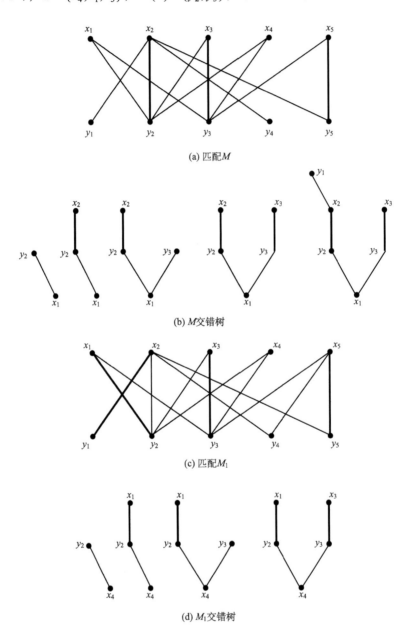

(a) 匹配 M

(b) M 交错树

(c) 匹配 M_1

(d) M_1 交错树

图 6.13　例 6.10 图

（三）二部图的赋权匹配

现在考虑前面提出的最优分派问题。对于有 $2n$ 个顶点的完全二部图，自然想到的是通过比较 $n!$ 个完美匹配的权去求最优匹配。当 n 很大时，该方法就一个 NP 问题。下面来介绍求解最优分派问题的 Kuhn-Munkres 算法。首先引入基本概念和结论。

在 G 的顶点集 $V = X \bigcup Y$ 上定义一个实值函数 l，使得任何 $x \in X$ 和 $y \in Y$，均有

$$l(x) + l(y) \geqslant w(x, y) \tag{6.2.6}$$

其中，$w(x, y)(\geqslant 0)$ 是边 (x, y) 上的权，称函数 $l(v)$ 为该二部图的一个**可行顶点标号**。

若用 E_l 表示使式 (6.2.6) 等号成立的那些边的集合，即

$$E_l = \{(x, y) \mid (x, y) \in E, l(x) + l(y) = w(x, y)\}$$

则称以 E_l 为边集的 G 的生成子图为 G 对应于可行顶点标号 l 的**相等子图**，记为 G_l。

可行顶点标号总是存在的，如令

$$l(x) = \begin{cases} \max\limits_{y \in Y} w(x, y), & x \in X \\ 0, & x \in Y \end{cases}$$

> **定理 6.13**　设 l 是 G 的可行顶点标号，若 G_l 包含完美匹配 M^*，则 M^* 是 G 的最优匹配。

证明　设 M^* 是 G_l 的一个完美匹配，由于 G_l 是 G 的生成子图，故 M^* 也是 G 完美匹配，M^* 的边的端点覆盖 V 的每个顶点恰好一次，所以

$$w(M^*) = \sum_{e \in M^*} w(e) = \sum_{v \in V} l(v)$$

另一方面，若 M 是 G 的任一完美匹配，则有

$$w(M) = \sum_{e \in M} w(e) \leqslant \sum_{v \in V} l(v)$$

所以 $w(M^*) \geqslant w(M)$，即 M^* 是最优匹配。　　　□

由定理 6.13 知，欲求二部图的最优匹配，只需用匈牙利算法求相等子图 G_l 的完美匹配。若 G_l 不存在完美匹配，Kuhn 和 Munkres 给出了一个修改顶点标号 l 的算法，可以使新相等子图的最大匹配扩大，最终使相等子图具有完美匹配。

Kuhn-Munkres 算法：

(1) 从任一可行顶点标号 l 开始，确定 G_l，并在 G_l 中选取任一匹配 M。

(2) 若 X 是 M 饱和的，则 M 是 G_l 的完美匹配，且是 G 的最优匹配，转到 (6)。

(3) 在 G_l 中取一个 M 非饱和顶点 u，令 $S = \{u\}$，$T = \varnothing$。

(4) 若 $N_{G_l}(S) \supset T$，转到 (5)；若 $N_{G_l}(S) = T$，计算

$$\alpha_l = \min_{x \in S, y \notin T} \{l(x) + l(y) - w(x, y)\}$$

再由

$$\hat{l} = \begin{cases} l(v) - \alpha_l, & v \in S \\ l(v) + \alpha_l, & v \in T \\ l(v), & \text{其他} \end{cases}$$

给出可行顶点标号 $\hat{l}$，$l := \hat{l}$，$G_l := G_{\hat{l}}$。

(5) 在 $N_{G_l}(S) \backslash T$ 中选择一个顶点 y，若 y 是 M 饱和的且 $(y,z) \in M$，则 $S := S \cup \{z\}$，$T := T \cup \{y\}$，转到 (4)；否则取 G_l 中一条 M 可扩路 $P(u,y)$，$M := M \Delta E(P)$，并转 (2)。

(6) 结束。

例 6.11 已知 $K_{5,5}$ 的权矩阵为 W，其中：$K_{5,5}$ 的顶二分为 $X = \{x_1, x_2, x_3, x_4, x_5\}$ 和 $Y = \{y_1, y_2, y_3, y_4, y_5\}$；$W$ 的行对应于 X 的 5 个元素，列对应于 Y 的 5 个元素。求其最佳匹配。

$$W = \begin{pmatrix} 3 & 5 & 5 & 4 & 1 \\ 2 & 2 & 0 & 2 & 2 \\ 2 & 4 & 4 & 1 & 0 \\ 0 & 1 & 1 & 0 & 0 \\ 1 & 2 & 1 & 3 & 3 \end{pmatrix}$$

解 用 Kuhn-Munkres 算法求其最优匹配的过程如下：

(1) 计算可行顶标 $l(v)$ 为

$$l(y_i) = 0 (i = 1, 2, 3, 4, 5)$$

$$l(x_1) = \max\{3, 5, 5, 4, 1\} = 5$$

$$l(x_2) = \max\{2, 2, 0, 2, 2\} = 2$$

$$l(x_3) = \max\{2, 4, 4, 1, 0\} = 4$$

$$l(x_4) = \max\{0, 1, 1, 0, 0\} = 1$$

$$l(x_1) = \max\{1, 2, 1, 3, 3\} = 3$$

(2) 取 G_l 及其上的一个匹配，见图 6.14(a)，其中粗黑线为最大匹配，无完美匹配。

(3) $u = x_4$，得 $S = \{x_4, x_3, x_1\}$，$T = \{y_3, y_2\}$，$N_{G_l}(S) = T$，于是

$$\alpha_l = \min_{x \in S, y \notin T}\{l(x) + l(y) - w(x,y)\} = 1$$

x_1、x_2、x_3、x_4、x_5 的顶标分别修改后为 4、2、3、0、3；y_1、y_2、y_3、y_4、y_5 的顶标分别修改后为 0、1、1、0、0。

(4) 相等子图 $G_{\hat{l}}$ 和完美匹配如图 6.14(b)，对应于 G 的最优匹配，其最大权是

$$2 + 4 + 1 + 4 + 3 = 14$$

□

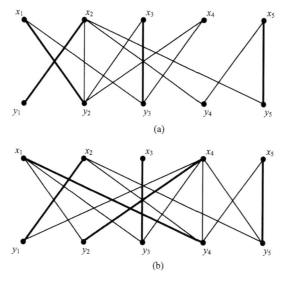

图 6.14 利用 Kuhn-Munkres 算法求例 6.11 最佳匹配

第三节 案 例 分 析

一、奥运会临时超市网点设计

（一）题目来源：2004 高教社杯全国大学生数学建模竞赛题 A 题

2008 年北京奥运会的建设工作已经进入全面设计和实施阶段。奥运会期间，在比赛主场馆的周边地区需要建设由小型商亭构建的临时商业网点，称为迷你超市（mini supermarket，以下记做 MS）网，以满足观众、游客、工作人员等在奥运会期间的购物需求，主要经营食品、奥运纪念品、旅游用品、文体用品和小日用品等。在比赛主场馆周边地区设置的这种 MS，在地点、大小类型和总量方面有三个基本要求：满足奥运会期间的购物需求、分布基本均衡和商业上赢利。

图 1 给出了比赛主场馆的规划图。作为真实地图的简化，在图 2 中仅保留了与本问题有关的地区及相关部分：道路（白色为人行道）、公交车站、地铁站、出租车站、私车停车场、餐饮部门等，其中标有 A1~A10、B1~B6、C1~C4 的黄色区域是规定的设计 MS 网点的 20 个商区。

为了得到人流量的规律，一个可供选择的方法，是在已经建设好的某运动场（图 3）通过对预演的运动会的问卷调查，了解观众（购物主体）的出行和用餐的需求方式和购物欲望。假设我们在某运动场举办了三次运动会，并通过对观众的问卷调查采集了相关数据，在附录中给出。具体图 1～图 3 与附录数据见 http://mcm.edu.cn/html_cn/node/ decf7e49edc5e720b2dcae 79d6a34f36.html 或扫描右侧二维码下载，这里略去。

请你按以下步骤对图 2 的 20 个商区设计 MS 网点：

(1)根据附录中给出的问卷调查数据，找出观众在出行、用餐和购物等方面所反映的规律。

(2)假定奥运会期间(指某一天)每位观众平均出行两次，一次为进出场馆，一次为餐饮，并且出行均采取最短路径。依据(1)的结果，测算图 2 中 20 个商区的人流量分布(用百分比表示)。

(3)如果有两种大小不同规模的 MS 类型供选择，给出图 2 中 20 个商区内 MS 网点的设计方案(即每个商区内不同类型 MS 的个数)，以满足上述三个基本要求。

(4)阐明你的方法的科学性，并说明你的结果是贴近实际的。

(二)题 目 分 析

依据题目的要求，比赛主场馆周边 MS 设计问题的原则：首先必须满足奥运会期间的购物需求。这就要求对比赛期间 MS 网点的销售额进行预测，而销售额与经过各 MS 网点的人流量及购物欲望密切相关。其次是超市在地点、大小类型和总量方面要基本均衡。这种要求可以给设计和建设带来便利，使观众按自然方式(即从高密度向低密度)疏散。所以对存在两个等可能路径的情况采用均衡方式处理，同时也满足美学方面需要。最后是商业上的盈利。在满足前两个基本要求的前提下，这一点是至关重要的。如果各网点内提供的服务能力过大，就造成浪费；设计的服务能力过小又不能满足购物需求。在提供的调查数据基础上，本问题将本着务实节俭办奥运的原则，在 2008 年北京奥运会期间比赛主场馆周边地区满足购物需求、分布基本均衡和商业上赢利三大基本要求的前提下，对 MS 网点设置问题进行优化研究。

(三)范 例

1. Huff 法则

Huff 法则是 1964 年由 Huff 建立的，主要用于商圈的选址分析中预选点的需求估算，其主要内容是：在数个商业集聚区(或商店)集于一地时，顾客利用哪一个商业集聚区(或商店)的概率，是由商业集聚区(或商店)的规模和顾客到该区(或商店)的数量及顾客到该区(或商店)的距离所决定的。其数学表达式为

$$K_{ij} = \frac{S_j \cdot F(T_{ij})}{\sum_{j=1}^{m} S_j \cdot F(T_{ij})} \quad (i = 1, \cdots, n; j = 1, \cdots, m) \tag{6.3.1}$$

其中，K_{ij} 是 i 地区消费者到 j 商店购物的概率；S_j 是 j 商店的规模；T_{ij} 是 i 地区消费者到 j 商店的时间(或距离)；$F(T_{ij})$ 是 T_{ij} 的减函数。

如果商店的面积相同，在假定其竞争力相同的数个 MS 点的条件下，可简化为

$$K_{ij} = \frac{1/T_{ij}}{\sum\limits_{j=1}^{m} 1/T_{ij}} \tag{6.3.2}$$

由于本问题中每位观众在两次出行途中经过商区(MS)点，因此可以将 $1/T_{ij}$ 理解为第 i 个看台上的人经过 j 商区的次数。因此我们可以认为每位观众的消费额在他所经过的商区是等可能发生的。

2. 饱和指数

饱和指数(IRS)是用来度量某区域内新开商店过少、过多等饱和程度的指标。其计算公式是 $\text{IRS} = C \cdot \text{RE}/\text{RF}$，其中 C 为某地区购买某类商品的潜在顾客人数，RE 为某地区每一顾客一段时间内的平均购买额(元)，RF 为某地区经营同类商品商店的营业面积。$C \cdot \text{RE}$ 越大，意味着该商区饱和程度越低，零售潜力越大，盈利空间越大。对于本问题，由于各商区面积相等，可把每个商区的面积记为单位 1，因此第 j 个商区的 $C \cdot \text{RE}$ 即为第 j 个商区的销售额 A_j。

3. 基本假设

(1)奥运期间，国家体育场、国家体育馆、国家游泳中心同时开放且满员；

(2)各商区内大小超市内商品的质量、价格、品种相同，各超市的宣传力度和竞争力相同；

(3)每位观众出行两次(即乘车、餐饮各一次)经过 MS 网点，不考虑其他情况经过；

(4)每位观众出行采用的路径均是最短路径；

(5)每个看台上的人员构成与提供的数据规律相同；

(6)每个商业区的大小超市数目不受限制。

4. 问题分析与数学模型建立

对给定的数据进行统计处理，根据不同性别、年龄层次，按人数统计他们的出行特征(公交南北、公交东西、出租、私车、地铁东、地铁西)、餐饮方式(中餐、西餐、商场餐饮)、非餐饮消费层次(6 档)，获得其基本数据。

由于每位观众只出行两次，一次是乘车，一次是餐饮，一旦出行特征和就餐方式确定，其经过的商业区就确定了，如图 6.15。

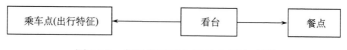

图 6.15 奥运期间进入场馆人员流动图

按出行特征和就餐方式将每个看台的观众分成 18 类来统计.而出行采用最短路径的处理方法，即运用图论中的 Dijkstra 算法(注：存在多个最短路径的情况采用等可能处理)确定观众从 20 个看台到达目的地的最短路径。经过 j 商区的人流量等于经过商区的人次

数，用 q_j 表示，人流量百分比用 α_j 表示，它的计算公式为

$$\alpha_j = q_j \bigg/ \sum_{i=1}^{20} q_i \quad (j = 1, \cdots, 20) \tag{6.3.3}$$

其中，j 表示商区，且 $j = 1, \cdots, 10$ 分别代表 A1,A2,$\cdots$,A10，$j = 11, \cdots, 16$ 分别代表 B1,B2,$\cdots$,B6，$j = 17, \cdots, 20$ 分别代表 C1,$\cdots$,C4,观众在商区 j 的总消费额:

$$A_j = \sum_{i,j,k} P_{lk} \cdot K_{ijlk} \cdot C_{lk} \cdot H \tag{6.3.4}$$

其中，$H = 10000$；P_{lk} 表示每个看台采用第 l 种出行特征、第 k 种用餐方式的人的概率；K_{ijlk} 表示每个采用第 l 种出行特征、第 k 种用餐方式的人从 i 看台到 j 商区购物的概率（由 Huff 法则计算）；C_{lk} 表示采用第 l 种出行特征、第 k 种用餐方式一天的消费期望。而 K_{ijlk} 是由 Huff 法则计算，其计算公式如下:

$$K_{ijlk} = \pi_{ijlk} \bigg/ \sum_j \pi_{ijlk} \tag{6.3.5}$$

其中，π_{ijlk} 是每个采用第 l 种出行特征、第 k 种用餐方式的人从 i 看台经过 j 商区的次数。

MS 网点规模大小用其销售额的多少来衡量。由于顾客的总消费额一定，同时没有大小超市的成本核算体系，故盈利最多就体现在大小超市总的数量最少。因此建立整数线性规划模型，假设大超市的规模为小超市的 b 倍，以大、小超市个数 x_j、y_j 为决策变量，以 MS 点的大、小超市数量之和最少为目标函数，以满足需求和大、小超市分布均衡为约束条件，模型如下:

$$\min z = \sum_{j=1}^{20} (x_j + y_j)$$

$$\text{s.t.} \begin{cases} bmx_j + my_j \geqslant A_j \\ \left| x_j + y_j - \bar{x} - \bar{y} \right| \leqslant a \end{cases} \tag{6.3.6}$$

其中，$j = 1, \cdots, 20$；x_j、y_j 为非负整数；a 为正整数（可取 1）；m 代表小超市服务能力（用金额表示）；$b > 1$。用计算机搜索的办法可以求解模型(6.3.6)。

5. 问题求解

由数据处理可以得到三组乘车方式和餐饮方式的概率值，由于各组概率近似相等，可取其平均值作为 20 个看台观众选择乘车方式和餐饮方式 k 的概率 P_{lk}，见表 6.1。

表 6.1 餐饮方式和出行特征的分布律 P_{lk}

P_{lk}	公交南北	公交东西	出租	私车	地铁东	地铁西
中餐	0.0405	0.0395	0.0428	0.0197	0.0419	0.0404
西餐	0.0832	0.0895	0.0989	0.0487	0.1012	0.1036
商场餐饮	0.0440	0.0435	0.0479	0.0220	0.0459	0.0469

关于平均(期望)消费额(非餐饮)的计算：消费额有 6 个档，由各档在人群中的比例可以看出 6 档以上的人数极少。可对第 1、2、3、4、5 档取组中值分别为 50、150、250、350、450 元，对第 6 档取 500 元(因为第 6 档消费人数占调查总人数不足 1，故如此取不会影响整体研究结果)，统计结果见表 6.2。

表 6.2　第 l 出行特征、第 k 种用餐方式的观众一天内消费欲望期望 C_{lk}　(单位：元)

C_{lk}	中餐	西餐	商场餐饮
公交南北	183.0950	221.3810	230.0119
公交东西	182.1143	202.0117	217.1639
出租	197.0878	214.8030	188.8511
私车	186.5959	209.0980	199.9972
地铁东	177.5416	202.1375	187.3803
地铁西	185.9670	203.5563	174.8905

由式(6.3.3)通过 MATLAB 编程算出每个商区的人流量及其人流量分布，结果见表 6.3。

表 6.3　各 MS 网点人流量和人流量百分比

MS 点	A1	A2	A3	A4	A5	A6	A7	A8	A9	A10
人流量	220700	115740	119840	132740	145660	278500	132480	120580	116480	121200
百分比	0.0877	0.0460	0.0476	0.0527	0.0579	0.1107	0.0530	0.0479	0.0463	0.0482

MS 点	B1	B2	B3	B4	B5	B6	C1	C2	C3	C4
人流量	97900	79720	129140	84980	97900	205660	59100	63540	59100	134660
百分比	0.0389	0.0317	0.0513	0.0338	0.0389	0.0817	0.0235	0.0252	0.0235	0.0535

由式(6.3.4)算出观众在各个商区的购物金额，结果见表 6.4。

表 6.4　观众在 A1~A10、B1~B6、C1~C4 各个商区的购物金额　(单位：10^6 元)

A1	A2	A3	A4	A5	A6	A7	A8	A9	A10
2.9339	1.4721	1.5103	1.7356	2.1218	4.7212	1.9431	1.5570	1.3970	1.4860

B1	B2	B3	B4	B5	B6	C1	C2	C3	C4
1.8031	1.3171	2.1831	1.4158	1.7537	4.5648	1.1156	1.2984	1.1156	2.7465

从表 6.3 和表 6.4 可以看出，尽管 A6、B6 在人流量上相差很大，但销售额却相差不大，且观众在所有商区购物金额的总和

$$\sum_{j=1}^{20} A_j = 4.01917 \times 10^7 \text{（元）} \tag{6.3.7}$$

所求出的 A_j 的值也是第 j 个商区的饱和指数 IRS 的值，其大小反映了第 j 商区盈利空间

的大小，如 A6、B6、A1、C4、B3 的值较大，因此其盈利空间就大，也就是所谓的"旺铺"，在这里的超市所需的工作人员要多。

关于模型(6.3.6)的求解，由各个商区的消费额可知，商区最大的消费额为 4.7212×10^6 元，且相应的人流量每天有 278500 人次。由于该商区的面积一定，如果该地区均开设小超市，在如此高的人流量的情况下，其服务能力不应设置过低，不妨假设小超市的服务能力为 $m = 10$ 万元。大超市的服务能力是小超市的整数倍，理论上可按整型规划的分枝定界理论，通过 MATLAB 编程来搜索求解，但结果不是很理想。如果采用 Lingo 算法，由于决策变量为 40 个，约束条件为 40 个，也因约束条件的数目过大而无法处理。于是采用以下处理：先按 10 万元标准对各 MS 点进行四舍五入处理且将 A6 从 47 降到 46，将 A8 从 16 增加到 17，将 C4 从 28 降到 27，将 C2 从 13 增加到 14，可得表 6.5。

表 6.5　各 MS 销售额　　　　　　　　（单位：10 万元）

A1	A2	A3	A4	A5	A6	A7	A8	A9	A10
29	15	15	17	21	46	19	17	14	15
B1	B2	B3	B4	B5	B6	C1	C2	C3	C4
18	13	22	14	18	46	11	14	11	27

这样微小处理基于两点理由：

(1) 表 6.5 中 A 区的销售总量为 2090 万元，B 区是 1310 万元，C 区是 630 万元，满足预测中 A 区 2087.8 万元、B 区 1303.76 万元、C 区 627.61 万元的需求。

(2) 根据人员的流动是从高密度向低密度扩散的自然规则，可认为观众的消费也应满足这一规律。这种微量的数据处理可使每个主场馆的均衡性较好，有利于人员的扩散。

在以上处理的基础上对式(6.3.6)通过 MATLAB 编程进行搜索，当 $b = 5$ 时，各个商区的大小超市的个数较为理想，所得数据见表 6.6。

表 6.6　各个商区的大小超市的个数

MS 点	A1	A2	A3	A4	A5	A6	A7	A8	A9	A10
x_i	5	1	1	2	3	9	2	2	1	1
y_i	4	10	10	7	6	1	9	7	9	10
MS 点	B1	B2	B3	B4	B5	B6	C1	C2	C3	C4
x_i	2	1	3	1	2	9	0	1	0	4
y_i	8	8	7	9	8	1	11	9	11	7

从这组解我们看到：

(1) 每个比赛主场馆周围商业区超市分布基本均衡，且 A、B、C 三区大小超市的分布基本按两个出口对称。如 A 区商区：A2-A10、A3-A9、A4-A8、A5-A7，B 区商区：B1-B5、B2-B4，C 区商区：C1-C3，都处于各区两个出口的对称位置。而每个商区大小超市的个数为 10 左右在实际中是可以接受的。

(2)可求出这些商区的服务能力(金额总和)为 $\sum_{j=1}^{20}(bx_j+y_j)m=4.02\times10^7$ 元,而观众消费总额为 4.01917×10^7 元,后者与前者的比值(即 MS 网点总的利用率)为 99.98%,有效利用率很高,因而有盈利空间。

6. 结束语

模型中运用 Huff 法则、Dijkstra 算法、整数线性规划、统计学等理论,方法科学可靠。在求解过程中,可得出三个主场馆同时开放时观众一天消费总额为 4.01917×10^7 元,与通过表格统计出的消费总额 $20\sum_{lk}P_{lk}\cdot C_{lk}\cdot H=4.0191626\times10^7$ 元相当接近,说明建立的模型符合实际,且可操作性很好。模型求解还可以细化,比如对原题附表中数据分析不难发现,20~30 岁、30~50 岁年龄组的消费欲望明显高于其他两个年龄组,且组内性别在消费欲望上也有差异。可以将调查的数据进一步细化,这样得到的结果可能更接近实际,这里不再赘述。

二、碎纸片的拼接复原

(一)题目来源:2013 高教社杯全国大学生数学建模竞赛题 B 题

破碎文件的拼接在司法物证复原、历史文献修复以及军事情报获取等领域都有着重要的应用。传统上,拼接复原工作需由人工完成,准确率较高,但效率很低。特别是当碎片数量巨大,人工拼接很难在短时间内完成任务。随着计算机技术的发展,人们试图开发碎纸片的自动拼接技术,以提高拼接复原效率。请讨论以下问题:

(1)对于给定的来自同一页印刷文字文件的碎纸机破碎纸片(仅纵切),建立碎纸片拼接复原模型和算法,并针对附件 1、附件 2 给出的中、英文各一页文件的碎片数据进行拼接复原。如果复原过程需要人工干预,请写出干预方式及干预的时间节点。复原结果以图片形式及表格形式表达。

(2)对于碎纸机既纵切又横切的情形,请设计碎纸片拼接复原模型和算法,并针对附件 3、附件 4 给出的中、英文各一页文件的碎片数据进行拼接复原。如果复原过程需要人工干预,请写出干预方式及干预的时间节点。复原结果表达要求同上。

(3)上述所给碎片数据均为单面打印文件,从现实情形出发,还可能有双面打印文件的碎纸片拼接复原问题需要解决。附件 5 给出的是一页英文印刷文字双面打印文件的碎片数据。请尝试设计相应的碎纸片拼接复原模型与算法,并就附件 5 的碎片数据给出拼接复原结果,结果表达要求同上。

注:附件 1-5 数据见 http://www.mcm.edu.cn/problem/2013/2013.html 或扫描右侧二维码下载,这里略去。

(二) 题 目 分 析

纵观题目中 3 个问题：一方面，3 个问题中，问题(1)是单面且仅有纵切，问题(2)是单面且既有纵切也有横切，问题(3)是双面且既有纵切也有横切，这些表明要解决的问题是层层深入的。与问题的数据处理相对应的是：问题(1)要用到每一小片的左右信息，问题(2)要用到每一小片的左右和上下信息，问题(3)要用到每一小片的左右、上下和前后信息。另一方面，从每个问题的组成与分解来看：问题(1)就是利用每一小片的左右边缘信息的匹配，进行组装，这是典型的匹配问题或任务指派问题。问题(2)的任务可以分解为：利用每一小片的上下边缘信息的相似性进行聚类，依据左右的边缘信息对每一个聚类中小块进行匹配和组装。在此基础上，利用组装条块的上下边缘信息(注：条块中每一小片的上下边缘信息依其组成顺序集成就构成条块的上下边缘信息)进行匹配和组装。问题(3)的任务可以分解为：利用每一小片的上下边缘信息的相似性进行聚类，依据左右的边缘信息对每一个聚类中小块进行匹配和组装。在此基础上，利用组装条块的上下边缘信息进行匹配和组装，进而利用前后信息进行正反面的判定。因此，解决这一问题涉及两项基本技术：匹配的数学模型和聚类技术。基础条件是充分提取每一小片的边缘的像素信息以及确定行间距、每行的宽度等。

(三) 范　　例

1. 基本假设

(1)需要复原的碎片是来自同一张纸；

(2)同一页中，文字的种类、行间距、每行的宽度和页边距等是相同的；

(3)英文的文本都采用"四线三格"书写。

2. 基本信息确定

在碎纸片像素提取的基础上，进行基本信息包括行间距、行的宽度、上下侧边缘和左右侧边缘信息等信息获取。它们的确定方法如下：

(1)提取每一小片的像素矩阵 M_k，其中空白处以"0"表示，非空白处以"1"表示。

(2)对每一小片的像素矩阵 M_k，提取左侧和右侧边缘信息，以及上侧和下侧边缘信息，即 M_k 的第一列和最后一列的列向量的转置向量是每一小片的左侧和右侧边缘特征信息，分别记为 l_k 和 r_k；M_k 的第一行和最后一行的行向量是每一小片的上侧和下侧边缘特征信息，分别记为 up_k 和 $down_k$；

(3)对每一小片的像素矩阵 M_k，按行取每行中元素的最大值构造一个行向量 a_k，用于确定行间距和行的宽度。对于汉字书写的文本：所有 a_k 中连续出现"1"最长的距离即为行的宽度 D；两个连续出现"1"之间的连续出现"0"最长的距离即为行间距 d。对于英文书写的文本：在确定行间距和行的宽度时，相比于汉字书写的文本要复杂些，需按"四线三格"的格式，先确定四线之间的间距，再确定行的宽度和行间距，见图 6.16。

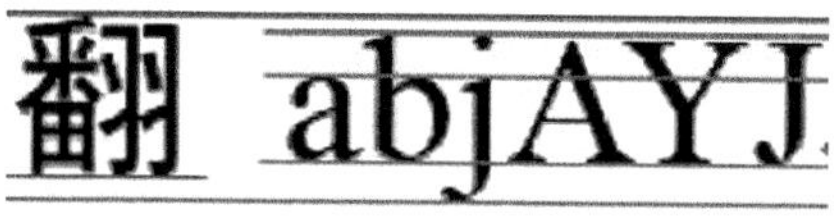

图 6.16　汉字书写与英文书写的行的宽度示意图

(4) 在每一小片行向量 a_k 的基础上，记 a_k 的第一次出现"1"的顺序数为 b_k。若 $b_k > D + d$，则用 $b_k - (D + d)$ 替代 b_k，直到 $b_k < D + d$，最后得到的 b_k 值记为 c_k，此 c_k 也称为此一小片上侧的特征信息。

3. 数学模型建立与求解

1) 问题(1)的模型与求解——匹配模型

由于问题(1)中仅涉及纵切，在每一片左侧边缘特征信息 l_k 和右侧边缘特征信息 r_k 的基础上，定义第 i 片右侧与第 j 片左侧的匹配度：

$$w_{ij} = \|r_i - l_j\|_1 \tag{6.3.8}$$

其中，$\|\cdot\|_1$ 为向量的 1-范数。

在定义的匹配度(即看成图的邻接权)基础上，可将问题(1)转化为 Hamilton 回路问题处理。其数学模型如下：

$$\min \sum_{i \neq j} w_{ij} x_{ij}$$

$$\text{s.t.} \begin{cases} \sum_{j=1}^{n} x_{ij} = 1, & (i = 1, 2, \cdots, n) \\ \sum_{i=1}^{n} x_{ij} = 1, & (j = 1, 2, \cdots, n) \\ x_{ij} \in \{0, 1\}, & (i \neq j; i, j = 1, 2, \cdots, n) \end{cases} \tag{6.3.9}$$

其中，n 为碎纸片的数目。

对于问题(1)中附件 1 和附件 2，可直接利用模型(6.3.9)进行处理，获得匹配结果见表 6.7 和表 6.8。

表 6.7　附件 1 排序后碎片序列表

序号	1	2	3	4	5	6	7	8	9	10
碎片编号	9	15	13	16	4	11	3	17	2	5
序号	11	12	13	14	15	16	17	18	19	
碎片编号	6	10	14	19	12	8	18	1	7	

表 6.8　附件 2 排序后碎片序列表

序号	1	2	3	4	5	6	7	8	9	10
碎片编号	4	7	3	8	16	19	12	1	6	2
序号	11	12	13	14	15	16	17	18	19	
碎片编号	10	14	11	9	13	15	18	17	5	

2) 问题(2)的模型与求解

相对于问题(1)，问题(2)中的碎纸片既有纵切也有横切。因此，问题要复杂得多。其基本处理步骤如下：

(1) 依据每一小片上侧的特征信息 c_k，采用聚类技术(有监督或无监督)进行分组。

(2) 在每一组内，利用组内每一片的左侧和右侧边缘特征信息进行匹配度计算。利用模型(6.3.9)进行组内组装，获得结果记为 P_k，其中 $k = 1, 2, \cdots, m$，m 为组装的行数。

(3) 在 P_k ($k = 1, 2, \cdots, m$) 的基础上，将 P_k 中每一小片的上侧和下侧边缘信息按组装的顺序集成 P_k 的上侧和下侧边缘特征信息，分别记为 L_k 和 R_k。

(4) 利用 P_k ($k = 1, 2, \cdots, m$) 的上侧边缘特征信息 L_k 和下侧边缘特征信息 R_k 进行匹配度计算。再利用模型(6.3.9)进行文本的组装，获得组装结果。

在上面的过程中，步骤(1)非常重要，也是这一过程的关键。步骤(2)和(4)的组装过程的编程中涉及匹配的精度设置(或阈值)问题，只要选择适当(如取 4 个像素)，一般无需人工干预，只是由于得到的可行方案的构成是环状，需要人工断开。依据上面的算法过程，可得附件 3 和附件 4 的组装方案如表 6.9 和表 6.10 所示。

表 6.9　附件 3 组装方案表

列号 \ 行号	1	2	3	4	5	6	7	8	9	10	11
1	049	061	168	038	071	014	094	125	029	007	089
2	054	019	100	148	156	128	034	013	064	208	146
3	065	078	076	046	083	003	084	182	111	138	102
4	143	067	062	161	132	159	183	109	201	158	154
5	186	069	142	024	200	082	090	197	005	126	114
6	002	099	030	035	017	199	047	016	092	068	040
7	057	162	041	081	080	135	121	184	180	175	151
8	192	096	023	189	033	012	042	110	048	045	207
9	178	131	147	122	202	073	124	187	037	174	155
10	118	079	191	103	198	160	144	066	075	000	140
11	190	063	050	130	015	203	077	106	055	137	185
12	095	116	179	193	133	169	112	150	044	053	108
13	011	163	120	088	170	134	149	021	206	056	117
14	022	072	086	167	205	039	097	173	010	093	004

续表

列号 \ 行号	1	2	3	4	5	6	7	8	9	10	11
15	129	006	195	025	085	031	136	157	104	153	101
16	028	177	026	008	152	051	164	181	098	070	113
17	091	020	001	009	165	107	127	204	172	166	194
18	188	052	087	105	027	115	058	139	171	032	119
19	141	036	018	074	060	176	043	145	059	196	123

表 6.10 附件 4 组装方案表

列号 \ 行号	1	2	3	4	5	6	7	8	9	10	11
1	191	201	086	019	159	020	208	070	132	171	081
2	075	148	051	194	139	041	021	084	181	042	077
3	011	170	107	093	001	108	007	060	095	066	128
4	154	196	029	141	129	116	049	014	069	205	200
5	190	198	040	088	063	136	061	068	167	010	131
6	184	094	158	121	138	073	119	174	163	157	052
7	002	113	186	126	153	036	033	137	166	074	125
8	104	164	098	105	053	207	142	195	188	145	140
9	180	078	024	155	038	135	168	008	111	083	193
10	064	103	117	114	123	015	062	047	144	134	087
11	106	091	150	176	120	076	169	172	206	055	089
12	004	080	005	182	175	043	054	156	003	018	048
13	149	101	059	151	085	199	192	096	130	056	072
14	032	026	058	022	050	045	133	023	034	035	012
15	204	100	092	057	160	173	118	099	013	016	177
16	065	006	030	202	187	079	189	122	110	009	124
17	039	017	037	071	097	161	162	090	025	183	000
18	067	028	046	165	203	179	197	185	027	152	102
19	147	146	127	082	031	143	112	109	178	044	115

3) 问题(3)的模型与求解

问题(3)中的碎纸片是在问题(2)中既有纵切也有横切的基础上，增加了前后均有文本(注：即有正反面)。因此，问题更加复杂。但处理过程与问题(2)的处理步骤是一致的，仅在计算量(或复杂度)上增大了。它们的区别之处在于：由于正反面的文本文字所在行相近，在聚类时会出现有些类有 $2n$ 个小碎纸片的情形，因此在组内组装时需人工断开；在整体组装(即 2)中的步骤(4))时，元件个数扩大一倍，即为 $2m$ 个。依据相应的的算法过程，可得附件 5 的正、反面组装方案如表 6.11 和表 6.12 所示。

表 6.11　附件 5 正面组装方案表

列号＼行号	1	2	3	4	5	6	7	8	9	10	11
1	136a	005b	143a	083b	090b	013b	035b	172b	105b	009a	054a
2	047b	152b	200a	039a	203a	024b	159b	122b	204a	145b	196a
3	020b	147b	086a	097b	162a	057b	073a	182a	141b	082a	112b
4	164a	060a	187a	175b	002b	142b	193a	040b	135a	205b	103b
5	081a	059b	131a	072a	139a	208b	163b	127b	027b	015a	055a
6	189a	014b	056a	093b	070a	064a	130b	188b	080a	101b	100a
7	029b	079b	138b	132b	041b	102a	021a	068a	000a	118a	106a
8	018a	144b	045b	087b	170a	017a	202b	008a	185b	129a	091b
9	108b	120a	137a	198a	151a	012b	053a	117a	176b	062b	049a
10	066b	022b	061a	181a	001a	028a	177a	167b	126a	052b	026a
11	110b	124a	094a	034b	166a	154a	016a	075a	074a	071a	113b
12	174a	192b	098b	156b	115b	197b	019a	063a	032b	033a	134b
13	183a	025a	121b	206a	065a	158b	092a	067b	069b	119b	104b
14	150b	044b	038b	173a	191b	058b	190a	046b	004b	160a	006b
15	155b	178b	030b	194a	037a	207b	050b	168b	077b	095b	123b
16	140b	076a	042a	169a	180a	116a	201b	157b	148a	051a	109b
17	125b	036b	084a	161a	149a	179a	031b	128b	085a	048b	096a
18	111a	010a	153b	011a	107b	184a	171a	195b	007a	133b	043b
19	078a	089b	186a	199a	088a	114b	146b	165a	003a	023a	099b

表 6.12　附件 5 反面组装方案表

列号＼行号	1	2	3	4	5	6	7	8	9	10	11
1	078b	089a	186b	199b	088b	114a	146a	165b	003b	023b	099a
2	111b	010b	153a	011b	107a	184b	171a	195a	007b	133a	043a
3	125a	036a	084b	161a	149b	179b	031a	128a	085b	048a	096b
4	140a	076b	042b	169b	180a	116b	201a	157a	148b	051b	109a
5	155a	178a	030a	194b	037b	207a	050a	168a	077a	095a	123a
6	150a	044a	038a	173b	191a	058a	190b	046a	004a	160b	006a
7	183b	025b	121a	206b	065b	158a	092b	067a	069a	119a	104a
8	174b	192a	098a	156a	115b	197a	019b	063b	032a	033b	134a
9	110a	124b	094b	034a	166b	154b	016b	075b	074b	071b	113a
10	066a	022a	061b	181b	001b	028b	177b	167a	126b	052a	026b
11	108a	120b	137b	198b	151b	012a	053b	117b	176a	062a	049b
12	018b	144a	045a	087a	170b	017b	202a	008b	185a	129b	091a
13	029a	079a	138a	132b	041a	102b	021b	068b	000b	118b	106b
14	189b	014a	056b	093a	070b	064b	130a	188a	080b	101a	100b

续表

行号 列号	1	2	3	4	5	6	7	8	9	10	11
15	081b	059a	131b	072b	139b	208a	163a	127a	027a	015b	055b
16	164b	060b	187b	175a	002a	142a	193b	040a	135b	205a	103a
17	020a	147a	086b	097a	162b	057a	073b	182b	141a	082b	112a
18	047a	152a	200b	039b	203b	024a	159a	122a	204b	145a	196b
19	136b	005a	143b	083a	090a	013a	035a	172a	105a	009b	054b

4. 结束语

本范例从解决本文问题角度来说，求解模型和方案整体性较好。充分利用碎纸片的图片扫描的信息，逐层深入地给出 3 个问题的求解方案，获得了满意的结果。但所建立的模型和方法都是在 3 个假设之下给出的，即(1)需要复原的碎片是来自同一张纸；(2)同一页中，文字的种类、行间距、每行的宽度和页边距等是相同的；(3)英文的文本都采用"四线三格"书写。如果不满足上述假设，如文本是中英文混写等，所建立的模型和方法就不再适用。因此，本范例中的方法具有一定的局限性，不便于推广和应用。

碎纸复原模型本质上就是基于边缘像素的吻合度的问题，广泛存在于实际问题应用中，如音频、视频的拼接等。而模拟退火法是一种通用概率演算法，可用来在一个大的搜寻空间内找寻命题的最优解，是解决 TSP 问题的有效算法，也能以较高的效率求解最大截问题、0-1 背包问题、图着色问题、调度问题等。因此，它可用于求解碎纸复原的问题。

习 题 6

1. 试调试例 6.4~例 6.7 中相关问题的 MATLAB 程序。

2. 试编制有向图中两个指定顶点之间最短路问题的数学规划模型求解的 MATLAB 程序和 Lingo 程序。

3. 试编制 Ford-Fulkerson 标号算法和 Ford-Fulkerson 迭加算法的 MATLAB 程序。

4. 试调试例 6.9 中改良圈算法的 MATLAB 程序，并试编制旅行商问题的数学规划模型的 MATLAB 程序。

5. 试编制匈牙利算法的 MATLAB 程序，并用例 6.10 的数据进行调试。

6. 试编制 Kuhn-Munkres 算法的 MATLAB 程序，并用例 6.11 的数据进行调试。

7. 试编制匹配模型(6.3.9)的 MATLAB 程序。

第七章　插值和数据拟合

在科学研究和生产实践中，常常会遇到这样的问题，对给定的一些离散点 $x_0, x_1, \cdots, x_n$，以及这些点所对应的值 $y_0, y_1, \cdots, y_n$，求得他们之间所满足的近似函数关系（或规律）$y = f(x) \approx \varphi(x)$，即给定函数表 7.1 如下：

表 7.1

x	x_0	x_1	...	x_i	...	x_n
y	y_0	y_1	...	y_i	...	y_n

需要构造一个简单函数或者便于计算的函数 $\varphi(x)$ 作为求函数 $y = f(x)$ 的近似表达式。这类问题可归结为函数的逼近问题。

函数逼近问题的研究基于以下两个基本步骤：

(1)已知所求复杂函数（或规律）近似满足的函数类型 $F(x, \theta)$，其中 θ 为函数类型的参数，$y = \theta \in \Theta$。函数类型的确定取决于研究者对 y 与 x 的对应关系的认识或从样本点 $(x_i, y_i)(i = 1, 2, \cdots, n)$ 所呈现出的变化规律中提取。

(2)对于给定的函数类型 $F(x, \theta)(\theta \in \Theta)$，确定求取 $\varphi(x, \theta) \in F(x, \theta)$ 的方法，即转化为如何从给定的函数表来确定参数 θ。

对于基本步骤(2)的解决方法有两类：

一类是对于给定的函数表 7.1，选定一个简单函数类型 $F(x, \theta)$，如多项式、分式线性函数或分式三角函数等，要求它严格通过已知样点 $(x_i, y_i)(i = 1, 2, \cdots, n)$，即由

$$\varphi(x_i, \theta) = y_i (i = 0, 1, 2, \cdots, n) \tag{7.0.1}$$

确定参数 $\hat{\theta}$，得到函数 $f(x)$ 的近似规律，即 $y = f(x) \approx \varphi(x, \hat{\theta})$。

这样确定方法就称为插值问题，其中条件(7.0.1)称为插值条件。这样求解 $\varphi(x)$ 的方法就称为插值法，而函数 $f(x)$ 称为被插值函数，点 $x_0, x_1, \cdots, x_n$ 称为插值节点（或节点），区间 $[\min_{1 \leq i \leq n}\{x_i\}, \max_{1 \leq i \leq n}\{x_i\}]$ 称为插值区间。

另一类方法是在选定近似函数的类型后，不要求近似函数严格通过已知样点，但需要制定求取 $\varphi(x, \theta)$ 中参数 θ 的优化规则，以求得逼近函数 $\varphi(x, \theta)$，这类方法称为曲线（数据）拟合法。

第一节　插值的一般方法

对于给定的函数表，已知近似函数的类型为多项式时，这一插值问题就是多项式插值。其基本提法是：已知函数在插值区间上的 $n + 1$ 个不同节点 $x_0, x_1, \cdots, x_n$ 处对应的函数

值 $y_i = f(x_i)\,(i = 0,1,\cdots,n)$，求一个至多 n 次的多项式

$$\varphi_n(x) = a_0 + a_1 x + \cdots + a_n x^n \in P_n[x] \tag{7.1.1}$$

使其在给定点处满足插值条件

$$\varphi_n(x_i) = y_i \quad (i = 0,1,\cdots,n) \tag{7.1.2}$$

其中，$a_0, a_1, \cdots, a_n$ 为待定参数。特别地，当 $n = 1$ 时，多项式插值问题也被称为线性插值问题，所获得的插值多项式也称为线性插值公式；当 $n = 2$ 时，多项式插值问题称为抛物插值问题，所获得的插值多项式也称为抛物插值公式。

将式 $(7.1.1)$ 带入式 $(7.1.2)$ 可得 $n + 1$ 个方程的线性方程组

$$\begin{cases} a_0 + a_1 x_0 + \cdots + a_n x_0^n = y_0 \\ a_0 + a_1 x_1 + \cdots + a_n x_1^n = y_1 \\ \quad\quad\quad\quad\vdots \\ a_0 + a_1 x_n + \cdots + a_n x_n^n = y_n \end{cases} \tag{7.1.3}$$

从理论上说，线性方程组 $(7.1.3)$ 的系数矩阵为 $\boldsymbol{A}$，且

$$\det(\boldsymbol{A}) = \begin{vmatrix} 1 & x_0 & x_0^2 & \cdots & x_0^n \\ 1 & x_1 & x_1^2 & \cdots & x_1^n \\ \vdots & \vdots & \vdots & & \vdots \\ 1 & x_n & x_n^2 & \cdots & x_n^n \end{vmatrix} = \prod_{0 \leqslant i < j \leqslant n} (x_j - x_i)$$

只要当节点 $x_0, x_1, \cdots, x_n$ 互不相同时，$\det(\boldsymbol{A}) \neq 0$，即方程组 $(7.1.3)$ 有唯一解。因此，当节点 $x_0, x_1, \cdots, x_n$ 互不相同时，满足插值条件 $(7.1.2)$ 的插值多项式 $(7.1.1)$ 是存在的，并且是唯一的。记插值多项式 $\varphi_n(x)$ 与被插值函数 $f(x)$ 之间的差为

$$R_n(x) = f(x) - \varphi_n(x) \tag{7.1.4}$$

则 $R_n(x)$ 称为由插值多项式 $\varphi_n(x)$ 近似表达函数 $f(x)$ 的插值余项，或称插值多项式 $\varphi_n(x)$ 的误差。关于 $R_n(x)$ 有以下结论成立。

> **定理 7.1**　设 $n + 1$ 个节点 $x_0, x_1, \cdots, x_n$ 互不相同，设 $a = \min\limits_{0 \leqslant i \leqslant n}\{x_i\}$，$b = \max\limits_{0 \leqslant i \leqslant n}\{x_i\}$，$\varphi_n(x)$ 是插值区间 $[a, b]$ 上过这组节点的插值多项式。若 $f(x)$ 在 $[a, b]$ 上连续且在 (a, b) 内具有 $n + 1$ 阶连续导数，则存在唯一的不超过 n 次的插值多项式 $\varphi_n(x)$，使得 $f(x) = \varphi_n(x) + R_n(x)$，且
>
> $$R_n(x) = \frac{f^{(n+1)}(\xi)}{(n+1)!} w_{n+1}(x) \tag{7.1.5}$$
>
> 其中，$\xi \in (a, b)$，$w_{n+1}(x) = \prod\limits_{i=0}^{n} (x - x_i)$。

证明　有关插值多项式 $\varphi_n(x)$ 的存在性和唯一性的证明如前面推导，此处略。下证插值余项估计式 $(7.1.5)$。

作辅助函数

$$\Phi(t) = f(t) - \varphi_n(t) - \frac{R_n(x)}{w_{n+1}(x)} w_{n+1}(t)$$

由于 $f(t)$ 在 $[a,b]$ 上连续且在 (a,b) 内具有 $n+1$ 阶连续导数，同时 $\varphi_n(t)$ 和 $w_{n+1}(t)$ 均为多项式，从而 $\Phi(t)$ 在 $[a,b]$ 上连续且在 (a,b) 内具有 $n+1$ 阶连续导数，同时具有 $n+2$ 个零点：$\Phi(x) = 0$、$\Phi(x_i) = 0$（$i = 0,1,\cdots n$）。

由 Roller 中值定理，$\Phi(t)$ 的每两个零点之间至少有一个一阶导数的零点，即 $\Phi'(t)$ 在插值区间 (a,b) 内至少有 $n+1$ 个零点。如此下去，$n+1$ 次应用 Roller 中值定理可得：$\Phi^{(n+1)}(t)$ 在 (a,b) 内至少有一个零点，即至少存在 $\xi \in (a,b)$，使得

$$0 = \Phi^{(n+1)}(\xi) = f^{(n+1)}(\xi) - \frac{R_n(x)}{w_{n+1}(x)}(n+1)!$$

易得式（7.1.5）成立。　　　　　　　　　　　　　　　　　　　　　　　　　　　□

定理 7.1 给出了 n 次插值多项式的存在性及误差分析，这在理论上是完备的。然而，在实际的生产实践中，一般规律函数 $f(x)$ 是未知的，因此式（7.1.5）所表述的误差分析是不可求的。同时通过求解线性方程组（7.1.3）获取插值多项式 $\varphi_n(x)$ 的方法复杂度过大，特别是对 n 较大的情形。以下将介绍几种常用的求解插值多项式的方法。

一、几种常用插值多项式求法

（一）拉格朗日（Lagrange）插值公式

对于给定的函数表 7.1，由于插值多项式 $\varphi_n(x) \in P_n[x]$，而 $P_n[x] = \mathrm{span}[1, x, \cdots, x^n]$ 是一个 $n+1$ 维线性空间。如果 $l_0(x), l_1(x), \cdots, l_n(x)$ 是 $P_n[x]$ 的一组基函数，且满足：

(1) $l_i(x)(i = 0,1,\cdots,n)$ 是阶数不超过 n 次的多项式；

(2) 　　　　　　　　$l_i(x_j) = \delta_{ij} = \begin{cases} 1, & i = j \\ 0, & i \neq j \end{cases}$ 　　　　　　（7.1.6）

则称 $l_0(x), l_1(x), \cdots, l_n(x)$ 为以 $x_0, x_1, \cdots, x_n$ 为插值节点的基本插值多项式，简称基函数。

由条件（1）可知：$l_i(x) = k_i \prod\limits_{k=0, k \neq i}^{n} (x - x_k)$（$i = 0,1,\cdots,n$）。

再由条件（2）知：$1 = l_i(x_i) = k_i \prod\limits_{k=0, k \neq i}^{n} (x_i - x_k)$，即

$$k_i = \frac{1}{\prod\limits_{k=0, k \neq i}^{n} (x_i - x_k)}$$

因此基本插值多项为

$$l_i(x) = \prod_{j=0, j \neq i}^{n} \frac{x - x_j}{x_i - x_j} \tag{7.1.7}$$

于是，在基函数 $l_0(x),l_1(x),\cdots,l_n(x)$ 的基础上，以 $y_0,y_1,\cdots,y_n$ 为线性组合系数，可得

$$\varphi_n(x)=\sum_{i=0}^n y_i\cdot l_i(x)$$

显然 $\varphi_n(x)$ 满足 $\varphi_n(x_j)=\sum_{i=0}^n y_i\cdot l_i(x_j)=y_j(j=0,1,\cdots,n)$，即满足插值条件。

这种通过基本插值多项式(或基函数)构造插值多项式的方法就称为 Lagrange 插值法，所获得的插值多项式就称为 Lagrange 插值公式，记为 $L_n(x)$，即

$$L_n(x)=\sum_{i=0}^n y_i\cdot l_i(x_j)=\sum_{i=0}^n\left(y_i\prod_{j=0,j\neq i}^n\frac{x-x_j}{x_i-x_j}\right) \tag{7.1.8}$$

显然，用 Lagrange 插值公式求解插值多项式的方法的计算复杂度比通过线性方程 (7.1.3) 求解 $\varphi_n(x)$ 的方法要小得多。另外，Lagrange 插值公式的插值余项仍可以由式(7.1.5)表达。

例 7.1 给定函数表如下：

x	$\cdots$	0.1	0.2	0.3	0.4	0.5	$\cdots$
$y=e^x$	$\cdots$	1.1052	1.2214	1.3499	1.4918	1.6487	$\cdots$

试用线性插值与抛物插值求 $e^{0.354}$ 的近似值，并估计截断误差。

解 在插值计算中，为减少极端误差，一般选择离 x 较近的点作为节点(即选取节点的就近原则)，在本题中由于 $x=0.354$，介于 0.3 与 0.4 之间，故进行线性插值时取 $x_0=0.3$、$x_1=0.4$，由 Lagrange 插值公式可得线性公式为

$$L_1(x)=1.3499\times\frac{x-0.4}{0.3-0.4}+1.4918\times\frac{x-0.3}{0.4-0.3}$$

于是，线性插值公式所得近似值为 $e^{0.354}\approx L_1(0.354)=1.4265$。而误差由公式(7.1.5)可得

$$|R_1(0.354)|=\left|\frac{f''(\xi)}{2!}(0.354-0.3)(0.354-0.4)\right|$$

$$\leqslant\frac{e^{0.4}}{2}\times0.054\times0.046=0.001853$$

即用 $L_1(x)=1.4265$ 近似 $e^{0.354}$ 具有三位有效数字。类似地，抛物插值选取的节点是 $x_0=0.3$、$x_1=0.4$、$x_2=0.5$，故抛物插值公式为

$$L_2(0.354)=1.3499\frac{(x-0.4)(x-0.5)}{(0.3-0.4)(0.3-0.5)}+1.4918\frac{(x-0.3)(x-0.5)}{(0.4-0.3)(0.4-0.5)}+1.6487\frac{(x-0.3)(x-0.4)}{(0.5-0.3)(0.5-0.4)}$$

于是用抛物插值公式所得近似值为 $e^{0.354}\approx L_2(0.354)=1.4247$。由公式(7.1.5)可算得：

$|R_2(0.354)|\leqslant\frac{e^{0.5}}{3!}\times0.054\times0.046\times0.146=0.00009966$，即用 $L_2(0.354)=1.4247$ 近似 $e^{0.354}$ 具有四位有效数字。 □

Lagrange 插值公式提供的完整的理论体系和求解插值多项式的新思路，在理论上具

有很高的价值。但在生产实践中，通常 $f(x)$ 是未知的，因此 Lagrange 插值公式的截断误差是难以估计的。另外，一旦试验节点数需要增减时，构造 Lagrange 插值公式的基函数就要重新构造，而前面已做的工作就全部废除。因此，Lagrange 插值公式在实际问题应用中存在以下两个致命缺点：

(1) 不能有效解决截断误差的估计（即插值余项估计）问题；

(2) Lagrange 公式不具有算法的继承性。

(二)牛顿(Newton)插值公式

为介绍牛顿插值公式，先引入差商的概念。

定义 7.1 给定函数 $f(x)$ 及一系列互不相同的点 $x_0, x_1, \cdots, x_n, \cdots,$ 称

$$\frac{f(x_i) - f(x_j)}{x_i - x_j}$$

为函数 $f(x)$ 关于点 x_i, x_j 的一阶差商，也称均差，记为 $f[x_i, x_j]$，即

$$f[x_i, x_j] = \frac{f(x_i) - f(x_j)}{x_i - x_j}$$

类似于高阶导数的定义，称一阶差商的差商 $\dfrac{f[x_i, x_j] - f[x_j, x_k]}{x_i - x_k}$ 为函数 $f(x)$ 关于点 x_i, x_j, x_k 的二阶差商，记为 $f[x_i, x_j, x_k]$。

一般地，称 $\dfrac{f[x_0, x_1, \cdots, x_{k-1}] - f[x_1, x_2, \cdots, x_k]}{x_0 - x_k}$ 为函数 $f(x)$ 关于点 $x_0, x_1, \cdots, x_n$ 的 k 阶差商，记为 $f[x_0, x_1, \cdots, x_k]$，即

$$f[x_0, x_1, \cdots, x_k] = \frac{f[x_0, x_1, \cdots, x_{k-1}] - f[x_1, x_2, \cdots, x_k]}{x_0 - x_k} \tag{7.1.9}$$

特别地，$f(x)$ 的零阶差商即为 $f(x)$ 的函数值，即 $f[x_i] = f(x_i) = y_i$。如果有重点，如 x_i 为重点，即 $x_i = x_{i+1}$，从定义中容易看到：如果 $f(x)$ 在 $f(x)$ x_i 点可导，则

$$\lim_{x \to x_i} \frac{f(x_i) - f(x)}{x_i - x} = f'(x_i)$$

因此规定：$f[x_i, x_i] = f'(x_i)$。一般地

$$f[x, x, x_0, \cdots, x_k] = \frac{d}{dx} f[x, x_0, \cdots, x_k]$$

关于函数的差商具有如下的性质。

性质 7.1　（1）各阶差商都具有线性性质，即若 $f(x)=a\varphi(x)+b\psi(x)$，其中 a、b 为常数，则对任意正整数 k 均有：

$$f[x_0,x_1,\cdots,x_k]=a\varphi[x_0,x_1,\cdots,x_k]+b\psi[x_0,x_1,\cdots,x_k]$$

（2）$f(x)$ 的 k 阶差商 $f[x_0,x_1,\cdots,x_k]$ 可表示成 $f(x_0),f(x_1),\cdots,f(x_k)$ 的线性组合，且

$$f[x_0,x_1,\cdots,x_k]=\sum_{i=0}^{k}\frac{f(x_i)}{w'_{k+1}(x_i)}$$

其中，$w_{k+1}(x)=\prod_{j=0}^{k}(x-x_i)$，$w'_{k+1}(x_i)=\prod_{j=0,j\neq i}^{k}(x_i-x_j)$；

（3）$f(x)$ 的各阶差商均具有对称性，即改变节点的位置（或次序），差商不变；

（4）若 $f(x)$ 是 n 次多项式，则一阶差商 $f[x,x_i]$ 为 $n-1$ 次多项式。

证明　（1）是显然的，这里略去其证明。

（2）当 $k=1$ 时，结论显然成立；

当 $k=2$ 时，

$$\begin{aligned}
f[x_0,x_1,x_2]&=\frac{1}{x_0-x_2}\left[\frac{f(x_0)-f(x_1)}{x_0-x_1}-\frac{f(x_1)-f(x_2)}{x_1-x_2}\right]\\
&=\frac{f(x_0)}{(x_0-x_1)(x_0-x_1)}+\frac{f(x_1)}{(x_1-x_0)(x_1-x_2)}+\frac{f(x_2)}{(x_2-x_0)(x_2-x_1)}\\
&=\frac{f(x_0)}{w'_2(x_0)}+\frac{f(x_1)}{w'_2(x_1)}+\frac{f(x_2)}{w'_2(x_2)}
\end{aligned}$$

用数学归纳法容易证明一般情形此结论成立，此略。

（3）由（2）容易证明（3）成立。

（4）若 $f(x)$ 是 n 次多项式，作 $p(x)=f(x)-f(x_i)$，则 $p(x)$ 也是 n 次多项式，且 $p(x_i)=0$，因此，$p(x)=(x-x_i)\varphi_{n-1}(x)$，其中 $\varphi_{n-1}(x)$ 为 $n-1$ 次多项式。于是，$f[x,x_i]=\dfrac{f(x)-f(x_i)}{x-x_i}=\varphi_{n-1}(x)$ 为 $n-1$ 次多项式。　　□

由定义 7.1 易知：$f(x)=f(x_0)+(x-x_0)f[x,x_0]$。对给定的函数表 7.1，一般地有

$$f(x)=f(x_0)+(x-x_0)f[x,x_0]$$
$$f[x,x_0]=f[x_0,x_1]+(x-x_1)f[x,x_0,x_1]$$
$$f[x,x_0,x_1]=f[x_0,x_1,x_2]+(x-x_2)f[x,x_0,x_1,x_2]$$
$$\vdots$$
$$f[x,x_0,\cdots,x_{n-1}]=f[x_0,x_1,\cdots,x_n]+(x-x_n)f[x,x_0,\cdots,x_n]$$

将上面的 n 个等式两边分别乘以 1、$(x-x_0)$、$(x-x_0)(x-x_1)$、$\cdots$、$w_n(x)$，然后将等式左右两边相加可得

$$f(x) = f(x_0) + (x - x_0)f[x_0, x_1] + (x - x_0)(x - x_1)f[x_0, x_1, x_2] + \cdots$$
$$+ f[x_0, x_1, \cdots, x_n]w_n(x) + f[x, x_0, \cdots, x_n]w_{n+1}(x)$$

若记：

$$N_n(x) = f(x_0) + (x - x_0)f[x_0, x_1] + (x - x_0)(x - x_1)f[x_0, x_1, x_2] + \cdots + f[x_0, x_1, \cdots, x_n]w_n(x)$$

$$(7.1.10)$$

$$R_n(x) = f[x, x_0, x_1, \cdots, x_n]w_{n+1}(x) \tag{7.1.11}$$

则有

$$f(x) = N_n(x) + R_n(x) \tag{7.1.12}$$

显然，$N_n(x)$ 是不超过 n 次的多项式，$R_n(x) = 0$，且满足

$$N_n(x_i) = f(x_i) = y_i (i = 0, 1, \cdots, n)$$

这表明式 (7.1.12) 中 $N_n(x)$ 即为所求的插值多项式。这种由差商求插值多项式的方法就称为 Newton 插值方法，求得的插值公式 (7.1.10) 就称为 Newton 插值公式。比较式 (7.1.5) 和式 (7.1.12) 及插值多项式的唯一性，有

$$\frac{f^{(n+1)}(\xi)}{(n+1)!}w_{n+1}(x) = R_n(x) = f[x, x_0, x_1, \cdots, x_n]w_{n+1}(x)$$

可得

$$\frac{f^{(n+1)}(\xi)}{(n+1)!} = f[x, x_0, x_1, \cdots, x_n] \approx N_n[x, x_0, x_1, \cdots, x_n] \tag{7.1.13}$$

在生产实践中，当 $f(x)$ 未知情况下，利用 Newton 插值多项式近似计算 $f(x)$ 所产生的误差(插值余项)的估计问题可通过公式 (7.1.13) 得到解决，同时由性质 7.1 之 (3) 就解决了插值多项式在计算过程中的算法继承性问题。正因为 Newton 插值公式在实际应用中能有效解决这两类问题(注：这两类问题也是 Lagrange 插值公式的缺点)，因此在实际数据处理中有着广泛应用。

一般地，Newton 插值公式可按表 7.2 计算，n 次 Newton 插值公式 $N_n(x)$ 为表 7.2 中对角线上的差商值与右端因式乘积之和。

表 7.2　差商值

x_i	y_i	1 阶差商	2 阶差商	$\cdots$	n 阶差商	
x_0	y_0					1
x_1	y_1	$f[x_0, x_1]$				$x - x_0$
x_2	y_2	$f[x_1, x_2]$	$f[x_0, x_1, x_2]$			$(x - x_0)(x - x_1)$
x_3	y_3	$f[x_2, x_3]$	$f[x_1, x_2, x_3]$	$\cdots$		$(x - x_0)(x - x_1)(x - x_2)$
$\vdots$	$\vdots$	$\vdots$	$\vdots$	$\vdots$		$\vdots$
x_n	y_n	$f[x_{n-1}, x_n]$	$f[x_{n-2}, x_{n-1}, x_n]$	$\cdots$	$f[x_0, x_1, \cdots, x_n]$	$\prod_{j=0}^{n-1}(x - x_j)$

算法 7.1:

(1) 输入数据 x、x_i、y_i ($i = 0, 1, 2, \cdots, n$);

(2) 赋值 $f_k \Leftarrow y_k$ ($k = 0, 1, 2, \cdots, n$), $f_{0n} \Leftarrow 0$, $k \Leftarrow 0$;

(3) 计算各阶差商: 对 $i = 1, 2, \cdots, n$, $k \Leftarrow k + 1$

$$f_{kn} \Leftarrow \frac{f_{n-1} - f_n}{x_{n-i} - x_n}, \quad f_n \Leftarrow f_{kn}, \quad f_k \Leftarrow \frac{f_{j-1} - f_j}{x_{j-i} - x_j} \quad (j = n-1, n-2, \cdots, i)$$

(4) $N_n(x) \Leftarrow f_0 + \sum_{k=1}^{n} f_k [\prod_{j=0}^{k} (x - x_j)]$, $f_{n+1} \Leftarrow N_n(x)$;

(5) 对 $k = 1, 2, \cdots, n, n+1$, 计算 $f_{n+1} \Leftarrow \frac{f_{kn} - f_{n+1}}{x_{n+1-k} - x}$;

(6) $R_n(x) \Leftarrow f_{n+1} [\prod_{j=0}^{n} (x - x_j)]$;

(7) 输出 $N_n(x)$、$R_n(x)$;

(8) 停机。

通过算法 7.1 可计算 n 次 Newton 插值公式计算 $f(x)$ 的 $n+1$ 个节点的近似值及误差。

例 7.2 已知 x 与 y 的函数表如下：

x	0.40	0.55	0.65	0.80	0.90	1.05
y	0.41075	0.57815	0.69675	0.88811	1.02652	1.25385

试用五次 Newton 插值公式计算 $f(0.596)$，并估计它的误差。

解 根据 x 与 y 的函数表作差商表如下：

x	y	1 阶差商	2 阶差商	3 阶差商	4 阶差商	5 阶差商	6 阶差商
0.40	0.41075						
0.55	0.57815	1.11600					
0.65	0.69675	1.18600	0.28000				
0.80	0.88811	1.27573	0.35892	0.19730			
0.90	1.02652	1.38410	0.43348	0.21303	0.03146		
1.05	1.25385	1.51553	0.52572	0.23060	0.03514	0.00566	
0.596	0.63192	1.36989	0.47908	0.228627	0.03654	0.03043	0.12638

可得五次 Newton 插值公式为

$$\begin{aligned}
N_5(x) &= 0.41075 + 1.11600(x - 0.4) + 0.28000(x - 0.4)(x - 0.55) \\
&\quad + 0.19730(x - 0.4)(x - 0.55)(x - 0.65) \\
&\quad + 0.03146(x - 0.4)(x - 0.55)(x - 0.65)(x - 0.80) \\
&\quad + 0.00566(x - 0.4)(x - 0.55)(x - 0.65)(x - 0.80)(x - 0.90)
\end{aligned}$$

于是，$f(0.596) \approx N_5(0.596) = 0.63192$，将 $f(0.596) \approx 0.63192$ 放在差商表做最后一

行差商可得误差为

$$R_5(0.596) = 0.12638 \times 0.196 \times 0.046 \times (-0.054) \times (-0.204) \times (-0.304) \times (-0.454)$$

$$\approx 0.173239 \times 10^{-5} \qquad\qquad\qquad \square$$

此外，也有等距节点的 Newton 插值公式，即相邻的两个节点之差（称为步长）为常数的情形。这种通过引入函数的差分去构造插值公式，尽管会使 Newton 插值公式的形式更简单，但由于对实验数据有更高的要求，且不具有算法的继承性和插值余项的有效估计，在此略去。

（三）艾尔米特 (Hermite) 插值

不少实际问题，除了要求插值节点处插值函数 $p(x)$ 与被插值函数 $f(x)$ 的值相等外，还要求他们在节点处的一阶导数、二阶导数甚至更高阶导数也相等，即

$$p(x_i) = f(x_i), \quad p'(x_i) = f'(x_i), \cdots, p^{(m_i)}(x_i) = f^{(m_i)}(x_i)$$

其中，$m_i \geqslant 1$（$i = 0,1,\cdots,n$）。这样的插值问题就是 Hermite 插值问题，满足上述要求的多项式 $p(x)$ 称为 Hermite 插值多项式。本节主要讨论在节点处插值函数与函数的值及一阶导数值均相等的 Hermite 插值，其一般叙述如下：

已知函数 $y = f(x)$ 在 $n+1$ 个互异节点 $x_0, x_1, \cdots, x_n$ 处的函数值 $y_0, y_1, \cdots, y_n$ 以及导数值 $y_0', y_1', \cdots, y_n'$，要求次数不超过 $2n+1$ 的多项式 $H(x)$，使得

$$\begin{cases} H(x_i) = y_i \\ H'(x_i) = y_i \end{cases} (i = 0,1,\cdots,n) \qquad (7.1.14)$$

满足条件 (7.1.14) 的多项式 $H(x)$ 称为 Hermite 插值多项式。

为确定 Hermite 插值多项式 $H(x)$，仍采用类似于求 Lagrange 插值多项式的方法，即构造插值基函数的方法。先假设两组函数 $h_i(x)$ 和 $H_i(x)$（$i = 0,1,\cdots,n$）满足以下条件：

（1）$h_i(x)$ 和 $H_i(x)$ 都是不超过 $2n+1$ 次的多项式；

（2）
$$\begin{cases} h_i(x_j) = \delta_{ij}, \quad h_i'(x_j) = 0 \\ H_i(x_j) = 0, \quad H_i'(x_j) = \delta_{ij} \end{cases} \qquad (7.1.15)$$

满足以上两组条件的多项式 $h_i(x)$ 和 $H_i(x)$（$i = 0,1,\cdots,n$）称为 Hermite 插值问题 (7.1.14) 的基本插值多项式。

满足条件 (7.1.14) 的插值多项式可写成基本插值多项式的线性组合

$$H(x) = \sum_{i=0}^{n} \left[y_i h_i(x) + y_i' H(x) \right] \qquad (7.1.16)$$

由条件 (7.1.15)，显然方程 (7.1.16) 中确定的 $H(x)$ 满足 $H(x_i) = y_i$ 和 $H'(x_i) = y_i'$（$i = 0, 1, \cdots, n$）。因此，Hermite 问题就归结为构造满足条件的基本插值多项式 $h_i(x)$ 和 $H_i(x)$。

先来确定 $h_i(x)$。由插值条件 (7.1.15) 及 $h_i(x)$ 为不超过 $2n+1$ 次多项式知：

$$h_i(x) = [a + b(x - x_i)] \cdot l_i^2(x)$$

其中，$l_i(x)$ $(i = 0,1,\cdots,n)$ 为 Lagrange 插值基函数。再由条件 (7.1.15)，有

$$1 = h_i(x_i) = a, \quad 0 = h_i'(x_i) = bl_i^2(x_i) + 2[a + b(x - x_i)]l_i'(x_i)l_i(x)$$

可得 $a = 1$，$b = -2l_i'(x_i) = -2\sum_{k=0,k\neq i}^{n} \frac{1}{x_i - x_k}$。所以

$$h_i(x) = [1 - 2(x - x_i)l_i'(x_i)]l_i^2(x) \ (i = 0,1,\cdots,n) \tag{7.1.17}$$

同理，由 $H_i(x)$ 满足的条件 $H_i(x_j) = H_i'(x_j) = 0$ $(i \neq j)$ 和 $H_i(x_i) = 0$ 知：x_j 是 $H_i(x)$ 的二重零点 $(i \neq j)$，x_i 是 $H_i(x)$ 的零点。故可假设：

$$H_i(x) = \lambda_i(x - x_i)l_i^2(x) \ (i = 0,1,\cdots,n)$$

再由条件 $H_i'(x_i) = 1$，可得 $\lambda_i = 1$。因此

$$H_i(x) = (x - x_i)l_i^2(x) \ (i = 0,1,\cdots,n) \tag{7.1.18}$$

于是 Hermite 插值公式为

$$H(x) = \sum_{i=0}^{n}[y_i h_i(x) + y_i' H(x)]$$

$$= \sum_{i=0}^{n}\left\{[1 - 2(x - x_i)l_i'(x)]y_i + (x - x_i)y_i'\right\}l_i^2(x)$$

特别地，当 $n = 1$ 时，有

$$h_0(x) = \left(1 + 2\frac{x - x_0}{x_1 - x_0}\right)\left(\frac{x - x_1}{x_0 - x_1}\right)^2$$

$$h_1(x) = \left(1 + 2\frac{x - x_1}{x_0 - x_1}\right)\left(\frac{x - x_0}{x_1 - x_0}\right)^2$$

$$H_0(x) = (x - x_0)\left(\frac{x - x_1}{x_0 - x_1}\right)^2$$

$$H_1(x) = (x - x_1)\left(\frac{x - x_0}{x_1 - x_0}\right)^2$$

于是，两点三次的 Hermite 插值多项式为

$$H(x) = y_0 h_0(x) + y_1 h_1(x) + y_0' H_0(x) + y_1' H_1(x) \tag{7.1.19}$$

定理 7.2 设 $x_0, x_1, \cdots, x_n$ 是区间 $[a,b]$ 上互异的 $n+1$ 个节点，$H(x)$ 是 $f(x)$ 通过这组节点的 $2n+1$ 次 Hermite 插值多项式。如果 $f(x)$ 在 $[a,b]$ 上连续，在 (a,b) 内具有 $2n+2$ 阶连续导数，则对任意 $x \in [a,b]$，插值余项为

$$R_{2n+1}(x) = f(x) - H(x) = \frac{f^{(2n+2)}(\xi)}{(2n+2)!}w_{n+1}^2(x)$$

其中，$\xi \in (a,b)$。

证明 作辅助函数 $\psi(t) = f(t) - H(t) - \dfrac{R_{2n+1}(x)}{w_{n+1}^2(x)} w_{n+1}^2(t)$。显然，$\psi(t)$ 有 $n+2$ 个零点和 $n+1$ 个一阶导数的零点。从 $\psi(t)$ 有 $n+2$ 个零点，应用 Rolle 中值定理可得 $\psi(t)$ 有 $n+1$ 个一阶导数零点，从而 $\psi(t)$ 共有 $2n+2$ 个一阶导数零点。由条件知 $\psi(t)$ 具有 $2n+2$ 阶连续导数，连续应用 $2n+1$ 次 Rolle 中值定理可得 $\psi(t)$ 至少有一个 $2n+2$ 阶导数零点，即存在 $\xi \in (a,b)$，使得

$$0 = \psi^{(2n+2)}(\xi) = f^{(2n+2)}(\xi) - \frac{R_{2n+1}(x)}{w_{n+1}^2(x)}(2n+2)!$$

因此结论成立。 $\square$

定理 7.3 设 $x_0, x_1, \cdots, x_n$ 为 $n+1$ 个互异节点，$a = \min\limits_{0 \leqslant i \leqslant n}\{x_i\}$，$b = \max\limits_{0 \leqslant i \leqslant n}\{x_i\}$，若 $f(x)$ 在区间 $[a,b]$ 上连续，且在 (a,b) 上具有连续一阶导数（即 $f(x) \in C^1[a,b]$），则满足插值条件 $H(x_i) = y_i$、$H'(x_i) = y_i'$ $(i = 0,1,\cdots,n)$ 的 $2n+1$ 次 Hermite 多项式是唯一的。

证明 $H(x)$ 的存在性可由线性方程组的解来证明，下证唯一性。

假设 $\hat{H}(x)$ 是满足插值条件的任一不超过 $2n+1$ 次的 Hermite 插值多项式，易知 $\hat{H}(x)$ 也是 $H(x)$ 的 $2n+1$ 次 Hermite 插值多项式。于是，

$$H(x) - \hat{H}(x) = \frac{H^{(2n+2)}(\xi)}{(2n+2)!} w_{n+1}^2(x) = 0 (H^{(2n+2)}(x) \equiv 0)$$

于是，$H(x) = \hat{H}(x)$。因此 Hermite 插值多项式唯一。 $\square$

例 7.3 求满足下表所示条件的 Hermite 插值多项式。

k	x_k	y_k	y'
0	1	2	1
1	2	3	−1

解 此为 $n = 1$，直接带入公式 (7.1.19) 可得两点三次 Hermite 插值公式为

$$H(x) = \left(1 + 2\frac{x-1}{2-1}\right)\left(\frac{x-2}{1-2}\right)^2 \times 2 + \left(1 + 2\frac{x-2}{1-2}\right)\left(\frac{x-1}{2-1}\right)^2 \times 3$$

$$+ (x-1)\left(\frac{x-2}{1-2}\right)^2 \times 1 + (x-2)\left(\frac{x-1}{2-1}\right)^2 \times (-1)$$

$$= -2x^3 + 8x^2 - 9x + 5 \qquad \square$$

对于 Hermite 插值多项式，它与 Lagrange 插值多项式一样，都是采用基函数构造的方法及线性组合表达方式给出其插值多项式的求解。它也具有 Lagrange 插值多项式相同的缺点，即不具有算法上的继承性和误差不可计算的缺点（当 $f(x)$ 未知时）。如果注意到差商的规定，则可采用 Newton 插值方法来解决 Hermite 多项式的求法。如例 7.3，建立差商表如下：

k	x_k	y_k	一阶差商	二阶差商	三阶差商	
0	1	2				1
1	1	2	1			$x-1$
2	2	3	1	0		$(x-1)^2$
3	2	3	-1	-2	-2	$(x-1)^2(x-2)$

于是

$$H(x) = 2 \times 1 + 1 \times (x-1) - 2(x-1)^2(x-2) = -2x^3 + 8x^2 - 9x + 5$$

如前所述，利用差商表来计算插值多项式的优点就在于其在实际工程计算中具有算法继承性，同时也能克服在函数规律（即 $y = f(x)$）未知情况下误差的估计问题。

二、分段低次插值

已知 $f(x) = \dfrac{1}{1+x^2}$，$x \in [-5,5]$。等分 $[-5,5]$ 区间，可得节点为 $x_k = -5 + 10 \cdot \dfrac{k}{n}$（$k = 0,1,\cdots,n$），则 n 次插值公式为

$$L_n(x) = \sum_{k=0}^{n} \frac{1}{1+x_k^2} \frac{w_{n+1}(x)}{(x-x_k)w_{n+1}{}'(x_k)} = \sum_{k=0}^{n} \frac{1}{1+x_k^2} l_k(x)$$

图 7.1 是 $f(x)$ 和 $L_n(x)$ 的比较图。我们会发现：在原点附近 $L_n(x)$ 与 $f(x)$ 有较好的逼近，而在两端点的附近，逼近效果较差。

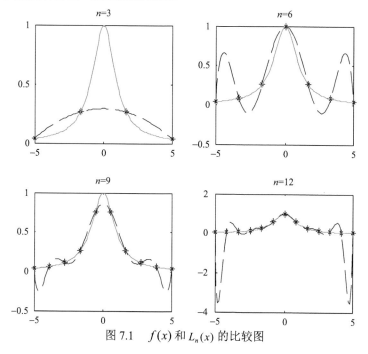

图 7.1　$f(x)$ 和 $L_n(x)$ 的比较图

当 $n \to \infty$ 时，在原点附近 $L_n(x)$ 与 $f(x)$ 有较好的逼近，而在两端点的附近，逼近效果较差，此现象就称为 Runge 现象。

直观上容易知道：即使不用多项式近似，而改用将曲线 $y = f(x)$ 的两个相邻的点用折线相连，随着 $\delta = \max\limits_{1 \leqslant i \leqslant n}\{\delta_i\}$ 越来越小，这一折线也能很好地逼近 $f(x)$。因此有：当 $f(x)$ 连续时，节点越密，近似程度越好。由此就得到分段插值的思想。为提高精度，在加密节点时，可以将节点分成若干段，每段用低次多项式近似，即分段低次插值。

（一）分段线性插值

对给定的 $n+1$ 个节点 $a = x_0 < x_1 < \cdots < x_n = b$ 及节点上的数值 y_i ($i = 0,1,\cdots,n$)，记 $h_i = x_i - x_{i-1}$ ($i = 1,2,\cdots,n$)，$h = \max\limits_{1 \leqslant i \leqslant n}\{h_i\}$。若插值函数 $L_h(x)$ 满足：

(1) $L_h(x_i) = y_i$ ($i = 0,1,\cdots,n$)

(2) 在每个小区间 $[x_{i-1}, x_i]$ ($i = 1,2,\cdots,n$) 上，$L_h(x)$ 是线性的

则插值函数 $L_h(x)$ 称为分段线性插值公式。

如用线性 Lagrange 插值公式表示有

$$L_h(x) = y_{i-1} \frac{x - x_i}{x_{i-1} - x_i} + y_i \frac{x - x_{i-1}}{x_i - x_{i-1}} \quad (x \in [x_{i-1}, x_i])$$

其中，$i = 1, 2, \cdots, n$。容易看出 $L_h(x)$ 在区间 $[a,b]$ 上是连续的。

关于分段线性插值的收敛性有下列结论。

> **定理 7.4** 如果 $f(x) \in C^2[a,b]$，则分段线性插值函数 $L_h(x)$ 的余项为
>
> $$|R_n(x)| = |f(x) - L_h(x)| \leqslant \frac{h^2}{8} M$$
>
> 其中，$h = \max\limits_{1 \leqslant i \leqslant n}\{h_i = x_i - x_{i-1}\}$，$M = \max\limits_{x \in [a,b]} |f''(x)|$。

证明略。

若引入分段插值基函数表示，则在整个区间 $[a,b]$ 上为

$$L_h(x) = \sum_{i=0}^{n} y_i l_i(x) \tag{7.1.20}$$

其中，分段插值基函数 $l_i(x)$ 满足条件 $l_i(x_j) = \delta_{ij}$ ($i, j = 0,1,\cdots,n$)，且

$$l_0(x) = \begin{cases} \dfrac{x - x_1}{x_0 - x_1}, & x_0 \leqslant x \leqslant x_1 \\ 0, & x \in [a,b] \setminus [x_0, x_1] \end{cases}$$

$$l_i(x) = \begin{cases} \dfrac{x - x_{i-1}}{x_i - x_{i-1}}, & x_{i-1} \leqslant x \leqslant x_i \\[3mm] \dfrac{x - x_{i+1}}{x_i - x_{i+1}}, & x_i \leqslant x \leqslant x_{i+1} \\[3mm] 0, & x \in [a,b] \setminus [x_{i-1}, x_{i+1}] \end{cases} \qquad (i = 1, 2, \cdots, n-1)$$

$$l_n(x) = \begin{cases} \dfrac{x - x_{n-1}}{x_n - x_{n-1}}, & x_{n-1} \leqslant x \leqslant x_n \\[3mm] 0, & x \in [a,b] \setminus [x_{n-1}, x_n] \end{cases}$$

分段插值基函数 $l_i(x)$ 只在 x_i 附近不为零，而在其他地方均为零，这种性质称为局部非零性质，且仍有 $\sum\limits_{i=0}^{n} l_i(x) \equiv 1$（$x \in [a,b]$）。$\forall x \in [a,b]$，则一定存在 $k \in \{1, 2, \cdots, n\}$ 使得 $x \in [x_{k-1}, x_k]$，从而

$$1 = \sum_{i=0}^{n} l_i(x) = l_{k-1}(x) + l_k(x)$$

故

$$f(x) = [l_{k-1}(x) + l_k(x)] f(x) \qquad (7.1.21)$$

另一方面，这时

$$L_h(x) = y_{k-1} l_{k-1}(x) + y_k l_k(x) \qquad (7.1.22)$$

下面证明：$\lim\limits_{h \to 0} L_h(x) = f(x)$。由式（7.1.21）和式（7.1.22）可得

$$\begin{aligned} \left| f(x) - L_h(x) \right| &\leqslant l_{k-1}(x) \left| f(x) - y_{k-1} \right| + l_k(x) \left| f(x) - y_k \right| \\ &\leqslant [l_{k-1}(x) + l_k(x)] \omega(h_k) \leqslant \omega(h) \end{aligned} \qquad (7.1.23)$$

其中，$\omega(h_k) = \max\limits_{x \in [x_{k-1}, x_k]} \left\{ \left| f(x) - y_{k-1} \right|, \left| f(x) - y_k \right| \right\}$，$\omega(h) = \max\limits_{1 \leqslant k \leqslant n} \{ \omega(h_k) \}$。这里 $\omega(h)$ 也称为函数 $f(x)$ 在区间 $[a,b]$ 上的连续模，即 $\forall x_1, x_2 \in [a,b]$，只要 $\left| x_1 - x_2 \right| \leqslant h$，就有

$$\left| f(x_1) - f(x_2) \right| \leqslant \omega(h) \qquad (7.1.24)$$

由式（7.1.23）知：

$$\forall x \in [a,b], \quad \max_{x \in [a,b]} \left| f(x) - L_h(x) \right| \leqslant \omega(h) \qquad (7.1.25)$$

如果 $f(x) \in C[a,b]$，则 $f(x)$ 在区间 $[a,b]$ 上的一致连续，从而有

$$\lim_{h \to 0} \omega(h) = 0$$

进而由式（7.1.25）可得

$$\lim_{h \to 0} L_h(x) = f(x)$$

在区间 $[a,b]$ 上的一致成立。故 $L_h(x)$ 在区间 $[a,b]$ 上一致收敛到 $f(x)$。因此有下列结论：

定理 7.5 如果 $f(x) \in C[a,b]$，则分段线性插值函数 $L_h(x)$ 在区间 $[a,b]$ 上一致收敛到 $f(x)$。

（二）分段三次 Hermite 插值

由上一节知道，分段线性插值 $L_h(x)$ 在区间 $[a,b]$ 上是连续的。但是，分段线性插值 $L_h(x)$ 的导数在区间 $[a,b]$ 上一般是不连续的，即 $L_h(x)$ 的导数在节点 x_i（$i=1,2,\cdots,n-1$）是间断的。也就是说，分段线性插值函数不能保证光滑性。

一般地，对于给定的函数表：

x	x_0	x_1	$\cdots$	x_n
y	y_0	y_1	$\cdots$	y_n
y'	y_0'	y_1'	$\cdots$	y_n'

其中，$a = x_0 < x_1 < \cdots < x_n = b$。记 $h_i = x_i - x_{i-1}$（$i=1,2,\cdots,n$），$h = \max\limits_{1 \leqslant i \leqslant n}\{h_i\}$。

若插值函数 $H_h(x)$ 满足：

（1）$H_h(x_i) = y_i$，　$H_h'(x_i) = y_i'$，$i = 0,1,\cdots,n$

（2）$H_h(x)$ 在每一小区间 $[x_{i-1}, x_i]$（$i=1,2,\cdots,n$）上为三次多项式

则称 $H_h(x)$ 为区间 $[a,b]$ 上的分段三次 Hermite 插值函数。

事实上，区间 $[a,b]$ 上的分段三次 Hermite 插值就是在每个小区间 $[x_{i-1}, x_i]$（$i=1,2,\cdots,n$）上作三次 Hermite 插值，即 $H_h(x)$ 是一个分段函数，且当 $x \in [x_{i-1}, x_i]$（$i=1,2,\cdots,n$）时，有

$$H_h(x) = \left(\frac{x-x_i}{x_{i-1}-x_i}\right)^2 \left(1 + 2\frac{x-x_{i-1}}{x_i-x_{i-1}}\right) y_{i-1} + \left(\frac{x-x_{i-1}}{x_i-x_{i-1}}\right)^2 \left(1 + 2\frac{x-x_i}{x_{i-1}-x_i}\right) y_i$$

$$+ \left(\frac{x-x_i}{x_{i-1}-x_i}\right)^2 (x-x_{i-1}) y_{i-1}' + \left(\frac{x-x_{i-1}}{x_i-x_{i-1}}\right)^2 (x-x_i) y_i' \qquad (7.1.26)$$

由式(7.1.26)容易证明：分段三次 Hermite 插值函数 $H_h(x)$ 在区间 $[a,b]$ 上具有连续的一阶导数。

关于上面所给的函数表及获得的分段三次 Hermite 插值函数 $H_h(x)$，其余项有下列结论成立。

定理 7.6 若 $f(x) \in C^4[a,b]$，则分段三次 Hermite 插值函数 $H_h(x)$ 的余项 $R_n(x)$ 满足

$$\|R_n(x)\|_\infty = \|f(x) - H_h(x)\|_\infty \leqslant \frac{h^4}{384}\|f^{(4)}(x)\|_\infty$$

其中，$h = \max\limits_{1 \leqslant i \leqslant n}\{h_i\}$。

证明略。

类似于"（一）分段线性插值"中的讨论，若引入区间 $[a,b]$ 上的一组分段插值基函数 $\alpha_i(x)$ 及 $\beta_i(x)$（$i=0,1,\cdots,n$），则在整个区间 $[a,b]$ 上 $H_h(x)$ 可表示为

$$H_h(x) = \sum_{i=0}^{n}[y_i\alpha_i(x) + y_i'\beta_i(x)] \tag{7.1.27}$$

其中，分段插值基函数 $\alpha_i(x)$ 及 $\beta_i(x)$ 满足

$$\begin{cases} \alpha_i(x_j) = \delta_{ij}, & \alpha_i'(x_j) = 0 \\ \beta_i(x_j) = 0, & \beta_i'(x_j) = \delta_{ij} \end{cases} (i,j = 0,1,\cdots,n)$$

且

$$\alpha_0(x) = \begin{cases} \left(\dfrac{x-x_1}{x_0-x_1}\right)^2\left(1+2\dfrac{x-x_0}{x_1-x_0}\right), & x_0 \leqslant x \leqslant x_1 \\ 0, & x \in [a,b]\setminus[x_0,x_1] \end{cases}$$

$$\alpha_i(x) = \begin{cases} \left(\dfrac{x-x_{i-1}}{x_i-x_{i-1}}\right)^2\left(1+2\dfrac{x-x_i}{x_{i-1}-x_i}\right), & x_{i-1} \leqslant x \leqslant x_i \\ \left(\dfrac{x-x_{i+1}}{x_i-x_{i+1}}\right)^2\left(1+2\dfrac{x-x_i}{x_{i+1}-x_i}\right), & x_i \leqslant x \leqslant x_{i+1} \\ 0, & x \in [a,b]\setminus[x_{i-1},x_{i+1}] \end{cases} (i=1,2,\cdots,n-1)$$

$$\alpha_n(x) = \begin{cases} \left(\dfrac{x-x_{n-1}}{x_0-x_{n-1}}\right)^2\left(1+2\dfrac{x-x_n}{x_{n-1}-x_n}\right), & x_{n-1} \leqslant x \leqslant x_n \\ 0, & x \in [a,b]\setminus[x_{n-1},x_n] \end{cases}$$

$$\beta_0(x) = \begin{cases} \left(\dfrac{x-x_1}{x_0-x_1}\right)^2(x-x_0), & x_0 \leqslant x \leqslant x_1 \\ 0, & x \in [a,b]\setminus[x_0,x_1] \end{cases}$$

$$\beta_i(x) = \begin{cases} \left(\dfrac{x-x_{i-1}}{x_i-x_{i-1}}\right)^2(x-x_i), & x_{i-1} \leqslant x \leqslant x_i \\ \left(\dfrac{x-x_{i+1}}{x_i-x_{i+1}}\right)^2(x-x_i), & x_i \leqslant x \leqslant x_{i+1} \\ 0, & x \in [a,b]\setminus[x_{i-1},x_{i+1}] \end{cases} (i=1,2,\cdots,n-1)$$

$$\beta_n(x) = \begin{cases} \left(\dfrac{x-x_{n-1}}{x_n-x_{n-1}}\right)^2(x-x_n), & x_{n-1} \leqslant x \leqslant x_n \\ 0, & x \in [a,b]\setminus[x_{n-1},x_n] \end{cases}$$

由于分段插值基函数 $\alpha_i(x)$ 和 $\beta_i(x)$（$i=0,1,\cdots,n$）满足局部非零性质，当 $x\in[x_{k-1},x_k]$ 时，只有 $\alpha_{k-1}(x)$、$\alpha_k(x)$、$\beta_{k-1}(x)$ 和 $\beta_k(x)$ 不为零。于是，$\forall x\in[a,b]$，则一定存在 $k\in\{1,2,\cdots,n\}$ 使得 $x\in[x_{k-1},x_k]$，从而式 (7.1.27) 可表示为

$$H_h(x) = y_{k-1}\alpha_{k-1}(x) + y_k\alpha_k(x) + y'_{k-1}\beta_{k-1}(x) + y'_k\beta_k(x) \tag{7.1.28}$$

同时，由分段插值基函数 $\alpha_i(x)$ 和 $\beta_i(x)$ ($i = 0,1,\cdots,n$)的表达式，可直接获得下列估计式：

$$0 \leqslant \alpha_i(x) \leqslant 1 \quad (i = 0,1,\cdots,n) \tag{7.1.29}$$

$$\left|\beta_{i-1}(x)\right| \leqslant \frac{4}{27}h_{i-1} \quad, \quad \left|\beta_i(x)\right| \leqslant \frac{4}{27}h_{i-1} \quad (i = 1,2,\cdots,n) \tag{7.1.30}$$

此外，当 $f(x)$ 是分段三次多项式时，$f(x)$ 的分段三次 Hermite 插值函数 $H_h(x)$ 就是它本身。特别地，当 $f(x) = 1$ 时就有 $\sum\limits_{i=1}^{n}\alpha_i(x) = 1$。因此，当 $x \in [x_{k-1}, x_k]$ 时，就得

$$\alpha_{k-1}(x) + \alpha_k(x) = 1 \tag{7.1.31}$$

当 $x \in [x_{k-1}, x_k]$ 时，由式$(7.1.28)$~式$(7.1.31)$可推得

$$\left|f(x) - H_h(x)\right| \leqslant \alpha_{k-1}(x)\left|f(x) - y_{k-1}\right| + \alpha_k(x)\left|f(x) - y_k\right| + \frac{4}{27}h_{k-1}\left[\left|y'_{k-1}\right| + \left|y'_k\right|\right]$$

$$\leqslant \left[\alpha_{k-1}(x) + \alpha_k(x)\right]\omega(h) + \frac{8}{27}h\max\left\{\left|y'_{k-1}\right|, \left|y'_k\right|\right\}$$

$$\leqslant \omega(h) + \frac{8}{27}h\max_{0 \leqslant k \leqslant n}\left\{\left|y'_k\right|\right\}$$

即 $\forall x \in [a,b]$，有

$$\left|f(x) - H_h(x)\right| \leqslant \omega(h) + \frac{8}{27}h\max_{0 \leqslant k \leqslant n}\left\{\left|y'_k\right|\right\} \tag{7.1.32}$$

其中，$\omega(h)$ 是函数 $f(x)$ 在区间 $[a,b]$ 上的连续模。当 $f(x) \in C[a,b]$ 时

$$\lim_{h \to 0} H_h(x) = f(x)$$

在区间 $[a,b]$ 上一致成立。故 $H_h(x)$ 在区间 $[a,b]$ 上一致收敛到 $f(x)$。

类似地可以证明：当 $f(x) \in C^1[a,b]$ 时，$H'_h(x)$ 在区间 $[a,b]$ 上一致收敛到 $f'(x)$。因此有下列结论：

> **定理 7.7**　如果 $f(x) \in C^1[a,b]$，则分段三次 Hermite 插值函数 $H_h(x)$ 及其一阶导数在区间 $[a,b]$ 上分别一致收敛到 $f(x)$ 及其一阶导数。

（三）三 次 样 条

样条(spline)本是工程设计中使用的一种绘图工具，它是由一些富有弹性的细木和金属条组成，绘图员利用它们将一些已知点连接成一条光滑曲线(称为样条曲线)使连接的点有连续的曲率，三次样条就是由此抽象出来的。

一般提法：已知 $y = f(x)$ 在区间 $[a,b]$ 是有 $n+1$ 个节点

$$a = x_0 < x_1 < \cdots < x_n = b$$

及节点上的数值 y_i（$i = 0, 1, 2, \cdots, n$），求插值函数 $S(x)$，且满足：

（1）$S(x_i) = y_i$（$i = 0, 1, \cdots, n$）

（2）在每个小区间上 $[x_{i-1}, x_i]$（$i = 1, 2, \cdots, n$）上，$S(x)$ 是不超过三次的多项式

（3）$S(x)$ 在 $[a, b]$ 上具有二阶连续导数

则称 $S(x)$ 为 $[a, b]$ 上 $f(x)$ 的三次样条插值函数。

从三次样条插值函数的定义可知 $S(x)$ 是一个分段的三次的多项式，要获得 $S(x)$ 就必须求得每个小区间 $[x_{i-1}, x_i]$ 内 $S(x)$ 的表达式。设

$$S_i(x) = A_i + B_i x + C_i x^2 + D_i x^3 \quad (i = 1, 2, \cdots, n)$$

其中，A_i、B_i、C_i 和 D_i 为待定参数。这里，每个小区间上求 $S_i(x)$ 需要确定 4 个参数。

因此，求 $S(x)$ 就需要确定 $4n$ 个参数。

由三次样条插值函数 $S(x)$ 在区间 $[a, b]$ 上具有二阶连续导数可知：$S(x)$ 在节点 x_i（$i = 1, 2, \cdots, n-1$）处满足：

（1）连续性条件：

$$\begin{cases} S(x_i - 0) = S(x_i + 0) \\ S'(x_i - 0) = S'(x_i + 0) \\ S''(x_i - 0) = S''(x_i + 0) \end{cases}$$

其中，$i = 1, 2, \cdots, n-1$。这里有 $3(n-1)$ 个约束条件。

（2）插值条件：$S(x_i) = y_i$（$i = 0, 1, \cdots, n$）。这里有 $n+1$ 个约束条件。

由（1）和（2），共有 $4n - 2$ 个约束条件。因此，要三次样条插值函数 $S(x)$ 还需要附加两个约束条件。

附加的两个约束条件通常在区间 $[a, b]$ 的两个端点处给出，因此也称为边界条件或端点条件。常见的**边界条件**有如下三种：

边界条件 1：给山端点处的一阶导数值：

$$S'(x_0) = y_0', \quad S'(x_n) = y_n'$$

边界条件 2：给出端点处的二阶导数值：

$$S''(x_0) = y_0'', \quad S''(x_n) = y_n''$$

特别地，$S''(x_0) = S''(x_n) = 0$ 称为自然边界条件。满足自然边界条件的三次样条插值函数称为自然样条插值函数。

边界条件 3：$y = f(x)$ 是以 $b - a$ 为周期的函数，则可要求 $S(x)$、$S'(x)$ 和 $S''(x)$ 都是以 $b - a$ 为周期的函数，即

$$S'(x_0 + 0) = S'(x_n - 0), \quad S''(x_0 + 0) = S''(x_n - 0)$$

同时，由 $y = f(x)$ 的周期性知 $S(x_0 + 0) = S(x_n - 0)$，即 $y_0 = y_n$ 必须得到满足。

1. 三次样条插值函数求法（三弯矩方程）

三次样条函数的表达方法是多样的。下面介绍一种利用插值节点处二阶导数值 $S''(x_i) = M_i$（$i = 0, 1, \cdots, n$），工作量低且行之有效的用于计算三次样条函数的方法。M_i 在力学上解释为细梁在 x_i 截面处的弯矩，并且得到的弯矩与相邻的两个弯矩有关，故称为

三弯矩方程。

设在节点 $a = x_0 < x_1 < \cdots < x_n = b$ 处的函数值 $y_0, y_1, \cdots, y_n$，要计算三次样条函数 $S(x)$。由于 $S(x)$ 在区间 $[x_{i-1}, x_i]$ 上是不超过三次的多项式，因此它的二阶导数 $S''(x)$ 是不超过一次的多项式。

记 $S''(x_i) = M_i$（$i = 0, 1, \cdots, n$）。在区间 $[x_{i-1}, x_i]$ 上，由 $S''(x_{i-1}) = M_{i-1}$，$S''(x_i) = M_i$，于是有

$$S''(x) = M_{i-1} \cdot \frac{x - x_i}{x_{i-1} - x_i} + M_i \cdot \frac{x - x_{i-1}}{x_i - x_{i-1}}$$

其中，$x \in [x_{i-1}, x_i]$。

记 $h_i = x_i - x_{i-1}$，则上式变成

$$S''(x) = M_{i-1} \cdot \frac{x_i - x}{h_i} + M_i \cdot \frac{x - x_{i-1}}{h_i} \tag{7.1.33}$$

对式 (7.1.33) 两端连续积分两次，并利用 $S(x_{i-1}) = y_{i-1}$、$S(x_i) = y_i$ 来确定积分常数，立即得到用 M_i（$i = 0, 1, \cdots, n$）表达的 $S(x)$ 的公式

$$S(x) = M_{i-1} \cdot \frac{(x_i - x)^3}{6h_i} + M_i \cdot \frac{(x - x_{i-1})^3}{6h_i} + \left(y_{i-1} - \frac{M_{i-1}}{6} h_i^2\right) \cdot \frac{x_i - x}{h_i} + \left(y_i - \frac{M_i}{6} h_i^2\right) \cdot \frac{x - x_{i-1}}{h_i} \tag{7.1.34}$$

其中，$x \in [x_{i-1}, x_i]$（$i = 1, 2, \cdots, n$）。

因此，求三次样条函数 $S(x)$ 的关键就在于计算 $M_i = S''(x_i)$（$i = 0, 1, \cdots, n$）。

利用 $S'(x)$ 在 x_i（$i = 1, 2, \cdots, n-1$）处的连续性，即 $S'(x_i - 0) = S'(x_i + 0)$，可得含 M_i 的 $n-1$ 个方程的线性方程组

$$\mu_i M_{i-1} + 2M_i + \lambda_i M_{i+1} = g_i \quad (i = 1, 2, \cdots, n-1) \tag{7.1.35}$$

其中，

$$\mu_i = \frac{h_i}{h_i + h_{i+1}}$$

$$\lambda_i = 1 - \mu_i = \frac{h_{i+1}}{h_i + h_{i+1}}$$

$$g_i = \frac{6}{h_i + h_{i+1}} \left(\frac{y_{i+1} - y_i}{h_{i+1}} - \frac{y_i - y_{i-1}}{h_i}\right) = 6 f[x_{i-1}, x_i, x_{i+1}] \tag{7.1.36}$$

方程组 (7.1.35) 是一个含有 $n+1$ 个未知参数 $M_0, M_1, \cdots, M_n$，$n-1$ 个方程的线性方程组，要完全确定它们必须附加两个条件——**边界条件**。

(1) 在边界条件 1 之下，即 $S'(x_0) = y_0'$、$S'(x_n) = y_n'$ 已知。$S(x)$ 在 $[x_0, x_1]$ 上的导数为

$$S'(x) = -M_0 \cdot \frac{(x_1 - x)^2}{2h_1} + M_1 \cdot \frac{(x - x_0)^2}{2h_1} + \frac{y_1 - y_0}{h_1} - \frac{h_1}{6}(M_1 - M_0)$$

由条件 $S'(x_0) = y_0'$ 可得

$$y_0' = -M_0 \cdot \frac{h_1}{2} + \frac{y_1 - y_0}{h_1} - \frac{h_1}{6}(M_1 - M_0)$$

整理可得

$$2M_0 + M_1 = \frac{6}{h_1}\left(\frac{y_1 - y_0}{h_1} - y_0'\right) \tag{7.1.37}$$

同理，由条件 $S'(x_n) = y_n'$ 可得

$$M_{n-1} + 2M_n = \frac{6}{h_n}\left(y_n' - \frac{y_n - y_{n-1}}{h_n}\right) \tag{7.1.38}$$

记

$$g_0 = \frac{6}{h_1}\left(\frac{y_1 - y_0}{h_1} - y_0'\right), \quad g_n = \frac{6}{h_n}\left(y_n' - \frac{y_n - y_{n-1}}{h_n}\right) \tag{7.1.39}$$

综合式(7.1.35)、式(7.1.37)和式(7.1.38)，则可确定 $M_0, M_1, \cdots, M_n$ 的线性方程组为

$$\begin{pmatrix} 2 & 1 & & & \\ \mu_1 & 2 & \lambda_1 & & \\ & & \vdots & & \\ & & \mu_{n-1} & 2 & \lambda_{n-1} \\ & & & 1 & 2 \end{pmatrix}\begin{pmatrix} M_0 \\ M_1 \\ \vdots \\ M_{n-1} \\ M_n \end{pmatrix} = \begin{pmatrix} g_0 \\ g_1 \\ \vdots \\ g_{n-1} \\ g_n \end{pmatrix} \tag{7.1.40}$$

这是一个含有 $n+1$ 个未知参数 $M_0, M_1, \cdots, M_n$，$n+1$ 个方程的三对角线性方程组。

(2) 在边界条件 2 之下，即 $M_0 = S''(x_0) = y_0''$、$M_n = S''(x_n) = y_n''$ 已知。直接由式(7.1.35)可得含 $M_1, M_2, \cdots, M_{n-1}$ 的线性方程组为

$$\begin{pmatrix} 2 & \lambda_1 & & & \\ \mu_2 & 2 & \lambda_2 & & \\ & & \vdots & & \\ & & \mu_{n-2} & 2 & \lambda_{n-2} \\ & & & \mu_{n-1} & 2 \end{pmatrix}\begin{pmatrix} M_1 \\ M_2 \\ \vdots \\ M_{n-2} \\ M_{n-1} \end{pmatrix} = \begin{pmatrix} g_1 - \mu_1 y_0'' \\ g_2 \\ \vdots \\ g_{n-2} \\ g_{n-1} - \lambda_{n-1} y_n'' \end{pmatrix} \tag{7.1.41}$$

这是一个含有 $n-1$ 个未知参数 $M_1, M_2, \cdots, M_{n-1}$，$n-1$ 个方程的三对角线性方程组。

(3) 在边界条件 3 之下，由 $S''(x_0 + 0) = S''(x_n - 0)$ 可得 $M_0 = M_n$。再由条件 $S'(x_0 + 0) = S'(x_n - 0)$ 可得

$$-M_0 \cdot \frac{h_1}{2} + \frac{y_1 - y_0}{h_1} - \frac{h_1}{6}(M_1 - M_0) = M_n \cdot \frac{h_n}{2} + \frac{y_n - y_{n-1}}{h_n} - \frac{h_n}{6}(M_n - M_{n-1})$$

只要注意到 $y_0 = y_n$、$M_0 = M_n$，整理上式即得

$$\lambda_n M_1 + \mu_n M_{n-1} + 2M_n = \frac{6}{h_1 + h_n}\left(\frac{y_1 - y_0}{h_1} - \frac{y_n - y_{n-1}}{h_n}\right) \tag{7.1.42}$$

由式(7.1.35)和式(7.1.42)可确定 $M_1, M_2, \cdots, M_n$ 的线性方程组为

$$\begin{pmatrix} 2 & \lambda_1 & & & \mu_1 \\ \mu_2 & 2 & \lambda_2 & & \\ & & \vdots & & \\ & & \mu_{n-1} & 2 & \lambda_{n-1} \\ \lambda_n & & & \mu_n & 2 \end{pmatrix} \begin{pmatrix} M_1 \\ M_2 \\ \vdots \\ M_{n-1} \\ M_n \end{pmatrix} = \begin{pmatrix} g_1 \\ g_2 \\ \vdots \\ g_{n-1} \\ g_n \end{pmatrix} \tag{7.1.43}$$

综上所述，不管是何种边界条件，由于 $\lambda_i + \mu_i = 1$，且 $\lambda_i > 0$、$\mu_i > 0$，因此，所得的线性方程组的系数矩阵都是按行严格对角占优，故都存在唯一确定的解。关于这三个线性方程组可用前面介绍过的方法求解，例如边界条件 1 和边界条件 2 对应的是三对角方程组，可用追赶法求解。进而通过 (7.1.34) 式可确定每个小区间 $[x_{i-1}, x_i]$ 上的 $S(x)$（或记为 $S_i(x)$ $(i = 1, 2, \cdots, n)$）。

例 7.4 给定函数表如下：

x	1	2	4	5
$y = f(x)$	1	3	4	2

求满足边界条件 $S'(1) = 2$、$S'(5) = 1$ 的三次样条插值函数 $S(x)$。

解 将这些值代入，求得 λ_i、μ_i 和 g_i 如下表：

i	x_i	y_i	h_i	λ_i	μ_i	g_i
0	1	1				0
1	2	3	1	2/3	1/3	−3
2	4	4	2	1/3	2/3	−5
3	5	2	1			18

将 λ_i、μ_i 和 g_i 代入式 (7.1.40) 可得方程组

$$\begin{pmatrix} 2 & 1 & 0 & 0 \\ 1/3 & 2 & 2/3 & 0 \\ 0 & 2/3 & 2 & 1/3 \\ 0 & 0 & 1 & 2 \end{pmatrix} \begin{pmatrix} M_0 \\ M_1 \\ M_2 \\ M_3 \end{pmatrix} = \begin{pmatrix} 0 \\ -3 \\ -5 \\ 18 \end{pmatrix}$$

解得：$M_0 = \dfrac{1}{35}$、$M_1 = -\dfrac{2}{35}$、$M_2 = -\dfrac{152}{35}$、$M_3 = \dfrac{391}{35}$。

将 M_i 代入式 (7.1.34)，即可获得各区间上 $S(x)$ 的表达式。例如，$x_0 = 1$、$x_1 = 2$、$h_1 = 1$、$y_0 = 1$、$y_1 = 3$、$M_0 = \dfrac{1}{35}$、$M_1 = -\dfrac{2}{35}$，则 $S(x)$ 在区间 $[x_0, x_1] = [1, 2]$ 是

$$S_1(x) = -\frac{1}{70} x^3 + \frac{2}{35} x^2 + \frac{27}{14} x - \frac{34}{35}$$

同理可求 $S(x)$ 在区间 $[2, 4]$、$[4, 5]$ 上的表达式。故所求的三次样条插值函数 $S(x)$ 为

$$S(x) = \begin{cases} -\dfrac{1}{70}x^3 + \dfrac{2}{35}x^2 + \dfrac{27}{14}x - \dfrac{34}{35}, & x \in [1,2] \\[2mm] -\dfrac{5}{14}x^3 + \dfrac{74}{35}x^2 - \dfrac{153}{70}x + \dfrac{62}{35}, & x \in [2,4] \\[2mm] \dfrac{181}{70}x^3 - \dfrac{166}{5}x^2 + \dfrac{1947}{14}x - \dfrac{1306}{7}, & x \in [4,5] \end{cases} \qquad \square$$

例 7.5 如果将例 7.4 中的边界条件换成自然边界条件 $S''(1) = S''(5) = 0$，即 $M_0 = M_3 = 0$。将 λ_i、μ_i 和 g_i 代入式 (7.1.41) 可得方程组

$$\begin{pmatrix} 2 & 2/3 \\ 2/3 & 2 \end{pmatrix} \begin{pmatrix} M_1 \\ M_2 \end{pmatrix} = \begin{pmatrix} -3 \\ -5 \end{pmatrix}$$

解得：$M_1 = -\dfrac{3}{4}$、$M_2 = -\dfrac{9}{4}$。

将 M_i 代入式 (7.1.34)，即可获得各区间上 $S(x)$ 的表达式。例如，$x_0 = 1$、$x_1 = 2$、$h_1 = 1$、$y_0 = 1$、$y_1 = 3$、$M_0 = 0$、$M_1 = -\dfrac{3}{4}$，则 $S(x)$ 在区间 $[1,2]$ 是

$$S_1(x) = -\dfrac{1}{8}x^3 + \dfrac{3}{8}x^2 + \dfrac{7}{4}x - 1$$

同理可求 $S(x)$ 在区间 $[2,4]$、$[4,5]$ 上的表达式。由于 $S_1(x)$ 和 $S_2(x)$ 的表达式是相同的，故可将区间 $[1,2]$ 与 $[2,4]$ 合并，因此所求的三次样条插值函数 $S(x)$ 为

$$S(x) = \begin{cases} -\dfrac{1}{8}x^3 + \dfrac{3}{8}x^2 + \dfrac{7}{4}x - 1, & x \in [1,4] \\[2mm] \dfrac{3}{8}x^3 - \dfrac{45}{8}x^2 + \dfrac{103}{4}x - 33, & x \in [4,5] \end{cases} \qquad \square$$

一般地，计算三次样条插值函数的步骤如下：

(1) 根据给定的点 (x_i, y_i) ($i = 0,1,2,\cdots,n$) 及相应的边界条件计算 h_i、λ_i、μ_i 和 g_i。代入线性方程组 (7.1.40) 或 (7.1.41) 或 (7.1.43)，求出参数 M_i。具体的解线性方程组的方法可采取线性方程组的直接求解。

(2) 将求得的参数 M_i 代入式 (7.1.34)，即可获得三次样条插值函数 $S(x)$ 的分段表达式。

2. 三次样条插值函数的收敛性及其优点

由上面的介绍知道：对于边界条件 1、边界条件 2 或边界条件 3，三次样条插值函数总是存在的，且是唯一的。同时，三次样条插值函数具有较好的收敛性。

定理 7.8 若 $f(x) \in C^4[a,b]$，$S(x)$ 是 $f(x)$ 在区间 $[a,b]$ 上的三次样条函数，则
$$\left\| f^{(k)}(x) - S^{(k)}(x) \right\|_\infty \leqslant c_k h^{4-k} \left\| f^{(4)}(x) \right\|_\infty$$

其中，$h = \max\limits_{1 \leqslant i \leqslant n}\{h_i\}$；$k = 0,1,2,3$；$c_0 = \dfrac{5}{384}$；$c_1 = \dfrac{1}{24}$；$c_2 = \dfrac{1}{8}$；$c_3 = \dfrac{\beta + \beta^{-1}}{2}$，这里，$\beta = \max\limits_{1 \leqslant i \leqslant n}\{h_i\} \Big/ \min\limits_{1 \leqslant i \leqslant n}\{h_i\}$ 称为划分比。

证明略。

定理 7.8 表明：当分割的小区间长度 $h = \max\limits_{1 \leqslant i \leqslant n}\{h_i\}$ 趋于零时，只要 $f(x) \in C^4[a,b]$，就有三次样条函数 $S(x)$ 及其一至三阶导数在 $[a,b]$ 区间上一致收敛到 $f(x)$ 及其一至三阶导数，且收敛速度由快到慢分别是 $S(x)$、$S'(x)$、$S''(x)$ 和 $S'''(x)$。由此可知：在实际工程问题中，如果不知道内节点处的一阶导数值，使用三次样条函数插值可保证其总体的光滑性和良好的逼近效果。同时，由于分段三次 Hermite 插值不能保证 $H(x)$ 的二阶导数在 $[a,b]$ 区间上连续，与分段三次 Hermite 插值相比，三次样条函数插值具有更好的光滑性，且逼近的效果更好。因此，三次样条函数插值方法已成为在诸如外形设计及计算机辅助设计等众多领域中十分有效的数学工具，在实际工程中得到广泛的应用。

第二节　数据拟合的一般方法

上一节介绍了函数逼近的一种方法——函数的插值或多项式插值，其显著的特点就是要求近似函数在节点处与函数同值，即严格通过点 (x_i, y_i)（$i = 0,1,2,\cdots,n$）。事实上，在实际工程计算中，由于误差的存在，要求近似函数严格通过点 (x_i, y_i)（$i = 0,1,2,\cdots,n$）是不现实的，同时也是不科学的。这正是函数逼近的另一种方法——曲线拟合。曲线拟合不要求近似曲线过已知点，只要求它尽可能反映给定数据点的基本趋势，在某种意义（即优化规则）下与函数"逼近"。也就是说，曲线拟合能更加合理地体现数据的特点，并保留全部的测试误差，以产生更好"逼近"认识规律的效果，但需要构造一个符合某种规则的最优原则。

记通过点 (x_i, y_i) 的规律为 $y = f(x)$，即 $y_i = f(x_i)$（$i = 0,1,2,\cdots,n$）。假设"逼近"规律的近似函数为 $y = \varphi(x)$，即 $y_i^* = \varphi(x_i)$（$i = 0,1,2,\cdots,n$）。它与观测值 y_i 之差

$$\delta_i = y_i - y_i^* \quad (i = 0,1,2,\cdots,n) \tag{7.2.1}$$

称为残差。显然，残差的大小可作为衡量近似函数好坏的标准。常采用的最优规则有以下三种：

规则 1： 使残差的绝对值之和最小，即 $\min\left\{\sum\limits_i |\delta_i|\right\}$；

规则 2： 使残差的最大绝对值最小，即 $\min\left\{\max\limits_i |\delta_i|\right\}$；

规则 3：使残差的平方和最小，即 $\min\left\{\sum_i \delta_i^2\right\}$。

规则 1 的提出很自然，也合理，但由于含有绝对值的运算，在实际使用过程中会产生诸多的不便。按照规则 2 求近似函数的方法称为函数的最佳一致逼近，它具有与规则 1 相同的缺点。按照规则 3 求得近似函数的方法称为最佳平方逼近，也称为曲线拟合(或数据拟合)的最小二乘法。一方面，它的计算较之规则 1 和规则 2 较为简便；另一方面，规则 1 中函数 $\sum_i |\delta_i|$ 是向量 $(\delta_0, \delta_1, \cdots, \delta_n)$ 的 1-范数，规则 2 中函数 $\max_i |\delta_i|$ 是向量的 ∞-范数，而规则 3 中函数 $\sum_i \delta_i^2$ 是向量的 2-范数，由向量范数的理论我们知道它们是等价的，即最优解是相同的。因此，在实践中曲线拟合(或数据拟合)常用最小二乘法。

一、多项式数据拟合

数据拟合的最小二乘问题一般提法：根据给定的数据组 (x_i, y_i) $(i = 1, 2, \cdots, n)$，选取近似函数形式，即给定函数类 H，求函数 $\varphi(x, \theta) \in H$，使得

$$\sum_{i=1}^{n} \delta_i^2 = \sum_{i=1}^{n} \left[y_i - \varphi(x_i, \theta) \right]^2 \tag{7.2.2}$$

为最小。这种求近似函数的方法称为数据拟合的最小二乘法，获得的函数 $\varphi(x, \theta)$ 称为这组数据的最小二乘解。通常取 H 为一些比较简单函数的集合，如低次多项式、指数函数等。

(一) 多项式拟合

对给定的数据组 (x_i, y_i) $(i = 1, 2, \cdots, n)$，求一个 m 次多项式 $(m < n)$

$$P_m(x) = a_0 + a_1 x + \cdots + a_m x^m \tag{7.2.3}$$

使得

$$S(a_0, a_1, \cdots, a_m) = \sum_{i=1}^{n} \delta_i^2 = \sum_{i=1}^{n} \left[y_i - P_m(x_i) \right]^2$$

为最小，即选取参数 a_i $(i = 0, 1, \cdots, m)$，使得

$$S(a_0, a_1, \cdots, a_m) = \sum_{i=1}^{n} \left[y_i - P_m(x_i) \right]^2 = \min_{\phi \in H} \left\{ \sum_{i=1}^{n} \left[y_i - \phi(x_i) \right]^2 \right\}$$

其中，H 为至多 m 次多项式集合，即 $H = P_m[x]$。这就是数据的多项式拟合，$P_m(x)$ 称为这组数据的最小二乘 m 次拟合多项式。

下面介绍 m 次拟合多项式 $P_m(x)$ 求解。由多元函数取极值的必要条件可得方程组

$$\frac{\partial S}{\partial a_j} = -2\sum_{i=1}^{n}\left[y_i - \sum_{k=0}^{m}a_k x_i^k\right]x_i^j = 0 \quad (j=0,1,\cdots,m)$$

移项得

$$\sum_{k=0}^{m}a_k\left(\sum_{i=1}^{n}x_i^{j+1}\right) = \sum_{i=1}^{n}y_i x_i^j \quad (j=0,1,\cdots,m)$$

即

$$\begin{cases} na_0 + a_1\sum_{i=1}^{n}x_i + a_2\sum_{i=1}^{n}x_i^2 + \cdots + a_m\sum_{i=1}^{n}x_i^m = \sum_{i=1}^{n}y_i \\ a_0\sum_{i=1}^{n}x_i + a_1\sum_{i=1}^{n}x_i^2 + a_2\sum_{i=1}^{n}x_i^3 + \cdots + a_m\sum_{i=1}^{n}x_i^{m+1} = \sum_{i=1}^{n}y_i x_i \\ \vdots \\ a_0\sum_{i=1}^{n}x_i^m + a_1\sum_{i=1}^{n}x_i^{m+1} + a_2\sum_{i=1}^{n}x_i^{m+2} + \cdots + a_m\sum_{i=1}^{n}x_i^{2m} = \sum_{i=1}^{n}y_i x_i^m \end{cases} \quad (7.2.4)$$

这是最小二乘拟合多项式的系数 a_k ($k=0,1,\cdots,m$) 应满足的方程组,称为正则方程组或法方程组。由于这一方程组为线性方程组,因此也称此为线性最小二乘问题。由函数组 $\{1, x, x^2, \cdots, x^m\}$ 的线性无关性可证明,方程组 (7.2.3) 存在唯一解,且解所对应的多项式 (7.2.2) 一定是已给数据组 (x_i, y_i) ($i=1,2,\cdots,n$) 的最小二乘 m 次拟合多项式。

例 7.6 求如下数据表的最小二乘二次拟合多项式。

i	1	2	3	4	5	6	7	8	9
x_i	1	3	4	5	6	7	8	9	10
y_i	10	5	4	2	1	1	2	3	4

解 根据给定数据表,在坐标纸上标出 (x_i, y_i) ($i=1,2,\cdots,9$) 可看到:各点在一条抛物线附近。故选择拟合函数为二次多项式

$$P_2(x) = a_0 + a_1 x + a_2 x^2$$

在此例中,$n=9$,$m=2$。将数据代入式 (7.2.4),得此问题的正则方程组

$$\begin{cases} 9a_0 + 53a_1 + 381a_2 = 32 \\ 53a_0 + 381a_1 + 3017a_2 = 147 \\ 381a_0 + 3017a_1 + 25317a_2 = 1025 \end{cases}$$

其解为 $a_0 = 13.4597$、$a_1 = -3.6053$、$a_2 = 0.2676$。所以此数据组的最小二乘二次拟合多项式为 $P_2(x) = 13.4597 - 3.6053x + 0.2676x^2$,即 $f(x) \approx P_2(x)$。 □

（二）可化为多项式拟合类型

1. 指数拟合

如果数据点 (x_i, y_i) $(i = 1, 2, \cdots, n)$ 的分布近似指数曲线，则可考虑用指数函数

$$y = be^{ax} \tag{7.2.5}$$

去拟合数据，按最小二乘原理，a、b 的选取应使得

$$F(a,b) = \sum_{i=1}^{n} (y_i - be^{ax_i})^2$$

为最小。由此可导出的正则方程组是关于参数 a、b 的非线性方程组，称其为非线性最小二乘问题。非线性最小二乘问题的求解一般比较复杂。若对式 (7.2.5) 两端取自然对数，则有

$$Y = \ln y = ax + \ln b$$

其中，$\ln y$ 与 x 具有线性关系。因此，如果数据点 (x_i, y_i) $(i = 1, 2, \cdots, n)$ 的分布近似于指数曲线，则数据组 $(x_i, \ln y_i)$ $(i = 1, 2, \cdots, n)$ 的分布近似于一条直线，即可转化为通过多项式拟合的线性最小二乘问题来求解指数拟合的非线性最小二乘问题。其求解过程如下：

(1) 求出数据组 $(x_i, \ln y_i)$ $(i = 1, 2, \cdots, n)$ 的最小二乘拟合直线 $Y = a_0 + a_1 x$；

(2) 两边取指数即得数据组 (x_i, y_i) $(i = 1, 2, \cdots, n)$ 的最小二乘的指数拟合

$$y = e^{a_0 + a_1 x} = e^{a_0} e^{a_1 x}$$

例 7.7 已知 x 与 y 服从 $y = ae^{bx}$（a、b 为常数）的经验公式。现测得 x 与 y 的数据如下所示：

x_i	1	2	3	4	5	6	7	8
y_i	15.3	20.5	27.4	36.6	49.1	65.6	87.8	117.6

试用最小二乘法确定 a 和 b，以及 x 与 y 的近似函数关系。

解 由经验公式两边取自然对数可得 $\ln y = bx + \ln a$，作函数表：

x_i	1	2	3	4	5	6	7	8
$\ln y_i$	2.7279	3.0204	3.3105	3.6000	3.8939	4.1836	4.4751	4.7673

先求数据表的最小二乘拟合直线。将此表数据处理后代入式 (7.2.4)，得正则方程组

$$\begin{cases} 8a_0 + 36a_1 = 29.9787 \\ 36a_0 + 204a_1 = 147.1354 \end{cases}$$

其解为 $a_0 = 2.43685, a_1 = 0.29122$，即有

$$a = e^{a_0} = 11.43692, b = 0.29122 。$$

因此，x 与 y 的近似函数关系为

$$I = 11.43692e^{0.29122x} \qquad \square$$

2. 分式线性拟合

如果数据点 (x_i, y_i) $(i = 1, 2, \cdots, n)$ 的分布近似于分式线性函数 $y = \dfrac{1}{ax+b}$ 的图像，怎样求这种形式的最小二乘拟合函数？与指数拟合相类似，可先作变换

$$Y = \frac{1}{y} = ax + b$$

将问题线性化，按数据组 $(x_i, \dfrac{1}{y_i})$ $(i = 1, 2, \cdots, n)$ 求其最小二乘一次拟合多项式

$$Y = b + ax$$

然后取倒数即得数据组 (x_i, Y_i) $(i = 1, 2, \cdots, n)$ 的最小二乘拟合函数。

若取拟合函数的形式为 $y = \dfrac{x}{ax+b}$，则应先作倒数变换

$$Y = \frac{1}{y} = \frac{ax+b}{x} = a + \frac{b}{x}$$

同时令 $t = \dfrac{1}{x}$，于是 $Y = a + bt$ 为线性拟合问题，然后按数据组

$$(t_i, Y_i) = (\frac{1}{x_i}, \frac{1}{y_i}) \quad (i = 1, 2, \cdots, n)$$

求其最小二乘拟合直线 $Y = a + bt = a + \dfrac{b}{x}$，再取倒数得所求拟合函数

$$y = \frac{1}{Y} = \frac{1}{a + \dfrac{b}{x}} = \frac{x}{ax+b}$$

综上所述，求数据组的最小二乘拟合函数的步骤为：

(1) 由给定数据确定近似函数的表达类型，一般采用的方法是通过描点观察或经验估计得到；

(2) 按最小二乘的原则确定表达式中的参数，即由偏差平方和最小导出正则方程组，求解得参数。

同时也看到：一些简单的非线性最小二乘问题可通过变换转化为线性最小二乘问题来求解，如指数拟合与分式线性拟合。这种通过作变量代换，再通过最小二乘拟合函数的求解方法与直接对原数据的最小二乘的原则求得的拟合函数有本质的不同，且这样处理的好处是：一方面，可使原计算问题简化，即将非线性最小二乘问题转化为线性最小二乘问题求解；另一方面，如果采用统计软件 SAS 进行统计回归处理，可获得经验公式的可信度。

另外需要说明的是在实际问题中，由于各点的观测数据精度不同，常常引入加权平

方和作为确定参数的准则,即将式(7.2.1)转化,使得

$$\sum_{i=1}^{n} \omega_i \delta_i^2 = \sum_{i=1}^{n} \omega_i \left[y_i - \varphi(x_i, \theta) \right]^2$$

最小,其中 $\omega_i > 0$($i = 1, 2, \cdots, n$)为加权系数。特别地,若 $\omega_i = 1$($i = 1, 2, \cdots, n$),则称此为自然权系数。一般地,若无特别说明,数据的权就取自然权系数。

二、线性最小二乘法的一般形式

一般地,设给定数据组 (x_i, y_i)($i = 1, 2, \cdots, n$), $\varphi_0(x), \varphi_1(x), \cdots, \varphi_m(x)$ 为已知的一组 $[a, b]$ 上线性无关的函数组,选取近似函数为

$$\varphi(x) = a_0 \varphi_0(x) + a_1 \varphi_1(x) + \cdots + a_m \varphi_m(x) \in F(x, \theta) \tag{7.2.6}$$

使得

$$S(a_0, a_1, \cdots, a_m) = \sum_{i=1}^{n} \omega_i \delta_i^2 = \sum_{i=1}^{n} \omega_i \left[y_i - \varphi(x_i) \right]^2 = \min_{\Phi \in H} \left\{ \sum_{i=1}^{n} \omega_i \left[y_i - \Phi(x_i) \right]^2 \right\} \tag{7.2.7}$$

其中, $\omega_i > 0$($i = 1, 2, \cdots, n$)为权系数, $H = \text{span} \left\{ \varphi_0(x), \varphi_1(x), \cdots, \varphi_m(x) \right\}$,这就是线性最小二乘法的一般形式。特别地,取 $\varphi_k(x) = x^k$($k = 0, 1, \cdots, m$)就是多项式拟合。

由 $\dfrac{\partial S}{\partial a_j} = 0$ 可得 $\sum_{i=1}^{n} \omega_i \left[y_i - \varphi(x_i) \right] \varphi_j(x_i) = 0$($j = 0, 1, \cdots, m$),即正则方程组为

$$\sum_{k=0}^{m} a_k \left[\sum_{i=1}^{n} \omega_i \varphi_k(x_i) \varphi_j(x_i) \right] = \sum_{i=1}^{n} \omega_i y_i \varphi_j(x_i) \quad (j = 0, 1, \cdots, m) \tag{7.2.8}$$

若记 $(\varphi_k, \varphi_j) = \sum_{i=1}^{n} \omega_i \varphi_k(x_i) \varphi_j(x_i)$, $(y, \varphi_j) = \sum_{i=1}^{n} \omega_i y_i \varphi_j(x_i)$,正则方程组(7.2.8)矩阵形式可写成

$$\begin{pmatrix} (\varphi_0, \varphi_0) & (\varphi_0, \varphi_1) & \cdots & (\varphi_0, \varphi_m) \\ (\varphi_1, \varphi_0) & (\varphi_1, \varphi_1) & \cdots & (\varphi_1, \varphi_m) \\ \vdots & \vdots & & \vdots \\ (\varphi_m, \varphi_0) & (\varphi_m, \varphi_1) & \cdots & (\varphi_m, \varphi_m) \end{pmatrix} \begin{pmatrix} a_0 \\ a_1 \\ \vdots \\ a_m \end{pmatrix} = \begin{pmatrix} (y, \varphi_0) \\ (y, \varphi_1) \\ \vdots \\ (y, \varphi_m) \end{pmatrix} \tag{7.2.9}$$

其中,方程组(7.2.9)的系数矩阵的行列式也称为函数系 $\{\varphi_0(x), \varphi_1(x), \cdots, \varphi_m(x)\}$ 的 Gram 行列式,记为 $G(\varphi_0, \varphi_1, \cdots, \varphi_m)$。关于正则方程组(7.2.9)的解的存在性有下列结论。

定理 7.9 正则方程组(7.2.8)存在唯一解 $(a_0, a_1, \cdots, a_m)$,且相应的函数

$$\varphi(x) = \sum_{k=0}^{m} a_k \varphi_k(x)$$

满足关系式(7.2.7),即它是数据组 (x_i, y_i)($i = 1, 2, \cdots, n$)的最小二乘解。

证明 因 $\varphi_k(x)$ $(j = 0,1,\cdots,m)$ 为线性无关组,易知方程组 $(7.2.9)$ 的系数矩阵是非奇异的,从而保证了方程组 $(7.2.9)$ 的解存在且唯一。

下证定理 7.9 的后一部分。

对任意 $\Phi(x) = \sum_{k=0}^{m} c_k \varphi_k(x) \in H$,有

$$\sum_{i=1}^{n} \omega_i \left[y_i - \Phi(x_i) \right]^2 = \sum_{i=1}^{n} \omega_i \left[y_i - \varphi(x_i) + \varphi(x_i) - \Phi(x_i) \right]^2$$
$$= \sum_{i=1}^{n} \left[y - \varphi(x_i) \right]^2 + 2\sum_{i=1}^{n} \omega_i \left[y_i - \varphi(x_i) \right] \left[\varphi(x_i) - \Phi(x_i) \right]$$
$$+ \sum_{i=1}^{n} \omega_i \left[\varphi(x_i) - \Phi(x_i) \right]^2$$

由式 $(7.2.8)$ 上一行可得

$$\sum_{i=1}^{n} \omega_i \left[y - \varphi(x_i) \right] \left[\varphi(x_i) - \Phi(x_i) \right] = \sum_{i=1}^{n} \omega_i \left[y_i - \varphi(x_i) \right] \left[\sum_{k=0}^{m} (a_k - c_k) \varphi_k(x_i) \right]$$
$$= \sum_{k=0}^{m} (a_k - c_k) \left[\sum_{i=1}^{n} \omega_i (y_i - \varphi(x_i)) \varphi_k(x_i) \right] = 0$$

从而有

$$\sum_{i=1}^{n} \omega_i \left[y_i - \Phi(x_i) \right]^2 = \sum_{i=1}^{n} \omega_i \left[y_i - \varphi(x_i) \right]^2 + \sum_{i=1}^{n} \omega_i \left[\varphi(x_i) - \Phi(x_i) \right]^2$$
$$\geqslant \sum_{i=1}^{n} \omega_i \left[y_i - \varphi(x_i) \right]^2$$

即

$$\sum_{i=1}^{n} \omega_i \left[y_i - \varphi(x_i) \right]^2 = \min_{\Phi \in H} \sum_{i=1}^{n} \omega_i \left[y_i - \Phi(x_i) \right]^2$$

所以 $\varphi(x)$ 是数据组 (x_i, y_i) $(i = 1,2,\cdots,n)$ 的最小二乘解。 □

由于最小二乘法的正则方程组一般是病态的,当 m 较大时更是如此,这使得按上述过程求解时误差较大。如果适当地选取 $\varphi_k(x)$ $(k = 0,1,\cdots,m)$,使得

$$(\varphi_j, \varphi_k) = \begin{cases} \sum_{i=1}^{n} \omega_i \varphi_j^2(x_i) > 0 & (j = k) \\ 0 & (j \neq k) \end{cases} \tag{7.2.10}$$

则方程组 $(7.2.9)$ 的系数矩阵成对角阵,从而极易求解,其解为

$$a_k = \frac{(y, \varphi_k)}{(\varphi_k, \varphi_k)} = \frac{\sum_{i=1}^{n} \omega_i y_i \varphi_k(x_i)}{\sum_{i=1}^{n} \omega_i \varphi_k^2(x_i)} \quad (k = 0,1,\cdots,m) \tag{7.2.11}$$

且最小二乘解为

$$\varphi(x) = \sum_{k=0}^{m} a_k \varphi_k(x) = \sum_{k=0}^{m} \frac{(y, \varphi_k)}{(\varphi_k, \varphi_k)} \varphi_k(x) \tag{7.2.12}$$

定义 7.2　称满足条件式(7.2.10)的函数族

$$\varphi_0(x), \varphi_1(x), \cdots, \varphi_m(x)$$

为以 $\{\omega_i\}(i = 1, 2, \cdots, n)$ 为权关于点集 $\{x_1, x_2, \cdots, x_n\}$ 的正交函数族。

应用 Gram-Schmidt 正交化方法，可导出下列多项式系

$$\begin{cases} \varphi_0(x) = 1 \\ \varphi_1(x) = x - \alpha_1 \\ \varphi_k(x) = (x - a_k)\varphi_{k-1}(x) - \beta_1 \varphi_{k-2}(x) \end{cases} (k = 2, 3, \cdots, m) \tag{7.2.13}$$

是以 $\omega_i(i = 1, 2, \cdots, n)$ 为权关于点集 $\{x_1, x_2, \cdots, x_n\}$ 的正交函数族，其中

$$\begin{cases} \alpha_k = \dfrac{(x\varphi_{k-1}, \varphi_{k-1})}{(\varphi_{k-1}, \varphi_{k-1})} = \dfrac{\sum\limits_{i=1}^{n} \omega_i x_i \varphi^2_{k-1}(x_i)}{\sum\limits_{i=1}^{n} \omega_i \varphi^2_{k-1}(x_i)} & (k = 1, 2, \cdots, m) \\[4mm] \beta_k = \dfrac{(\varphi_{k-1}, \varphi_{k-1})}{(\varphi_{k-2}, \varphi_{k-2})} = \dfrac{\sum\limits_{i=1}^{n} \omega_i x_i \varphi^2_{k-1}(x_i)}{\sum\limits_{i=1}^{n} \omega_i \varphi^2_{k-2}(x_i)} & (k = 2, 3, \cdots, m) \end{cases} \tag{7.2.14}$$

于是，按照式(7.2.11)~式(7.2.14)就给出了求数据组 (x_i, y_i) 带权 $\omega_i(i = 1, 2, \cdots, n)$ 的最小二乘拟合多项式解的方法与步骤。

例 7.8　利用正交函数族求下表所给数据的最小二乘二次拟合多项式。

i	1	2	3	4	5	6	7	8	9
x_i	−1	−0.75	−0.5	−0.25	0	0.25	0.5	0.75	1
y_i	−0.2209	0.3395	0.8826	1.4392	2.0003	2.5645	3.1334	3.7601	4.2836

解　按式(7.2.13)和式(7.2.14)计算可得

$$\varphi_0(x) = 1$$

$$\alpha_1 = \frac{(x\varphi_0, \varphi_0)}{(\varphi_0, \varphi_0)} = \frac{\sum\limits_{i=1}^{9} x_i}{\sum\limits_{i=1}^{9} 1} = \frac{0}{9} = 0, \quad \varphi_1(x) = x$$

$$\alpha_2 = \frac{(x\varphi_1, \varphi_1)}{(\varphi_1, \varphi_1)} = \frac{\sum\limits_{i=1}^{9} x_i^3}{\sum\limits_{i=1}^{9} x_i^2} = 0, \quad \beta_2 = \frac{(\varphi_1, \varphi_1)}{(\varphi_0, \varphi_0)} = \frac{\sum\limits_{i=1}^{9} x_i^2}{\sum\limits_{i=1}^{9} 1} = \frac{3.75}{9} = 0.41667,$$

$$\varphi_2(x) = x^2 - 0.41667$$

由式(7.2.11)计算得

$$a_0 = \frac{(y, \varphi_0)}{(\varphi_0, \varphi_0)} = \frac{\sum\limits_{i=1}^{9} y_i}{\sum\limits_{i=1}^{9} 1} = \frac{18.1723}{9} = 2.01914$$

$$a_1 = \frac{(y, \varphi_1)}{(\varphi_1, \varphi_1)} = \frac{\sum\limits_{i=1}^{9} y_i x_i}{\sum\limits_{i=1}^{9} x_i^2} = \frac{8.4842}{3.75} = 2.2625$$

$$a_2 = \frac{(y, \varphi_2)}{(\varphi_2, \varphi_2)} = \frac{\sum\limits_{i=1}^{9} y_i(x_i^2 - 0.41667)}{\sum\limits_{i=1}^{9} (x_i^2 - 0.41667)} = \frac{0.04545}{1.2031} = 0.0378$$

将上述结果代入式(7.2.12)即得最小二乘二次拟合多项式为

$$\varphi(x) = a_0\varphi_0(x) + a_1\varphi_1(x) + a_2\varphi_2(x)$$
$$= 2.01914 + 2.2625x + 0.0378(x^2 - 0.41667)$$
$$= 2.0034 + 2.2625x + 0.0378x^2$$

进一步，有关建立在区间上多项式拟合的一般问题，这里略去。如正交多项式系、函数的最佳平方逼近等，请参阅王竹溪、郭敦仁所著的《特殊函数概论》(科学出版社，1979)和相关数值计算方法教材。

第三节 插值和数据拟合的 MATLAB 实现

一、插值的 MATLAB 实现

例 7.9 求三个一次多项式 $f(x)$、$g(x)$、$h(x)$ 之积，其中 $f(x)$、$g(x)$、$h(x)$ 的零点分别依次为 0.4、0.8、1.2。

解 可以用两种 MATLAB 程序方法：

方法 1 输入 MATLAB 程序：

```
>> X1=[0.4,0.8,1.2]; l1=poly(X1), L1=poly2sym (l1)
```

结果为

```
l1 =
```

```
1.0000   -2.4000    1.7600    -0.3840
L1 =
x^3-12/5*x^2+44/25*x-48/125
```

方法 2 输入 MATLAB 程序：

```
>> P1=poly(0.4);P2=poly(0.8);P3=poly(1.2);
>> C =conv(conv(P1,P2),P3), L1=poly2sym(C)
```

输出的结果与方法 1 相同。   □

例 7.10 求拉格朗日插值多项式和拉格朗日基函数的 MATLAB 的程序。

解 写入 M 文件，并保存为 lagran1.m：

```
function [C, L,L1,l]=lagran1(X,Y)
m=length(X); L=ones (m, m);
for k=1: m
    V=1;
    for i=1:m %求 lagrange 基函数
     if k~=i
        V=conv(V,poly(X(i)))/(X(k)-X(i));
     end
end
L1(k,:)=V;   %返回 lagrange 基函数多项式的系数
l(k,:)=poly2sym (V)   %返回 lagrange 基函数多项式符号
end
    C=Y*L1;   %返回 lagrange 插值多项式系数
L=Y*l;   %返回 lagrange 插值多项式符号。
```
                                                                         □

例 7.11 给出节点数据表如下：

i	0	1	2	3	4	5
x_i	–2.15	–1.00	0.01	1.02	2.03	3.25
y_i	17.03	7.24	1.05	2.03	17.06	23.05

作五次拉格朗日插值多项和基函数，计算在 $x=2$ 的近似值。

解 MATLAB 工作窗口输入数据，并可视化：

```
X=[-2.15 -1.00 0.01 1.02 2.03 3.25];
Y=[17.03 7.24 1.05 2.03 17.06 23.05];
[C, L ,L1,l]= lagran1(X,Y)
X1=-3:0.01:4;
Y1=polyval(C,X1);
plot(X,Y,'*',X1,Y1,'r');
legend('插值点','Lagrange函数')
```

```
grid on;
xlabel('x');ylabel('y');
```

运行后输出五次拉格朗日插值多项式 L 及其系数向量 C，基函数 l 及其系数矩阵 L_1 如下：

```
C =
-0.2169    0.0648    2.1076    3.3960    -4.5745    1.0954
L =
-0.2169*x^5+0.0648*x^4+2.1076*x^3+3.3960*x^2-4.5745*x +1.0954
L1 =
-0.0056    0.0299    -0.0323    -0.0292    0.0382    -0.0004
0.0331    -0.1377    -0.0503    0.6305    -0.4852    0.0048
-0.0693    0.2184    0.3961    -1.2116    -0.3166    1.0033
0.0687    -0.1469    -0.5398    0.6528    0.9673    -0.0097
-0.0317    0.0358    0.2530    -0.0426    -0.2257    0.0023
0.0049    0.0004    -0.0266    0.0001    0.0220    -0.0002
l =
[-0.0056*x^5+0.0299*x^4-0.0323*x^3-0.0292*x^2+0.0382*x-0.0004]
[ 0.0331*x^5-0.1377*x^4-0.0503*x^3+0.6305*x^2-0.4852*x+0.0048]
[-0.0693*x^5+0.2184*x^4+0.3961*x^3-1.2116*x^2-0.3166*x+1.0033]
[ 0.0687*x^5-0.1469*x^4-0.5398*x^3+0.6528*x^2+0.9673*x-0.0097]
[-0.0317*x^5+0.0358*x^4+0.2530*x^3-0.0426*x^2-0.2257*x+0.0023]
[ 0.0049*x^5+0.0004 *x^4-0.0266*x^3+0.0001*x^2+0.0220*x-0.0002]
```

估计其误差的公式为

$$R_5(x)=\frac{f^{(6)}(\xi)}{6!}(x+2.15)(x+1.00)(x-0.01)(x-1.02)(x-2.03)(x-3.25),\xi\in(-2.15,3.25)$$

输出图见图 7.2。　　　　　　　　　　　　　　　　　　　　　　　　　□

例 7.12　在例 7.11 中，求牛顿插值多项式和差商的 MATLAB 主程序。

解　写入 M 文件，并保存为 newploy.m：

```
function [A,C,L]=newploy(X,Y)
%输入两组插值数据
%返回差商表 A
%返回 Newton 插值多项式系数 C
%返回 Newton 插值多项式表达式 L
n=length(X);
A=zeros(n,n);
A(:,1)=Y';
```

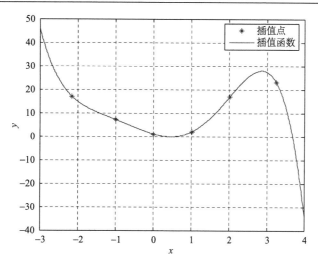

图 7.2 例 7.11 插值函数图

```
s=0.0; p=1.0; q=1.0; c1=1.0;
    for  j=2:n %计算差商
            for i=j:n
            A(i,j)=(A(i,j-1)- A(i-1,j-1))/(X(i)-X(i-j+1));
            end
            b=poly(X(j-1));q1=conv(q,b); c1=c1*j;  q=q1;
        end
 C=A(n,n); b=poly(X(n)); q1=conv(q1,b);
for k=(n-1):-1:1
C=conv(C,poly(X(k)));
d=length(C);
C(d)=C(d)+A(k,k);
end
L(k,:)=poly2sym(C);
```

运行调用程序, 得到差商表等:

```
X=[-2.15  -1.00  0.01  1.02  2.03  3.25];
Y=[17.03 7.24 1.05 2.03 17.06 23.05];
    [A,C,L]= newploy(X,Y)
 X1=-3:0.01:4;
Y1=polyval(C,X1);
plot(X,Y,'*',X1,Y1,'r');
legend('插值点','Lagrange函数')
grid on;
xlabel('x');ylabel('y');
```

运行结果：

```
A =
    17.0300         0         0         0         0         0
     7.2400   -8.5130         0         0         0         0
     1.0500   -6.1287    1.1039         0         0         0
     2.0300    0.9703    3.5144    0.7604         0         0
    17.0600   14.8812    6.8866    1.1129    0.0843         0
    23.0500    4.9098   -4.4715   -3.5056   -1.0867   -0.2169
C =
    -0.2169    0.0648    2.1076    3.3960   -4.5745    1.0954
L =
-0.2169*x^5+0.0648*x^4+2.1076*x^3+3.3960*x^2-4.5745*x+1.0954
```

可以看到，对相同的数据点，得到的 *C*、*L* 及作图结果与 Lagrange 插值多项式相同。□

例 7.13 作图 7.1 的 MATLAB 程序。

解 写入程序并运行：

```
clear;clf;
m=4:3:13;  %Runge的例子：g(x)=1/(1+x^2)
for k=1:4
    n=m(k);
    x0=linspace(-5,5,n);  %插值点x坐标
    y0=1./(1+x0.^2);  %插值点y坐标
    x=-5:0.1:5;y=1./(1+x.^2);  %原函数g(x)
     [A,C,L]= newploy(x0,y0);  %调用计算newton插值多项式函数
     y1=polyval(C,x);
    subplot(2,2,k),plot(x0,y0,'b*',x,y,'g',x,y1,'r--');
title(['n=',int2str(m(k)-1)]);
     %*为插值点，实线为g(x),虚线为对应插值函数
end
```
□

例 7.14 利用 MATLAB 自建命令 interp1 进行以下数据的不同分段低次插值与比较，离散数据见下表：

i	0	1	2	3	4	5	6	7	8	9	10
x_i	0.0	0.1	0.2	0.3	0.4	0.5	0.6	0.7	0.8	0.9	1.0
y_i	0.3	0.5	1.0	1.4	1.6	1.9	0.6	0.4	0.8	1.5	2.0

解 写入程序：

```
close;clear;x=0:0.1:1;
```

```
y=[0.3 0.5 1 1.4 1.6 1.9 0.6 0.4 0.8 1.5 2];
xi=0:0.01:1;
gi=interp1(x,y,xi,'nearest');%最近邻插值
yi=interp1(x,y,xi,'linear');%线性插值
zi=interp1(x,y,xi,'spline');%三次样条插值
wi=interp1(x,y,xi,'cubic');%三次多项式插值
subplot(2,2,1);plot(x,y,'*',xi,gi,'b');title('最近邻插值')
subplot(2,2,2);plot(x,y,'*',xi,yi,'r');title('分段线性插值')
subplot(2,2,3);plot(x,y,'*',xi,zi,'g');title('分段三次样条
插值')
subplot(2,2,4);plot(x,y,'*',xi,wi,'k');title('分段三次多项
式插值')
```

运行得到图7.3。由图7.3可以比较不同种类插值方法的优缺点。　　　□

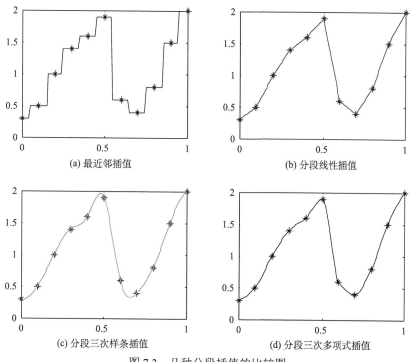

(a) 最近邻插值　　　　　　　　(b) 分段线性插值

(c) 分段三次样条插值　　　　　　(d) 分段三次多项式插值

图 7.3　几种分段插值的比较图

二、数据拟合的 MATLAB 实现

例 7.15　设有函数 $f(x)=x^4+4x^3-2x^2+x+2$，$x\in(0,5)$，下列数据由函数 $\overline{f}(x)=x^4+4x^3-2x^2+x+2+v(x)$ 产生（$x\in(0,5)$），其中 $v(x)$ 是噪声函数 $v(x)\in(-5,5)$。若取样本总数 251，噪声函数的样本值由 rand 函数随机生成。

取四次多项式作最小二乘拟合，得正则方程 $Ax = b$ ，其中 A 、 b 如下

```
A=1.0e+007 *
   0.0000    0.0001    0.0002    0.0008    0.0032
   0.0001    0.0002    0.0008    0.0032    0.0132
   0.0002    0.0008    0.0032    0.0132    0.0566
   0.0008    0.0032    0.0132    0.0566    0.2481
   0.0032    0.0132    0.0566    0.2481    1.1047
                          b= 1.0e+007 *
                                0.0060
                                0.0246
                                0.1042
                                0.4529
                                2.0034
```

利用矩阵的左除运算，得拟合多项式的系数为

$$x = (2.8754 \quad -0.5912 \quad -1.2174 \quad 3.8389 \quad 1.0124)$$

四次拟合多项式为 $LS(x) = 2.8754 - 0.5912x - 1.2174x^2 + 3.8398x^3 + 1.0124x^4$ 。

拟合数据、原四次多项式曲线及最小二乘曲线如图 7.4 所示，拟合结果的误差如图 7.5。

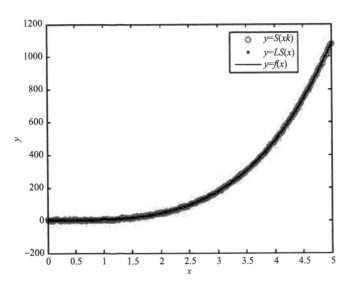

图 7.4　例 7.15 的拟合数据、原四次多项式曲线及最小二乘曲线拟合图

程序如下：
```
function LStest(n)
q=250;
```

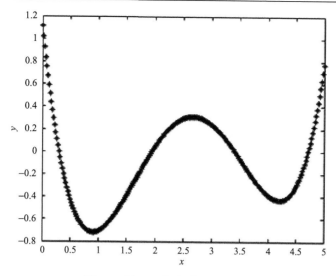

图 7.5　例 7.15 拟合结果的误差图

```
L=5;
f=inline('x^4+4*x^3-2*x^2+x+2','x');
for i=1:q+1
    x(i)=L/q*(i-1);
    y(i)=f(x(i))+10*(rand(1,1)-0.5);
    pp(i)=f(x(i));
end
r=LS(n,q,x,y); %最小二乘拟合
LSx=zeros(q+1,1);
for i=1:q+1
    for j=1:n+1
    LSx(i)=LSx(i)+r(j)*x(i)^(j-1);
    end
end
errorx=zeros(q+1,1);
for i=1:q+1
    errorx(i)=f(x(i))-LSx(i);
end
%plot(x,y,'go',x,LSx,'r.',x,pp,'k-');
%legend('y=S(xk)','y=LS(x)','y=f(x)');
%title('最小二乘曲线拟合');
plot(x,errorx,'k*');
title('最小二乘拟合的误差');
xlabel('x');
ylabel('y');
%最小二乘拟合函数
function [ r ] = LS( n,q,x,y)
```

```
A=zeros(n+1,n+1);
b=zeros(n+1,1);
for i=1:n+1
    for j=1:n+1
        if j>=i
            for m=1:q+1
            A(i,j)=A(i,j)+x(m)^(i+j-2);
            end
        end
    end
end
for i=1:n+1
    for j=1:n+1
        if j<i
            A(i,j)=A(j,i);
        end
    end
end
for i=1:n+1
  for m=1:q+1
      b(i)=b(i)+y(m)*x(m)^(i-1);
  end
end
r=A\b;                                                              □
```

第四节　案 例 分 析

一、储油罐的变位识别模型

(一)题目来源：2010 高教社杯全国大学生数学建模竞赛题 A 题

通常加油站都有若干个储存燃油的地下储油罐，并且一般都有与之配套的"油位计量管理系统"，采用流量计和油位计来测量进/出油量与罐内油位高度等数据，通过预先标定的罐容表(即罐内油位高度与储油量的对应关系)进行实时计算，以得到罐内油位高度和储油量的变化情况。

许多储油罐在使用一段时间后，由于地基变形等原因，罐体的位置会发生纵向倾斜和横向偏转等变化(以下称为变位)，从而导致罐容表发生改变。按照有关规定，需要定期对罐容表进行重新标定。图7.6是一种典型的储油罐尺寸及形状示意图，其主体为圆柱体，两端为球冠体。图7.7是其罐体纵向倾斜变位的示意图，图7.8是罐体横向偏转变位的截面示意图。

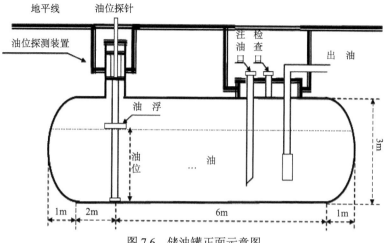

图 7.6 储油罐正面示意图

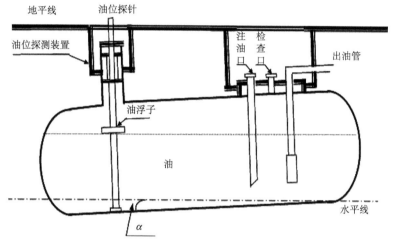

图 7.7 储油罐纵向倾斜变位后示意图

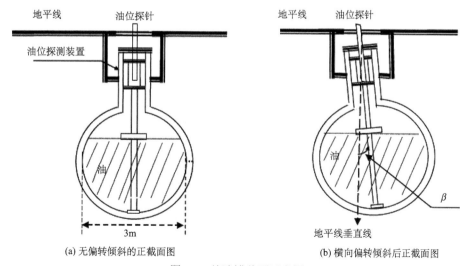

(a) 无偏转倾斜的正截面图　　　　　　(b) 横向偏转倾斜后正截面图

图 7.8 储油罐截面示意图

请用数学建模方法研究解决储油罐的变位识别与罐容表标定的问题(其中附件1和2中数据参见http://www.mcm.edu.cn/html_cn/node/d5ae730f57dea3208cae73f7635aeee8. Html或扫描左侧二维码下载，此略)。

(1)为了掌握罐体变位后对罐容表的影响，利用图7.9的小椭圆型储油罐(两端平头的椭圆柱体)，分别对罐体无变位和倾斜角为$\alpha=4.1°$的纵向变位两种情况做了实验，实验数据如附件1所示。请建立数学模型研究罐体变位后对罐容表的影响，并给出罐体变位后油位高度间隔为1cm的罐容表标定值。

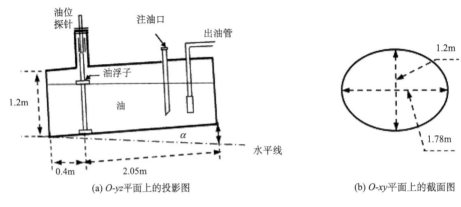

图7.9　小椭圆型储油罐形状及尺寸示意图

(2)对于图7.6的实际储油罐，试建立罐体变位后标定罐容表的数学模型，即罐内储油量与油位高度及变位参数(纵向倾斜角度α和横向偏转角度β)之间的一般关系。请利用罐体变位后在进/出油过程中的实际检测数据(附件2)，根据你们所建立的数学模型确定变位参数，并给出罐体变位后油位高度间隔为10cm的罐容表标定值。进一步利用附件2中的实际检测数据来分析检验你们模型的正确性与方法的可靠性。

(二)题 目 分 析

这一问题的关键是建立具有实际储油罐的罐内储油量与油位高度及变位参数之间的一般关系，即给出基于油位高度与变位参数的罐内储油量计算公式。进而，通过理论计算值与实验测试值构建实际储油罐的变位参数识别模型，进行罐容标定和系统分析等。本赛题的题目事实上已提供了计算罐内储油量公式的推导步骤：

(1)储油罐无变位时，推导罐内储油量关于油位高度的计算公式。

(2)储油罐有变位时，在(1)的基础上，先考虑有纵向变位时罐内储油量的计算公式，即罐内储油量关于油位高度与纵向变位的计算公式。在此基础上，引入横向变位，推导出罐内储油量关于油位高度与变位参数的计算公式。

<h2>（三）范 例</h2>

<h3>1. 卧式容器无变位时的罐容标定模型</h3>

对于中间是圆柱体、两端是球冠的卧式容器，记圆柱的底面半径为R，球冠的半径为r。记油位计所处的圆柱部分的左、右长分别为l_1和l_2，突出的球冠部分水平长度为d，容器内油面高为H。建立如图 7.10(a)所示的直角坐标系，则左、右球冠面的方程分别为

左球冠面的方程： $x^2 + y^2 + (z + d + l_1 - r)^2 = r^2$
右球冠面的方程： $x^2 + y^2 + (z - d - l_2 + r)^2 = r^2$

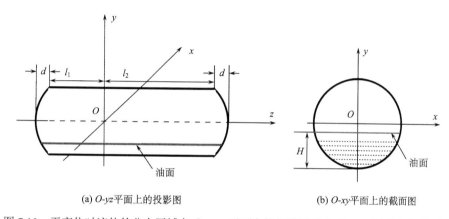

(a) O-yz平面上的投影图   (b) O-xy平面上的截面图

图 7.10 无变位时液体的分布区域在$O - yz$平面上的投影图及在$O - xy$平面上的截面图

当油面高为H时，卧式容器内液体所在区域在平面$z = -l_1 - d$上的投影如图 7.10(b)所示，则液体的罐容标定值为

$$V(H) = \int_{-R}^{H-R} \int_{-\sqrt{R^2-y^2}}^{\sqrt{R^2-y^2}} [2\sqrt{r^2 - x^2 - y^2} + 2d + l_1 + l_2 - 2r] \cdot dxdy$$

$$= R^2(2d + l_1 + l_2 - 2r)[\frac{\pi}{2} + f(-1 + H/R)]$$

$$+ 2\int_{-R}^{H-R} (r^2 - y^2) f(\sqrt{(R^2 - y^2)/(r^2 - y^2)})dy \qquad (7.4.1)$$

其中， $f(t) = \arcsin t + t\sqrt{1 - t^2}$ 。

<h3>2. 卧式容器有变位的罐容标定模型</h3>

1）纵向变位模型

在无变位的基础上，以下仅考虑倾斜角为α时对油量V的影响。如图 7.11(a)所示建立直角坐标系，则左、右球冠面的方程分别为

左球冠面的方程：$x^2 + y^2 + (z + d + l_1 - r)^2 = r^2$

右球冠面的方程：$x^2 + y^2 + (z - d - l_2 + r)^2 = r^2$

当油面高度为 H 时，卧式容器内液体的水平面（记为 π）方程为

$$y = y(z) = -R + H - z\tan\alpha \tag{7.4.2}$$

根据油面在卧式容器内不同位置，分以下三种情况讨论（如图 7.11（a）所示）。

（1）当 $0 \leqslant H \leqslant l_2\tan\alpha$ 时，在 $O-yz$ 坐标面上：油面 π 与卧式容器在平面 $z = -l_1 - d$ 的交点为 $(0, y(-l_1-d), -l_1-d)$，其中 $y(-l_1-d) = -R + H + (l_1+d)\tan\alpha$。此时液体所在区域在平面 $z = -l_1 - d$ 投影图如图 7.11（b）所示，其罐容的标定值为

$$V(H,\alpha) = \int_{-R}^{y(-l_1-d)} \int_{-\sqrt{R^2-y^2}}^{\sqrt{R^2-y^2}} \left[\frac{H-R-y}{\tan\alpha} + \sqrt{r^2-x^2-y^2} + d + l_1 - r\right]dxdy$$

$$= R^2\left(\frac{H-R}{\tan\alpha} + d + l_1 - r\right)\left[\frac{\pi}{2} + f\left(\frac{y(-l_1-d)}{R}\right)\right] + \frac{2R^3}{3\tan\alpha}\left[1 - \frac{y^2(-l_1-d)}{R^2}\right]^{3/2}$$

$$+ \int_{-R}^{y(-l_1-d)} (r^2 - y^2)f(\sqrt{(R^2-y^2)/(r^2-y^2)})dy \tag{7.4.3}$$

（2）当 $l_2\tan\alpha \leqslant H < 2R - l_1\tan\alpha$ 时，记油面 π、$O-yz$ 平面及右球冠的交点为 $P(0, y^*, z^*)$，过 P 点作平行于 $O-xz$ 的平面 π_1，于是罐容的标定值 $V(H,\alpha)$ 就被分为 π_1 平面以下的体积 V_1 和油面 π 与平面 π_1 间的体积 V_2 两部分，即

$$V(H,\alpha) = V_1 + V_2 \tag{7.4.4}$$

其中，V_1 相当于无变位时油面高度为 $h^* = y^* + R$ 所对应的液体的体积，即由公式（7.4.1）可得

$$V_1 = R^2(2d + l_1 + l_2 - 2r)[\frac{\pi}{2} + f(\frac{y^*}{R})] + 2\int_{-R}^{y^*} (r^2 - y^2)f(\sqrt{(R^2-y^2)/(r^2-y^2)})dy$$

类似于（1）的讨论可得

$$V_2 = \int_{y^*}^{y(-l_1-d)} \int_{-\sqrt{R^2-y^2}}^{\sqrt{R^2-y^2}} [(H-R-y)/\tan\alpha + \sqrt{r^2-x^2-y^2} + d + l_1 - r]dxdy$$

$$= R^2\left(\frac{H-R}{\tan\alpha} + d + l_1 - r\right)\left\{f\left[\frac{y(-l_1-d)}{R}\right] - f\left(\frac{y^*}{R}\right)\right\}$$

$$+ \frac{2R^3}{3\tan\alpha}\left\{\left[1 - \frac{y^2(-l_1-d)}{R^2}\right]^{3/2} - \left[1 - \frac{(y^*)^2}{R^2}\right]^{3/2}\right\}$$

$$+ \int_{y^*}^{y(-l_1-d)} (r^2 - y^2)f(\sqrt{(R^2-y^2)/(r^2-y^2)})dy$$

有关式中 y^* 的求法如下：由于 $P(0, y^*, z^*)$ 点是液面 π、$O-yz$ 平面及右球冠的交点，于是有

$$\begin{cases} y^* = -R + H - z^*\tan\alpha \\ (y^*)^2 + (z^* - d - l_2 + r)^2 = r^2 \end{cases}$$

易知 y^* 满足：$\tan^2\alpha(y^*)^2 + [H - R - y^* - (d + l_2 - r)\tan\alpha]^2 = \tan^2\alpha \cdot r^2$。其中 y^* 是此方程解中较小的一个。整理可得

$$y^* = \frac{[H - R - (d + l_2 - r)\tan\alpha] - |\tan\alpha|\sqrt{(1 + \tan^2\alpha)r^2 - [H - R - (d + l_2 - r)\tan\alpha]^2}}{1 + \tan^2\alpha}$$

（3）当 $2R - l_1\tan\alpha \leqslant H \leqslant 2R$ 时，类似于（1）中的方法，在 $O - yz$ 坐标面上：油面 π 与卧式容器在平面 $z = l_2 + d$ 的交点为 $(0, y(l_2 + d), l_2 + d)$，其中，

$$y(l_2 + d) = -R + H - (l_2 + d)\tan\alpha$$

此时液体容量的标定值为

$$V(H, \alpha) = V_1 - V_2 \tag{7.4.5}$$

其中，V_1 的计算是将式（7.4.3）中 H 替换为 $2R$ 可求，即

$$V_1 = V(2R) = \pi R^2 (2d + l_1 + l_2 - 2r) + 2\int_{-R}^{R} (r^2 - y^2) f(\sqrt{(R^2 - y^2)/(r^2 - y^2)})dy$$

$$V_2 = \int_{y(l_2 + d)}^{R} \int_{-\sqrt{R^2 - y^2}}^{\sqrt{R^2 - y^2}} \left[\sqrt{r^2 - x^2 - y^2} + d + l_2 - r - (H - R - y)/\tan\alpha\right]dxdy$$

$$= R^2[d + l_2 - r - (H - R)/\tan\alpha]\left[\frac{\pi}{2} - f(y(l_2 + d)/R)\right]$$

$$+ \frac{2R^3}{3\tan\alpha}\left[1 - y^2(l_2 + d)/R^2\right]^{3/2} + \int_{y(l_2 + d)}^{R} (r^2 - y^2) f(\sqrt{(R^2 - y^2)/(r^2 - y^2)})dy$$

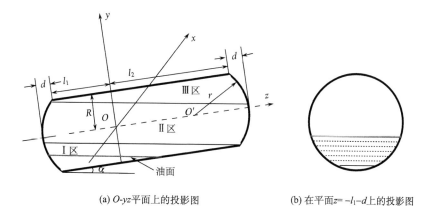

(a) $O - yz$ 平面上的投影图 (b) 在平面 $z = -l_1 - d$ 上的投影图

图 7.11 液体的分布区域在 $O - yz$ 平面上的投影图及在平面 $z = -l_1 - d$ 上的投影图

2）横向变位模型的建立

这里仅考虑横向偏转角为 β 时对模型造成的影响。图 7.12 为卧式容器具有横向偏转角 β 时在 $O - xy$ 坐标面上的截面图，油位探针测得的油高为 H，容器内的油面高为 h。当油面高于圆心的水平面时，$h - R = (H - R)\cos\beta$；当油面低于圆心的水平面时，$R - h = (R - H)\cos\beta$。因此有

$$h = R + (H - R)\cos\beta \tag{7.4.6}$$

因此横向偏转 β 角对模型造成的影响主要体现在实际计算的油面高度上。

一旦给定纵向偏转角 α、横向偏转角 β 和油面高度 H（注：油位计上的读数高度），将式（7.4.6）中实际油面高度 h 替代计算式（7.4.3）~式（7.4.5）中 H，就可得到纵向偏转角

α、横向偏转角 β 和油面高度 H 时的卧式容器的罐容的标定值 $V(H,\alpha,\beta)$。

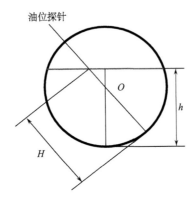

图 7.12　有横向偏转角 β 时卧式容器在 $O-xy$ 平面上的截面图

3) 纵向偏转角和横向偏转角对罐容标定值的影响分析

以下分别就只有纵向偏转角 α 和只有横向偏转角 β 时，它们对卧式容器罐容的标定值的影响进行分析。

(1) 若只有横向偏转角 β 时，即 $\alpha=0$，将公式 (7.4.6) 中 h 代替公式 (7.4.1) 中 H 就得到只有横向偏转角 β 时卧式容器内罐容的标定值：

$$V(H,\beta) = R^2(2d+l_1+l_2-2r)\left[\frac{\pi}{2}+f\left(\frac{(H-R)\cos\beta}{R}\right)\right]$$

$$+2\int_{-R}^{(H-R)\cos\beta}(r^2-y^2)f\left(\sqrt{\frac{R^2-y^2}{r^2-y^2}}\right)dy \tag{7.4.7}$$

由于当 β 很小时，

$$f\left(\frac{(H-R)\cos\beta}{R}\right) \approx f\left(\frac{H-R}{R}\right)-2\sqrt{1-(\frac{H-R}{R})^2}\frac{H-R}{R}(1-\cos\beta)$$

通过式 (7.4.1) 和式 (7.4.7) 可得

$$V(H)-V(H,\beta) = 4(H-R)\sin^2\frac{\beta}{2}\left\{(2d+l_1+l_2-2r)\sqrt{R^2-(H-R)^2}\right.$$

$$\left.+[r^2-(H-R)^2]f\left(\sqrt{\frac{R^2-(H-R)^2}{r^2-(H-R)^2}}\right)\right\} \tag{7.4.8}$$

(2) 若只有纵向偏转角 α 时，即 $\beta=0$，由式 (7.4.3)~式 (7.4.5) 可得 α 对卧式容器罐容的标定值。由于实验数据都集中在 II 区，以下仅对 $H\in[l_2\tan\alpha, 2R-l_1\tan\alpha)$ 进行讨论。由式 (7.4.1) 和式 (7.4.4) 可得

$$V(H)-V(H,\alpha) = R^2\left(d+l_2-r-\frac{H-R}{\tan\alpha}\right)\left[f\left(\frac{H-R}{R}\right)-f\left(\frac{y^*}{R}\right)\right]$$

$$+R^2\left(d+l_1-r+\frac{H-R}{\tan\alpha}\right)\left[f\left(\frac{H-R}{R}\right)-f\left(\frac{y(-l_1-d)}{R}\right)\right]$$

$$-\frac{2R^3}{3\tan\alpha}\left\{\left[1-\frac{y^2(-l_1-d)}{R^2}\right]^{3/2}-\left[1-\frac{(y^*)^2}{R^2}\right]^{3/2}\right\}$$

$$+\int_{y^*}^{H-R}(r^2-y^2)f(\sqrt{(R^2-y^2)/(r^2-y^2)})dy$$

$$+\int_{y(-l_1-d)}^{H-R}(r^2-y^2)f(\sqrt{(R^2-y^2)/(r^2-y^2)})dy \tag{7.4.9}$$

其中，$y(-l_1-d)=-R+H+(l_1+d)\tan\alpha$。当 $|\alpha|$ 很小时，有

$$y^*\approx(H-R)-\left\{[(d+l_2-r)+\text{sign}(\alpha)\sqrt{r^2-(H-R)^2}]\tan\alpha-\right.$$

$$\left.+(H-R)\left[1+\text{sign}(\alpha)\frac{d+l_2-r}{\sqrt{r^2-(H-R)^2}}\right]\tan^2\alpha\right\}$$

其中，$\text{sign}(\cdot)$ 为符号函数。

利用微积分学的基本近似公式进行计算，其中注意 $f'(t)=2\sqrt{1-t^2}$，定积分用简单的矩形近似，可从式(7.4.9)推得

$$V(H)-V(H,\alpha)\approx\sqrt{R^2-(H-R)^2}[(l_2-l_1)(l_2+l_1+2d-r)+(H-R)^2]\tan\alpha$$

$$+[r^2-(H-R)^2]\left[l_2-l_1-r+\text{sign}(\alpha)\sqrt{r^2-(H-R)^2}\right]f\left(\sqrt{\frac{R^2-(H-R)^2}{r^2-(H-R)^2}}\right)\tan\alpha \tag{7.4.10}$$

从式(7.4.8)和式(7.4.10)可以得到：纵向偏转角 α 对卧式容器内罐容的标定值影响比横向偏转角 β 要大得多，且高一个数量级。

4) 变位识别模型的建立与求解

对于变位参数（即纵向偏转角 α 和横向偏转角 β 的识别问题），将依据上述卧式容器罐容的标定值 $V(H,\alpha,\beta)$ 和试验数据 $T(H,\alpha,\beta)$ 来进行研究。记卧式容器罐容的标定值的增量为 ΔV_i，试验数据的增量为 ΔT_i，即

$$\Delta V_i=V(H_i,\alpha,\beta)-V(H_{i-1},\alpha,\beta)，\Delta T_i=T(H_i,\alpha,\beta)-T(H_{i-1},\alpha,\beta)，i=1,2,\cdots,n$$

其中，试验数据的个数为 $n+1$，即 h_i（$i=0,1,2,\cdots,n$）。标定值为增量为 ΔV_i 与试验数据增量之差的平方和为

$$S(\alpha,\beta)=\sum_{i=1}^{n}(\Delta V_i-\Delta T_i)^2$$

其中，β 具对称性，可取 $\beta\geqslant0$，而 α 取对称区间。因此确定 α 和 β 的问题就归结为求解非线性最小二乘问题：

$$\min S(\alpha,\beta)=\sum_{i=1}^{n}(\Delta V_i-\Delta T_i)^2 \tag{7.4.11}$$

对于原题给定的附件 2 的试验数据,代入已知量 $R = 15$ (dm)、$l_1 = 20$ (dm)、$l_2 = 60$(dm)、$d = 10$ (dm),容易算得 $r = 16.25$ (dm),经过 MATLAB 编程运行得可最优解是

$$\alpha^* = 2.15°, \quad \beta^* = 4.15°$$

当变位参数 $\alpha^* = 2.15°$、$\beta^* = 4.15°$ 时,将已知量 R、l_1、l_2、d 和 r 代入式(7.4.3)~式(7.4.7),经过 MATLAB 编程可计算出任一油面高为 H 时罐容的标定值 $V(H, \alpha, \beta)$。记标定值 $V(H_i, \alpha, \beta)$ 与试验值 $T(H_i, \alpha, \beta)$ 的之差为

$$\Delta V(H_i, \alpha, \beta) = V(H_i, \alpha, \beta) - T(H_i, \alpha, \beta) \ (i = 0, 1, \cdots, n) \qquad (7.4.12)$$

通过附件 2 提供的出油实验数据,可计算出相对误差 $(\Delta V_i - \Delta T_i)/\Delta T_i$ 的误差。经过 MATLAB 编程运行不难画出相对误差 $(\Delta V_i - \Delta T_i)/\Delta T_i$ 与 $H_i \ (i = 1, 2, \cdots, n)$ 的动态变化图,并且相对误差限不超过 4.75%。这说明建立的变位模型(7.4.3)~模型(7.4.7)具有很高的精确度和可靠性。同时经过 MATLAB 编程可研究所建立系统模型具有很好的稳定性。

二、CT 系统参数标定

(一)题目来源:2017 高教社杯全国大学生数学建模竞赛题 A 题

CT(computed tomography)可以在不破坏样品的情况下,利用样品对射线能量的吸收特性对生物组织和工程材料的样品进行断层成像,由此获取样品内部的结构信息。一种典型的二维 CT 系统如图 7.13 所示,平行入射的 X 射线垂直于探测器平面,每个探测器单元看成一个接收点,且等距排列。X 射线的发射器和探测器相对位置固定不变,整个发射-接收系统绕某固定的旋转中心逆时针旋转 180 次。对每一个 X 射线方向,在具有 512 个等距单元的探测器上测量经位置固定不动的二维待检测介质吸收衰减后的射线能量,并经过增益等处理后得到 180 组接收信息。

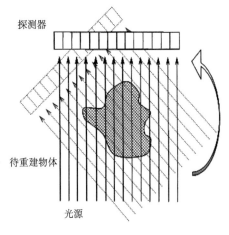

图 7.13　CT 系统示意图

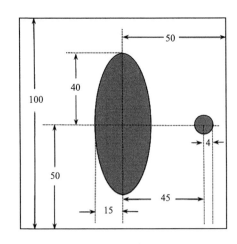

图 7.14　模板示意图(单位:mm)

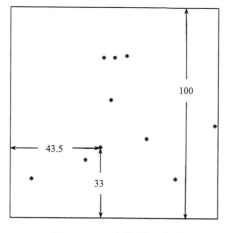

图 7.15　10 个位置示意图

　　CT 系统安装时往往存在误差，从而影响成像质量，因此需要对安装好的 CT 系统进行参数标定，即借助于已知结构的样品(称为模板)标定 CT 系统的参数，并据此对未知结构的样品进行成像。

　　请建立相应的数学模型和算法，解决以下问题：

　　(1)在正方形托盘上放置两个均匀固体介质组成的标定模板，模板的几何信息如图 7.14 所示，相应的数据文件见附件 1，其中每一点的数值反映了该点的吸收强度，这里称为"吸收率"。对应于该模板的接收信息见附件 2。请根据这一模板及其接收信息，确定 CT 系统旋转中心在正方形托盘中的位置、探测器单元之间的距离以及该 CT 系统使用的 X 射线的 180 个方向。

　　(2)附件 3 是利用上述 CT 系统得到的某未知介质的接收信息。利用(1)中得到的标定参数，确定该未知介质在正方形托盘中的位置、几何形状和吸收率等信息。另外，请具体给出图 7.15 所给的 10 个位置处的吸收率，相应的数据文件见附件 4。

　　(3)附件 5 是利用上述 CT 系统得到的另一个未知介质的接收信息。利用(1)中得到的标定参数，给出该未知介质的相关信息。另外，请具体给出图 7.15 所给的 10 个位置处的吸收率。

　　(4)分析(1)中参数标定的精度和稳定性。在此基础上自行设计新模板、建立对应的标定模型，以改进标定精度和稳定性，并说明理由。

　　所有数值结果均保留 4 位小数。其中问题中所述的附件 1~附件 5 的具体数据这里略去，详见 http://www.mcm.edu.cn/html_cn/node/460baf68ab0ed0e1e557a0c79b1c4648.html 或扫描右侧二维码下载。

(二)题 目 分 析

　　这一题目的目的是 CT 系统参数标定与及成像构建，而关键是 CT 系统参数标定。按照问题(1)~问题(4)的叙述，CT 系统参数是指三组参数，即 CT 系统旋转中心在正方形托盘中的位置、探测器单元之间的距离、CT 系统使用的 X 射线的 180 个方向以及信号的增益系数。从 4 个问题设置来看：问题(1)是整个题目的核心，即通过模板与 CT 三组参数的标定；问题(2)和问题(3)是在问题(1)的基础上应用，即通过已知 CT 系统接收的信息去重构未知介质的形状信息，包括未知介质在正方形托盘中的位置、几何形状和给定点的吸收率等信息；问题(4)是在问题(1)~问题(3)研究的基础上，自行设计新模板、建立对应的标定模型，用于改进标定精度和稳定性，即相当于对问题(1)的模型进行总结与推广。因此，本问题求解的核心是问题(1)和问题(4)中的前半部分——分析问题(1)中参数标定的精度和稳定性，以下范例也集中在这部分。

(三) 范 例

1. Radon 变换

各类 CT 断层成像的重建图像的数学方法都源于 Radon 变换。由于 CT 射线束发出的射线是平行射线束，且只考虑二维 CT 系统，在这里引用投影所需的机制 Radon 变换，以建立能量吸收函数 g 的模型，进而对 CT 系统的参数进行标定。同时，问题(2)和问题(3)也是依据 Radon 变换进行介质在托盘中二维图形重构。由于吸收率函数并不是连续的，故在此应用 Radon 变换的离散化公式形式，即

$$g(\rho_i, \theta_k) = \sum_{i=1}^{m} \sum_{k=1}^{n} f(x, y) \delta(x \cos \theta_k + y \sin \theta_k - \rho_i) \qquad (7.4.13)$$

其中，(ρ_i, θ_k) 是投影面上任意一点的坐标。在笛卡儿坐标系下，任一条直线可以由其法线形式表示成：$x \cos \theta + y \sin \theta = \rho$；$\delta$ 函数代表的含义用数学表达式表示为

$$\delta = \begin{cases} 0, & x \cos \theta_k + y \sin \theta_k - \rho_i \neq 0 \\ 1, & x \cos \theta_k + y \sin \theta_k - \rho_i = 0 \end{cases} \qquad (7.4.14)$$

可以知道，能量吸收函数 g 是一个关于吸收率 $f(x, y)$、旋转角度 θ_k、射线离中心点的距离 ρ_i、旋转中心 $P(x_0, y_0)$ 的函数模型。接下来要做的是要根据给出的吸收率，计算旋转角度和旋转中心。

想要得到吸收函数模型，不仅要考虑旋转中心、旋转角度，还要考虑吸收率等不确定因素，鉴于影响吸收函数的因素比较多，先列出特殊情况下的模型，在根据实际的需求建立一般情况下的模型。

如图 7.16，以椭圆的中心建立笛卡儿直角坐标系，在上述坐标系中假设系统的旋转中心在点 $P(x_0, y_0)$ 处，每个探测器单元之间的距离为 d。椭圆的长半轴长为 40mm，短半轴长为 15mm，小球的半径为 4mm。

探测器上接受 CT 射线通过介质吸收衰减后的射线能量，并经过增益等处理后的信息可理解为长度区间的面积分形式，如公式(7.4.15)。

$$g(x, y) = \int k \partial(x, y) ds_i \qquad (7.4.15)$$

其中，$\partial(x, y)$ 为坐标系点 (x, y) 处介质的吸收率函数，k 为系统的增益系数。

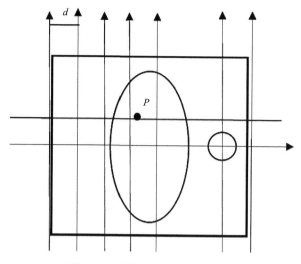

图 7.16　旋转角度为 0°时的模型

又由于测器单元之间的距离为 d 足够小，并且题中所给介质的吸收率函数为一常数 $\partial(x, y) \equiv 1$，可把积分区域近似看成是 n 个矩形域的和，则公式可化简为线积分的形式，即

$$g(x, y) = \sum_{i=1}^{n} k \cdot l_i \cdot \frac{d}{n} \qquad (7.4.16)$$

其中，l_i 为矩形域的长度。当积分区域被分得越小，矩形域面积越近似曲线积分域的面积的加和。

由于以上模型是在 CT 射线与模版间夹角为 0° 时，即旋转角度为 0° 时所建立，容易看出 CT 射线的吸收函数与积分区域的面积成正比的特性，接下来分别将区域面积和吸收率转化为一般情况下的函数。旋转 θ 后的图形如图 7.17 所示，其中的实线为经过旋转中心且垂直于 512 条射线的轴线，轴线与第 i 条射线的交点记为 $q_i(c_i, b_i)$。

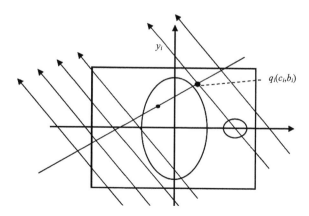

图 7.17　旋转任意角度示意图

由于每个探测器单元看成一个接收点，每个接收点对应一条射线 L_i，当射线垂直于模板及旋转角 $\theta=0°$ 时，第 i 条射线与轴线交点的横坐标为

$$c_i = x_0 + (i - 256 + \frac{1}{2})d \quad (i = 1, 2, \cdots, 512) \tag{7.4.17}$$

旋转任意的 θ_j 角时，射线的方程 (7.4.18) 为

$$\begin{cases} y_i = \tan(\theta + 90°)(x_i - c_i) + b_i \\ c_i = [(i - 256 + \frac{1}{2})d]\cos\theta_j + x_0 \\ b_i = [(i - 256 + \frac{1}{2})d]\sin\theta_j + y_0 \end{cases} \tag{7.4.18}$$

积分区域的面积可分为两块，表示为射线 L_i 与椭圆两交点的距离和乘以区间宽度，如下所示：

$$\begin{cases} y_i = \tan(\theta_j + 90°) \cdot (x_i - c_i) + b_i \\ \dfrac{x_i^2}{15^2} + \dfrac{y_i^2}{40^2} = 1 \end{cases} \tag{7.4.19}$$

由方程组 (7.4.19) 可以得到一组解 x_{1i} 和 x_{2i}。同理，射线 L_i 与小圆两交点的距离和乘以区间宽度，如下所示：

$$\begin{cases} y_i = \tan(\theta_j + 90°) \cdot (x_i - c_i) + b_i \\ (x_i - 45)^2 + y_i^2 = 16 \end{cases} \tag{7.4.20}$$

由方程组 (7.4.20) 可以得到另一组解 x_{3i} 和 x_{4i}，则射线在模板中穿过的长度为

$$l_i = \frac{|x_{1i} - x_{2i}| + |x_{3i} - x_{4i}|}{\cos\theta_j}$$

2. 优化模型的建立

由于方程组 (7.4.19) 和方程组 (7.4.20) 可化成一元二次方程组，实际计算中积分的面积仅用 3 个矩形的面积和来表示 $n = 3$，根据求根公式可简化计算，将所求结果带入原模型，得到吸收函数的最终模型：

$$g(\theta_j, x_i, y_i) = \sum_{p=1}^{3} k \cdot \frac{d}{3} \cdot \left(\left| \frac{\sqrt{\Delta_{1ip}}}{a_{1ip}} \right| + \left| \frac{\sqrt{\Delta_{2ip}}}{a_{2ip}} \right| \right) / \cos\theta_j \tag{7.4.21}$$

基于以上得到的 CT 参数模型，应用 MATLAB 编程求解，可以得到每个 θ_j 所对应的投影列向量，并根据得到的结果寻找与所给数据的偏差最小平方和对应的 θ_j，用其标定对应的数据，使其成为最优 θ 值。故根据式 (7.4.20) 对 $z = \sum_{i=1}^{512} \left(g(\theta_j, x_i, y_i) - g'(\theta_j, x_0, y_0) \right)^2$ 进行优化处理得到：

$$\min z = \sum_{i=1}^{512}\left(k \cdot \frac{d}{3}\sum_{p=1}^{3}\left(\left|\frac{\sqrt{\Delta_{1ip}}}{a_{1ip}}\right| + \left|\frac{\sqrt{\Delta_{2ip}}}{a_{2ip}}\right|\right)\bigg/\cos\theta_j - g'\left(\theta_j, x_0, y_0\right)\right)^2 \tag{7.4.22}$$

其中，k、d 为固定常数，$g\left(\theta_j, x_i, y_i\right)$ 为试验值，$g'\left(\theta_j, x_0, y_0\right)$ 为计算值。k 取平均值，有

$$k = \frac{\displaystyle\sum_{j=1}^{180}\frac{\displaystyle\sum_{i=1}^{512}g'\left(\theta_j, x_0, y_0\right)}{\displaystyle\sum_{i=1}^{512}\sum_{p=1}^{3}k \cdot \frac{d}{3}\left(\left|\frac{\sqrt{\Delta_{1ip}}}{a_{1ip}}\right| + \left|\frac{\sqrt{\Delta_{2ip}}}{a_{2ip}}\right|\right)\bigg/\cos\theta_j}}{180} \tag{7.4.23}$$

先求出模型的增益系数和探测器单元之间的距离，则模型可化简仅为关于旋转中心、旋转角度的模型 (7.4.22)。由以上优化后的模型 (7.4.22) 可以看出，CT 最终成像的吸收率函数只受旋转中心和 180 个旋转角度的影响。

3. 实验结果与分析

对附件 2 中数据进行灰度化处理得到图 7.18，由于射线经过长轴和短轴时吸收衰减值的变化最小，故具有较强的稳定性。因此，根据几何方法，利用 MATLAB 找到经过长轴和短轴时在探测器平面上的吸收衰减值，并除以相应经过的长度（分别为 0.2768 和 0.2769mm），计算求平均值为 0.27685mm，保留四位小数为 0.2768mm，即探测器单元之间的距离为 0.2768mm。

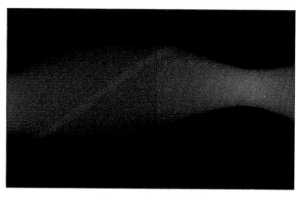

图 7.18　灰度处理图

根据优化模型 (7.4.22) 并通过全局搜索，找到使目标函数达到最小时对应的旋转中心值和旋转角度值，就可得到该 CT 系统的标定参数。具体步骤如下：在优化模型 (7.4.22) 和 180 组数据的基础上，使它们的残差平方和达到最小，从而获取 180 个旋转中心和 180 组对应的旋转角度。其中 180 个旋转角度的第一个是 29.6469°，中间出现角度差（相邻两个角度之差）最大为 1.3675°、最小为 0.5484°，最后一个旋转角为 208.6064°。从旋转角度可以看出：179 次旋转后一共旋转了 178.9595°，探测器的位置大多是在前一个位置的基础上逆时针旋转 1°，很好地说明了最终角度减去初始角度约为 179°。

在获取的 180 个旋转中心数据的基础上，采用以下两种处理方法可确定最优的旋转中心：第一种方法取 180 个旋转中心的形心作为最优的旋转中心的近似，其坐标为 $(-9.2602, 6.2706)$，相应的平方和残差为 895.6465；第二种方法是根据临近中心原则，取 180 个旋转中心中邻近形心的一个作为最优的旋转中心的近似，其结果为 $(-9.2605, 6.2731)$，相应的平方和残差为 887.1625。比较两者的平方和残差，从而确定最优的旋转中心为 $(-9.2605, 6.2731)$。

进一步，由式 (7.4.23) 计算可得增益值 (即信号的放大倍数) 为 $k = 1.7725$。

记角度 θ_j 对应的试验值为 $g(\theta_j, x_0, y_0)$，简记 g_j；理论计算得到的数据 $g'(\theta_j, x_0, y_0)$，简记 g'_j $(j = 1, 2, \cdots, 512)$。引入相对误差 $e_r(g'_j) = (g'_j - g_j)/g'_j$。当 $\theta_j = 29.6469°$ 时相对误差 $e_r(g'_j)$ 见图 7.19，其中横坐标 "0" 对应的是旋转中心在探测器上的投影位置；纵轴的单位为%。

从图 7.19 中可以观察到大部分点的误差接近 0，且有相对误差限在 1.3% 以内，此表明方法的精度较高。再对附件 2 中 180 个角度下的 512 组数据的平均误差分析，得到图 7.20 (纵轴的单位为%)，误差大致呈现出正弦函数波动，从图 7.20 中还能看出在横坐标为 256 附近位置处误差为 0。在远离中心的较小附近区域内误差呈现逐渐变大的趋势，最左端和最右端由于存在射线未照到实物的情况，射线吸收值无变化，所以误差始终为 0。

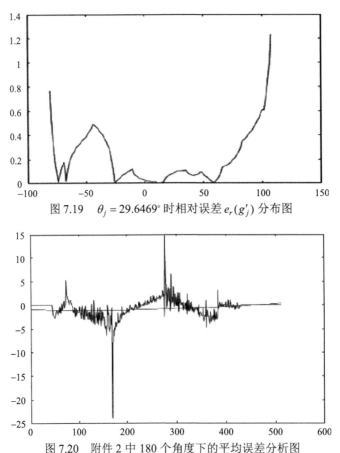

图 7.19 $\theta_j = 29.6469°$ 时相对误差 $e_r(g'_j)$ 分布图

图 7.20 附件 2 中 180 个角度下的平均误差分析图

由以上分析能够知道：越是靠近旋转中心的数据误差越小，在远离中心的较小附近区域内数据误差变大。综合以上结论，CT 系统的旋转中心选择在正方形的几何中心可以达到最小误差。

（四）结　　论

随着 CT 技术在医学、工程检测等领域应用得越来越广泛、起着的作用越来越重要，CT 系统也成为当前热门研究对象。由于 CT 系统的参数标定对其成像的效果影响很大，故选取合适的参数会对 CT 成像起到关键作用。在确定合适的参数，建立有效的优化模型过程中，选取 CT 系统旋转中心和旋转角度为主要参数，通过 Radon 变换和搜索算法建立优化模型，并用 MATLAB 编程求解，得到旋转中心位置、180 个旋转角度、增益值以及探测器单元之间的距离，从而成功建立了 CT 系统关于旋转中心和旋转角度的参数优化模型。从参数结果的误差分析可以知道，越远离旋转中心出现的误差越大，成像的效果越不好。故选取托盘的几何中心为旋转中心，同时介质在托盘上的位置与成像效果密切相关。通过建立模型进行求解与解释研究有利于对 CT 原理的充分认知。该方法具有较高的实用性，且易于推广与应用。

习　题　7

1. 已知 $y = f(x)$ 的函数表如下：

x	1	2	3
y	1	-1	2

试求 $f(x)$ 的 Lagrange 抛物插值多项式，并计算 $f(1.5)$ 的近似值。

2. 已知函数表如下：

x	...	10	11	12	13	...
$y = \ln x$	...	2.3026	2.3979	2.4849	2.5649	...

试分别用线性插值、抛物插值和三次插值计算 ln11.85 的近似值，并估计相应的截断误差。

3. 已知函数表如下：

x	0	1	3	4	6
$y = f(x)$	0	-7	5	8	14

试分别用二次、三次和四次 Newton 插值多项式计算 $f(3.2)$ 的近似值，并估计相应的截断误差。

4. 对于给定的函数表如下：

x	0.0	0.1	0.2	0.3	0.4	0.5	0.6
$y = \cos x$	1.00000	0.99500	0.98007	0.95534	0.92106	0.87758	0.82534

(1)试分别构造向前差分和向后差分表;

(2)试分别用二次、三次和四次 Newton 向前插值多项式计算 $\cos 0.048$ 的近似值,并估计相应的截断误差;

(3)试分别用二次、三次和四次 Newton 向后插值多项式计算 $\cos 0.575$ 的近似值,并估计相应的截断误差。

5. 设 $x_0, x_1, \cdots, x_n$ 为 $n+1$ 个互异的节点,$h_i(x)$ 和 $H_i(x)$（$i = 0, 1, \cdots, n$）为这些节点的 Hermite 插值基函数。试证明:

(1) $\sum_{i=0}^{n+1} h_i(x) \equiv 1$;

(2) $\sum_{i=0}^{n+1} [x_i h_i(x) + H_i(x)] \equiv x$。

6. 已知函数表如下:

x	0	1	3
y	0	1	1
y'	0	1	2

试分别用 Hermite 插值基函数和 Newton 插值公式求满足条件的插值多项式,并计算在 $x = 2.6$ 的函数近似值,估计相应的误差。

7. 求不超过 4 次的多项式 $p(x)$,使其满足插值条件如下:

x	0	1	2
$p(x)$	0	2	1
$p'(x)$		0	−1

8. 已知函数表如下:

x	0	1	3	4
$y = f(x)$	0	1	81	196
$y' = f'(x)$	0	4	108	196

试求其分段 Hermite 插值多项式 $H(x)$,并估计相应的截断误差。

9. 设 $S(x)$ 是区间 $[0,2]$ 上的分段三次样条函数,且

$$S(x) = \begin{cases} x^3 + x^2, & x \in [0,1] \\ 2x^3 + ax^2 + bx + c, & x \in [1,2] \end{cases}$$

试求常数 a、b 和 c。

10. 对于给定的插值条件:

x	0	1	2	3
y	0	0	0	0

试在区间 $[0,3]$ 上分别求满足下列边界条件的三次样条函数:

(1) $S'(0) = 1$，$S'(3) = 2$；

(2)自然边界条件：$S''(0) = S''(3) = 0$

11. 已知 $f(x) = \sin(4x)$ 是以 $\pi/2$ 为周期的函数，将区间 $[0, \pi/2]$ 分成 4 等份。求函数 $f(x)$ 在 $[0, \pi/2]$ 上的三次样条函数 $S(x)$，并估计 $S(x)$ 及其一至三阶导数在 $[0, \pi/2]$ 区间上逼近 $f(x)$ 及其一至三阶导数的截断误差。

12. 给定函数表如下：

x	0.1	0.2	0.3	0.4	0.5	0.6	0.7	0.8	0.9
y	5.1234	5.3057	5.5680	5.9378	6.4370	7.0978	7.9493	9.0253	10.3627

试求二次最小二乘拟合多项式。

13. 某化工厂在某种技术革新中需要醋酸热容 c_p 和绝对温度 T (K) 的关系，已知 5 组试验数据结果如下：

T	293	313	343	363	383
c_p	28.98	30.20	32.90	35.90	38.30

试求：

(1)通过描点方法确定醋酸热容 c_p 与绝对温度 T 的多项式逼近的经验公式的类型；

(2)利用最小二乘法计算这一经验公式。

14. 给定函数表如下：

x	0	1	2	3	4
y	2.00	2.05	3.00	9.60	34.00

已知其经验公式为 $y = a + bx^2$。试采用最小二乘拟合方法确定常数 a 和 b。

15. 利用最小二乘拟合方法求一形如 $y = a + bx^3$（a、b 为常数）的经验公式，其中数据表如下：

x	−3	−2	−1	0	1	2	3
y	−28.49	−8.99	−1.51	0.001	1.47	9.02	28.42

16. 在某科学实验中，需要观察水份的渗透速度，测得时间 t（单位：s）与水的重量 w（单位：g）的对应数据表如下表所示：

t	1	2	4	8	16	32	64
w	4.22	4.02	3.85	3.59	3.44	3.02	2.59

已知 t 与 w 有关系式 $w = ct^\lambda$，试采用最小二乘拟合方法确定常数 c 和 λ。

17. 已知数据对 (x_i, y_i)（$i = 0, 1, 2, \cdots, m$），及拟合这批数据的非线性数学模型为

$$y = y(x) = c_0 e^{-c_1 x}$$

其中，c_0 和 c_1 为常数。试求解下列问题：

(1)如何将非线性模型线性化？

(2)写出线性化模型中待定系数的法方程，并求解此法方程。

(3)写出非线性拟合函数。

18. 证明函数系 $\{\varphi_0(x), \varphi_1(x), \cdots, \varphi_n(x)\}$ 线性无关的充要条件是 Gram 行列式

$$G(\varphi_0, \varphi_1, \cdots, \varphi_m) \neq 0$$

19. 利用正交函数簇求下列函数的最小二乘三次拟合多项式，其中 $x_k = 0.25k$ ， $w_k \equiv 1$ ，$k = 0, 1, 2, 3, 4$ 。

（1） $f(x) = \sin(2\pi x)$ ；

（2） $f(x) = \ln(1 + x^2)$ ；

（3） $f(x) = e^{-x^2}$ 。

第八章　综合评价和决策方法

评价是人类社会中一项经常性的、极重要的认识活动，是决策中的基础性工作。综合评价大体上可以分为两类，其主要区别在确定权重的方法上。一类是主观赋权法，多数采取综合咨询评分确定权重，如综合指数法、模糊综合评价法、层次分析法等。另一类是客观赋权法，根据指标间的相关关系或各指标值变异程度来确定权重，如TOPSIS法、RSR法、主成分分析法、因子分析法等。目前国内外主要使用的综合评价方法有主成分分析法、因子分析法、TOPSIS法、秩和比法、灰色关联法、熵权法、层次分析法、模糊综合评判法、物元分析法、聚类分析法、价值工程法、神经网络法等。这些方法各具特色，各有利弊，由于受多方面因素影响，怎样使评价法更为准确和科学是人们不断研究的课题。

第一节　综合评价基本知识

一、综合评价特点

(一)综合评价基本思想

综合评价的基本思想是将多个指标转化为一个能够反映综合情况的指标来进行评价。将评价对象的全体，根据所给的条件采用一定的方法，给每个评价对象赋予一个评价值，再据此择优或排序。综合评价的目的通常是希望能对若干对象按一定意义进行排序从中挑出最优或最劣对象。

综合评价过程是借助一些特殊方法根据不同指标的重要性进行加权处理，评价结果不再是具有具体含义的统计指标，而是以指数或分值表示参评单位"综合状况"的排序。

(二)综合评价的要素

综合评价的要素包括评价目的、评价者、被评价对象、评价指标、权重系数、综合评价模型和评价结果。

(三)综合评价的一般步骤

(1)根据评价目的选择代表性、区别性强，且可测的评价指标，筛选评价指标主要依据专业知识，即根据有关的专业理论和实践，挑选具有区别能力强又互相独立的指标组成评价指标体系；

(2)根据评价目的,确定评价指标在对某事物评价中的相对重要性,或各指标的权重；

(3)合理确定各单个指标的评价等级及其界限；

(4)根据评价目的,数据特征,选择适当的综合评价方法,并根据已掌握的历史资料,建立综合评价模型；

(5)确定多指标综合评价的等级数量界限,在对同类事物综合评价的应用实践中,对选用的评价模型进行考察。

二、指标体系中指标的选择原则

(1)完整性原则：评价指标应能全面反映系统的各个研究侧面。

(2)可操作性原则：指标体系选择应尽量简单明了、准确可靠,尽量利用现存数据和已有规范标准,评价指标应该是在相对有限的时间和空间上容易获取的指标。

(3)重要性原则：指标应反映研究目的、现状及变化特征的主要指标。

(4)独立性原则：指标体系包含相对独立的子系统,用以反映子系统内部特征与状态的指标；同时,子系统内部各指标相互作用表现为子系统的状态和特征,因此,指标体系中应包含反映不同子系统之间以及同一子系统内部不同主题之间相互协调的指标。

(5)评价性原则：指标均应为量化指标,并可用于不同系统之间的比较评价。

(6)方向性原则：在对备选方案进行综合评价之前,要注意评价指标类型的一致化处理。指标处理中要保持同趋势化,以保证指标间的可比性,且对评价指标属性值进行无量纲化、归一化处理。

三、综合评价法的比较

主观赋权法是用来将决策者定性的认识和判断进行定量化的一类方法。评价研究者(一般为专家)根据自己的经验和对实际的判断主观给出的评价指标的权重系数,若认为某一指标越重要,则赋予它越大的权重系数。比较成熟的几个方法有德尔菲法、层次分析法、序关系分析法、直接赋权法等。客观赋权法权数的确定完全从评价对象的各指标的实际数据中得出,其核心思想是,以"分辨信息"来衡量指标的"重要性程度",若评价指标在各评价对象之间所表现出来的差异程度越大,则说明该指标中的"分辨信息"越多,从而赋予较大的权重。客观赋权法有熵值法、变异系数法、离差法、方差法、均方差法等。

第二节 模糊综合评价法

一、模糊综合评价法的原理与数学模型

模糊综合评价法是一种基于模糊数学的综合评标方法。该综合评价法根据模糊数学

中的隶属度理论把定性评价转化为定量评价，具有结果清晰，系统性强的特点，能较好地解决模糊的、难以量化的问题，适合各种非确定性问题的解决。

(一)模糊综合评判数学模型

设 $U = \{u_1, u_2, \cdots, u_m\}$ 为评价因素集，$V = \{v_1, v_2, \cdots, v_n\}$ 为危险性等级集。评价因素论域和危险性等级论域之间的模糊关系用矩阵 R 来表示：

$$R = \begin{pmatrix} r_{11} & r_{12} & \cdots & r_{1n} \\ r_{21} & r_{22} & \cdots & r_{2n} \\ \vdots & \vdots & & \vdots \\ r_{m1} & r_{m2} & \cdots & r_{mn} \end{pmatrix} \tag{8.2.1}$$

其中，$r_{ij} = \eta(u_i, v_j)(0 \leqslant r_{ij} \leqslant 1)$，表示就因素 u_i 而言被评为 v_j 的隶属度；矩阵中第 i 行 $R_i = (r_{i1}, r_{i2}, \cdots, r_{in})$ 为第 i 个评价因素 u_i 的单因素评判，它是 V 上的模糊子集。

(二)隶属度的确定

隶属函数的确定可经过模糊运算"并、交、余"求得，判断隶属函数是否符合实际，是否正确地反映了元素隶属集合到不属于集合这一变化过程的整体特性，而不在于单个元素的隶属数值如何。确定隶属函数的一般方法有模糊统计法、三分法、模糊分布等。

(三)权重的确定

确定各评价因素在评价中所起作用的大小或重要程度(权重)有专家直接经验法、调查统计法、边坡敏感度方法、数理统计法、层次分析法等。

(四)模糊综合评判

在实际运用模糊综合评判的过程中，将总目标分划为几个子目标，对每个子目标进行模糊综合评判，然后对总目标进行模糊综合评判。

二、模糊综合评价法的应用案例

例 8.1 运用现代物流学原理，进行物流中心选址。

解 在物流规划过程中，物流中心选址要考虑许多因素。根据因素特点划分层次模块，各因素又可由下一级因素构成，因素集分为三级，三级模糊评判的数学模型如表8.1所示。

表 8.1　物流中心选址的三级模型

一级指标	二级指标		三级指标	
自然环境 u_1　(0.1)	气象条件 u_{11}　(0.25)			
	地质条件 u_{12}　(0.25)			
	水文条件 u_{13}　(0.25)			
	地形条件 u_{14}　(0.25)			
交通运输 u_2　(0.2)				
经营环境 u_3　(0.3)				
候选地 u_4　(0.2)	面积 u_{41}　(0.1)			
	形状 u_{42}　(0.1)			
	周边干线 u_{43}　(0.4)			
	地价 u_{44}　(0.4)			
公共设施 u_5　(0.2)	三供 u_{51}　(0.4)		供水 u_{511}　(1/3)	
			供电 u_{512}　(1/3)	
			供气 u_{513}　(1/3)	
	废物处理 u_{52}　(0.3)		排水 u_{521}　(0.5)	
			固体废物处理 u_{522}　(0.5)	
	通信 u_{53}　(0.2)			
	道路设施 u_{54}　(0.1)			

因素集 U 分为三层：

第一层为 $U = \{u_1, u_2, u_3, u_4, u_5\}$

第二层为 $u_1 = \{u_{11}, u_{12}, u_{13}, u_{14}\}$；$u_4 = \{u_{41}, u_{42}, u_{43}, u_{44}\}$；$u_5 = \{u_{51}, u_{52}, u_{53}, u_{54}\}$

第三层为 $u_{51} = \{u_{511}, u_{512}, u_{513}\}$；$u_{52} = \{u_{521}, u_{522}\}$

假设某区域有 8 个候选地址，决断集 $V = \{A, B, C, D, E, F, G, H\}$ 代表 8 个不同的候选地址，数据进行处理后得到诸因素的模糊综合评判如表 8.2 所示。

表 8.2　某区域的模糊综合评判

因　素	A	B	C	D	E	F	G	H
气象条件	0.91	0.85	0.87	0.98	0.79	0.60	0.60	0.95
地质条件	0.93	0.81	0.93	0.87	0.61	0.61	0.95	0.87
水文条件	0.88	0.82	0.94	0.88	0.64	0.61	0.95	0.91
地形条件	0.90	0.83	0.94	0.89	0.63	0.71	0.95	0.91
交通运输	0.95	0.90	0.90	0.94	0.60	0.91	0.95	0.94
经营环境	0.90	0.90	0.87	0.95	0.87	0.65	0.74	0.61
候选地面积	0.60	0.95	0.60	0.95	0.95	0.95	0.95	0.95
候选地形状	0.60	0.69	0.92	0.92	0.87	0.74	0.89	0.95
候选地周边干线	0.95	0.69	0.93	0.85	0.60	0.60	0.94	0.78
候选地地价	0.75	0.60	0.80	0.93	0.84	0.84	0.60	0.80

因　　素	A	B	C	D	E	F	G	H
供水	0.60	0.71	0.77	0.60	0.82	0.95	0.65	0.76
供电	0.60	0.71	0.70	0.60	0.80	0.95	0.65	0.76
供气	0.91	0.90	0.93	0.91	0.95	0.93	0.81	0.89
排水	0.92	0.90	0.93	0.91	0.95	0.93	0.81	0.89
固体废物处理	0.87	0.87	0.64	0.71	0.95	0.61	0.74	0.65
通信	0.81	0.94	0.89	0.60	0.65	0.95	0.95	0.89
道路设施	0.90	0.60	0.92	0.60	0.60	0.84	0.65	0.81

1. 分层作综合评判

$u_{51}=\{u_{511},u_{512},u_{513}\}$，权重 $A_{51}=\{1/3,1/3,1/3\}$，由表 8.1 对 u_{511},u_{512},u_{513} 的模糊评判构成的单因素评判矩阵：

$$R_{51}=\begin{pmatrix} 0.60 & 0.71 & 0.77 & 0.60 & 0.82 & 0.95 & 0.65 & 0.76 \\ 0.60 & 0.71 & 0.70 & 0.60 & 0.80 & 0.95 & 0.65 & 0.76 \\ 0.91 & 0.90 & 0.93 & 0.91 & 0.95 & 0.93 & 0.81 & 0.89 \end{pmatrix}$$

用模型 $M(\bullet,+)$（矩阵运算）计算得

$$B_{51}=A_{51}\bullet R_{51}=(0.703,0.773,0.8,0.703,0.857,0.943,0.703,0.803)$$

类似地，

$$B_{52}=A_{52}\bullet R_{52}=(0.895,0.885,0.785,0.81,0.95,0.77,0.775,0.77)$$

$$B_5=A_5\bullet R_5=(0.4\quad 0.3\quad 0.2\quad 0.1)\bullet\begin{pmatrix} 0.703 & 0.773 & 0.8 & 0.703 & 0.857 & 0.943 & 0.703 & 0.803 \\ 0.895 & 0.885 & 0.785 & 0.81 & 0.95 & 0.77 & 0.775 & 0.77 \\ 0.81 & 0.94 & 0.89 & 0.60 & 0.65 & 0.95 & 0.95 & 0.89 \\ 0.90 & 0.60 & 0.92 & 0.60 & 0.60 & 0.84 & 0.65 & 0.81 \end{pmatrix}$$

$$=(0.802,0.823,0.826,0.704,0.818,0.882,0.769,0.811)$$

$$B_4=A_4\bullet R_4=(0.1\quad 0.1\quad 0.4\quad 0.4)\bullet\begin{pmatrix} 0.60 & 0.95 & 0.60 & 0.95 & 0.95 & 0.95 & 0.95 & 0.95 \\ 0.60 & 0.69 & 0.92 & 0.92 & 0.87 & 0.74 & 0.89 & 0.95 \\ 0.95 & 0.69 & 0.93 & 0.85 & 0.60 & 0.60 & 0.94 & 0.78 \\ 0.75 & 0.60 & 0.80 & 0.93 & 0.84 & 0.84 & 0.60 & 0.80 \end{pmatrix}$$

$$=(0.8,0.68,0.844,0.899,0.758,0.745,0.8,0.822)$$

$$B_1=A_1\bullet R_1=(0.25\quad 0.25\quad 0.25\quad 0.25)\bullet\begin{pmatrix} 0.91 & 0.85 & 0.87 & 0.98 & 0.79 & 0.60 & 0.60 & 0.95 \\ 0.93 & 0.81 & 0.93 & 0.87 & 0.61 & 0.61 & 0.95 & 0.87 \\ 0.88 & 0.82 & 0.94 & 0.88 & 0.64 & 0.61 & 0.95 & 0.91 \\ 0.90 & 0.83 & 0.94 & 0.89 & 0.63 & 0.71 & 0.95 & 0.91 \end{pmatrix}$$

$$=(0.905,0.828,0.92,0.905,0.668,0.633,0.863,0.91)$$

2. 高层次的综合评判

$U = \{u_1, u_2, u_3, u_4, u_5\}$，权重 $A = \{0.1, 0.2, 0.3, 0.2, 0.2\}$，则综合评判

$$B = A \cdot R = A \cdot \begin{pmatrix} B_1 \\ B_2 \\ B_3 \\ B_4 \\ B_5 \end{pmatrix}$$

$$= (0.1 \quad 0.2 \quad 0.3 \quad 0.2 \quad 0.2) \cdot \begin{pmatrix} 0.905 & 0.828 & 0.92 & 0.905 & 0.668 & 0.633 & 0.863 & 0.91 \\ 0.95 & 0.90 & 0.9 & 0.94 & 0.60 & 0.91 & 0.95 & 0.94 \\ 0.90 & 0.90 & 0.87 & 0.95 & 0.87 & 0.65 & 0.74 & 0.61 \\ 0.8 & 0.68 & 0.844 & 0.899 & 0.758 & 0.745 & 0.8 & 0.822 \\ 0.802 & 0.823 & 0.826 & 0.704 & 0.818 & 0.882 & 0.769 & 0.811 \end{pmatrix}$$

$$= (0.871, 0.833, 0.867, 0.884, 0.763, 0.766, 0.812, 0.789)$$

　　由此可知，8 块候选地的综合评判结果的排序为：D, A, C, B, G, H, F, E，选出较高估计值的地点作为物流中心。　　　　　　　　　　　　　　　　　　　　　　　　□

第三节　层次分析法

一、层次分析法

　　层次分析法(analytical hierarchy process, AHP)是美国匹兹堡大学教授撒泰(A. L. Saaty)于 20 世纪 70 年代提出的一种系统分析方法。它综合定性与定量分析，模拟人的决策思维过程，来对多因素复杂系统，特别是难以定量描述的社会系统进行分析。目前，AHP 是分析多目标、多准则的复杂公共管理问题的有力工具。它具有思路清晰、方法简便、适用面广、系统性强等特点，便于普及推广，可成为人们工作和生活中思考问题、解决问题的一种重要方法。

二、层次分析法的基本原理、步骤、计算方法及其应用

(一)层次分析的基本原理

　　为说明 AHP 的基本原理，首先，假定 $W_1, W_2, \cdots, W_n$ 表示 n 个重量且总和为 1，即 $\sum_{i=1}^{n} W_i = 1$。将其两两比较，得到相对重量关系的比较矩阵：

$$\begin{pmatrix} \dfrac{W_1}{W_1} & \dfrac{W_1}{W_2} & \cdots & \dfrac{W_1}{W_n} \\ \dfrac{W_2}{W_1} & \dfrac{W_2}{W_2} & \cdots & \dfrac{W_2}{W_n} \\ \vdots & \vdots & & \vdots \\ \dfrac{W_n}{W_1} & \dfrac{W_n}{W_2} & \cdots & \dfrac{W_n}{W_n} \end{pmatrix} = \left(a_{ij} \right)_{n \times n} \tag{8.3.1}$$

显然 $a_{ii}=1$，$a_{ij}=\dfrac{1}{a_{ji}}$，$a_{ij}=\dfrac{a_{ik}}{a_{jk}}$ $(i,j,k=1,2,\cdots,n)$。

对于矩阵 $\left(a_{ij} \right)_{n \times n}$，如果满足关系 $a_{ij}=\dfrac{a_{ik}}{a_{jk}}$ $(i,j,k=1,2,\cdots,n)$，则称矩阵具有完全一致性。可以证明具有完全一致性的矩阵 $A=\left(a_{ij} \right)_{n \times n}$ 有以下性质：

(1) A 的转置亦是一致阵；

(2) 矩阵 A 的最大特征根 $\lambda_{\max}=n$，其余特征根均为零；

(3) 设 $\boldsymbol{u}=(u_1,u_2,\cdots,u_n)^{\mathrm{T}}$ 是 A 对应 $\lambda_{\max}$ 的特征向量，则 $a_{ij}=\dfrac{u_i}{u_j}$ $(i,j=1,2,\cdots,n)$。

若记

$$A = \begin{vmatrix} \dfrac{W_1}{W_1} & \dfrac{W_1}{W_2} & \cdots & \dfrac{W_1}{W_n} \\ \dfrac{W_2}{W_1} & \dfrac{W_2}{W_2} & \cdots & \dfrac{W_2}{W_n} \\ \vdots & \vdots & & \vdots \\ \dfrac{W_n}{W_1} & \dfrac{W_n}{W_2} & \cdots & \dfrac{W_n}{W_n} \end{vmatrix}, \quad \boldsymbol{W} = \begin{pmatrix} W_1 \\ W_2 \\ \vdots \\ W_n \end{pmatrix} \tag{8.3.2}$$

则矩阵 A 是完全一致的矩阵，且有

$$\boldsymbol{AW} = \begin{vmatrix} \dfrac{W_1}{W_1} & \dfrac{W_1}{W_2} & \cdots & \dfrac{W_1}{W_n} \\ \dfrac{W_2}{W_1} & \dfrac{W_2}{W_2} & \cdots & \dfrac{W_2}{W_n} \\ \vdots & \vdots & & \vdots \\ \dfrac{W_n}{W_1} & \dfrac{W_n}{W_2} & \cdots & \dfrac{W_n}{W_n} \end{vmatrix} \begin{pmatrix} W_1 \\ W_2 \\ \vdots \\ W_n \end{pmatrix} = \begin{pmatrix} nW_1 \\ nW_2 \\ \vdots \\ nW_n \end{pmatrix} = n\boldsymbol{W} \tag{8.3.3}$$

即 n 是判断矩阵 A 的一个特征根，若假设判断矩阵 A 完全一致，可以求出正规化特征向量。

对于 AHP，若判断矩阵 A 是一致，则矩阵的最大特征根 $\lambda_{\max}=n$，其余特征根均为零。在一般情况下，可以证明判断矩阵的最大特征根为单根，且 $\lambda_{\max} \geqslant n$。

(二)层次分析法的计算步骤

1. 建立层次结构模型

运用 AHP 进行系统分析，首先要将所包含的因素分组，每一组作为一个层次，把问题条理化、层次化，构造层次分析的结构模型。这些层次大体上可分为 3 类：

(1)目标层：在这一层次中只有一个元素，一般是分析问题的预定目标或理想结果；

(2)准则层：这一层次包括了为实现目标所涉及的中间环节，它可由若干个层次组成，包括所需要考虑的准则，子准则；

(3)方案层：表示为实现目标可供选择的各种措施、决策、方案等。

2. 构造判断矩阵

任何系统分析都以一定的信息为基础。AHP 的信息基础主要是人们对每一层次各因素的相对重要性给出的判断，这些判断用数值表示出来，写成矩阵形式就是判断矩阵。判断矩阵是 AHP 工作的出发点，构造判断矩阵是 AHP 的关键一步。

当上、下层之间关系被确定之后，需确定与上层某元素(目标 A 或某个准则 Z)相联系的下层各元素在上层元素 Z 之中所占的比重。

假定 A 层中因素 A_k 与下一层次中因素 $B_1, B_2, \cdots, B_n$ 有联系，则我们构造的判断矩阵如表 8.3 所示。

表 8.3　判断矩阵

A_k	B_1	B_2	...	B_n
B_1	b_{11}	b_{12}	...	b_{1n}
B_2	b_{21}	b_{22}	...	b_{2n}
$\vdots$	$\vdots$	$\vdots$	$\vdots$	$\vdots$
B_n	b_{n1}	b_{n2}	...	b_{nn}

表 8.3 中，b_{ij} 表示 B_i 对 B_j 之间的相对重要性，对重要性程度 Saaty 等人提出用 1~9 尺度赋值，见表 8.4。

表 8.4　重要性标度含义表

重要性标度	含　义
1	表示两个元素相比，具有同等重要性
3	表示两个元素相比，前者比后者稍重要
5	表示两个元素相比，前者比后者明显重要
7	表示两个元素相比，前者比后者强烈重要
9	表示两个元素相比，前者比后者极端重要
2，4，6，8	表示上述判断的中间值
倒数	若元素 i 与元素 j 的重要性之比为 b_{ij}，则元素 j 与元素 i 的重要性之比为 $b_{ji}=\dfrac{1}{b_{ij}}$

（三）层次单排序

所谓层次单排序是指根据判断矩阵计算本层对于上一层因素的重要性次序的权值。层次单排序可以归结为计算判断矩阵的特征根和特征向量问题，即对判断矩阵 $\boldsymbol{B}$：

$$\boldsymbol{B}\boldsymbol{W} = \lambda_{\max}\boldsymbol{W} \tag{8.3.4}$$

计算满足式(8.4.4)的特征根与特征向量。$\lambda_{\max}$ 为 $\boldsymbol{B}$ 的最大特征根，$\boldsymbol{W}$ 为对应于 $\lambda_{\max}$ 的正规化特征向量，$\boldsymbol{W}$ 的分量 W_i 即是相应因素单排序的权值。

为了检验矩阵的一致性，需要计算它的一致性指标CI，CI 的定义为

$$\text{CI} = \frac{\lambda_{\max} - n}{n-1} \tag{8.3.5}$$

显然，当判断矩阵具有完全一致性时，$\text{CI} = 0$。$\lambda_{\max} - n$ 越大，CI 越大，判断矩阵的一致性越差。为了检验判断矩阵是否具有满意的一致性，需要找出衡量矩阵 $\boldsymbol{B}$ 的一致性指标CI 的标准，Saaty 引入了随机一致性指标表 8.5。

表 8.5　1~9 阶矩阵的平均随机一致性指标

阶数	1	2	3	4	5	6	7	8	9
RI	0.00	0.00	0.58	0.90	1.12	1.24	1.32	1.41	1.45

当阶数大于 2 时，判断矩阵的一致性指标CI 与同阶平均随机一致性的指标RI 之比 $\dfrac{\text{CI}}{\text{RI}}$ 称为随机一致性比率，记为CR。当CR=$\dfrac{\text{CI}}{\text{RI}}$<0.01时，判断矩阵具有满意的一致性，否则就需对判断矩阵进行调整。

（四）层次总排序

利用同一层次中所有层次单排序的结果，就可以计算针对上一层次而言本层次所有因素重要性的权值，这就是层次总排序。层次总排序需要从上到下逐层顺序进行，设已算出第 $k-1$ 层上 n 个元素相对于总目标的排序为

$$\boldsymbol{W}^{(k-1)} = (W_1^{(k-1)}, \cdots, W_n^{(k-1)})^{\text{T}} \tag{8.3.6}$$

第 k 层 n_k 个元素对于第 $k-1$ 层上第 j 个元素为准则的单排序向量为

$$\boldsymbol{u}_j^{(k)} = (u_{1j}^{(k)}, u_{2j}^{(k)} \cdots, u_{n_k j}^{(k)})^{\text{T}} \quad (j = 1,2,\cdots,n \; ; k = 1,2,\cdots,n_k)$$

其中，不受第 j 个元素支配的元素权重取零，于是可得到 $n_k \times n$ 阶矩阵

$$\boldsymbol{U}^{(k)} = (\boldsymbol{u}_1^{(k)}, \boldsymbol{u}_2^{(k)}, \cdots \boldsymbol{u}_n^{(k)}) = \begin{pmatrix} u_{11}^{(k)} & u_{12}^{(k)} & \cdots & u_{1n}^{(k)} \\ u_{21}^{(k)} & u_{22}^{(k)} & \cdots & u_{2n}^{(k)} \\ \vdots & \vdots & & \vdots \\ u_{n_k 1}^{(k)} & u_{n_k 2}^{(k)} & \cdots & u_{n_k n}^{(k)} \end{pmatrix} \tag{8.3.7}$$

其中，$U^{(k)}$中的第j列为第k层n_k个元素对于第$k-1$层第j个元素为准则的单排序向量。

记第k层上各元素对总目标的总排序为

$$W^{(k)} = (W_1^{(k)}, \cdots, W_n^{(k)})^\mathrm{T} \tag{8.3.8}$$

则

$$W^{(k)} = U^{(k)} W^{(k-1)} = \begin{pmatrix} u_{11}^{(k)} & u_{12}^{(k)} & \cdots & u_{1n}^{(k)} \\ u_{21}^{(k)} & u_{22}^{(k)} & \cdots & u_{2n}^{(k)} \\ \vdots & \vdots & & \vdots \\ u_{n_k 1}^{(k)} & u_{n_k 2}^{(k)} & \cdots & u_{n_k n}^{(k)} \end{pmatrix} \begin{pmatrix} W_1^{(k-1)} \\ W_2^{(k-1)} \\ \vdots \\ W_n^{(k-1)} \end{pmatrix} = \begin{pmatrix} \sum\limits_{j=1}^{n} u_{1j}^{(k)} W_j^{(k-1)} \\ \sum\limits_{j=1}^{n} u_{2j}^{(k)} W_j^{(k-1)} \\ \vdots \\ \sum\limits_{j=1}^{n} u_{n_k j}^{(k)} W_j^{(k-1)} \end{pmatrix} \tag{8.3.9}$$

即有

$$W_i^{(k)} = \sum_{j=1}^{n} u_{ij}^{(k)} W_j^{(k-1)} \quad (i = 1, 2, \cdots, n_k) \tag{8.3.10}$$

（五）一致性检验

为评价层次总排序的计算结果的一致性如何，需要计算与单排序类似的检验量。

由目标层向下，逐层进行检验。设第k层中某些因素对$k-1$层第j个元素单排序的一致性指标为$\mathrm{CI}_j^{(k)}$，平均随机一致性指标为$\mathrm{RI}_j^{(k)}$，k层中与$k-1$层的第j个元素无关时，那么第k层的总排序的一致性比率为

$$\mathrm{CR}^{(k)} = \frac{\sum\limits_{j=1}^{n} W_j^{(k-1)} \mathrm{CI}_j^{(k)}}{\sum\limits_{j=1}^{n} W_j^{(k-1)} \mathrm{RI}_j^{(k)}} \tag{8.3.11}$$

同样当$\mathrm{CR}^{(k)} \leqslant 0.10$时，我们认为层次总排序的计算结果具有满意的一致性。

例 8.2 电网企业职业卫生管理水平评价——**AHP**

解　在指标体系构建中将资源投入作为切入点，随后考虑资源投入的有效性的问题。保证资源投入的有效性：①制度保障；②流程保障。制度的建立和有效执行使得资源投入更加合理、有序。运作流程是实现资源转化的途径，是职业卫生管理活动的实现过程，这个过程要依靠制度保障和资源投入。因此，衡量职业卫生管理水平，"制度建设"、"资源投入"、"运作流程" 3 个方面缺一不可，"制度建设"、"资源投入"、"运作流程"构成了职业卫生管理系统，这 3 个方面又独立构成一个子系统。

综上，职业卫生管理评价系统由"制度建设"、"资源投入"、"运作流程" 3 个子系统构

成，各子系统内部分别由若干指标组成，由此形成了职业卫生管理评价系统的评价指标体系（如表 8.6 所示）。

表 8.6　职业卫生管理评价指标体系

一层指标	二层指标
制度建设(C_1)	职业危害防治责任制(C_{11})
	职业卫生监测制度(C_{12})
	职业卫生工作操作规程(C_{13})
	职业卫生档案制度(C_{14})
	职业卫生申报制度(C_{15})
	职业卫生奖惩制度(C_{16})
	新建改建扩建和技术改造项目职业卫生评价制(C_{17})
资源投入(C_2)	职业卫生专业人才(C_{21})
	经费投入(C_{22})
	防护设备(C_{23})
	医疗资源(C_{24})
运作流程(C_3)	职业卫生管理者培训(C_{31})
	职业危害接触人员培训(C_{32})
	职业病危害警示标识设置(C_{33})
	职业病危害告知(C_{34})
	岗位职业病危害检测结果公示(C_{35})
	职业健康体检(C_{36})
	个人防护用品配置(C_{37})
	参加工伤社会保险(C_{38})
	应急救援体系建设(C_{39})
	职业卫生工作改进(C_{310})

1. 运用 AHP 法确定评价指标的权重

采用专家赋权法，邀请 20 位专家通过对各层指标相对重要程度的了解，独立自主地做出判断，并对各指标的重要性程度进行打分，构造出各层相应的判断矩阵。

$$\begin{pmatrix} 1 & 5 & 7 & 5 & 7 & 5 & 3 \\ 1/5 & 1 & 5 & 1 & 5 & 5 & 1 \\ 1/7 & 1/5 & 1 & 1/3 & 3 & 3 & 1/5 \\ 1/5 & 1 & 3 & 1 & 5 & 3 & 1/3 \\ 1/7 & 1/5 & 1/3 & 1/5 & 1 & 1/5 & 1/7 \\ 1/5 & 1/5 & 1/3 & 1/3 & 5 & 1 & 1/5 \\ 1/3 & 1 & 5 & 3 & 7 & 5 & 1 \end{pmatrix} \tag{8.3.12}$$

2. 计算各特征矩阵的最大特征值和特征向量

过程如下：

(1) 列向量归一化得

$$\begin{pmatrix} 0.451 & 0.581 & 0.323 & 0.460 & 0.212 & 0.225 & 0.511 \\ 0.090 & 0.116 & 0.231 & 0.092 & 0.152 & 0.225 & 0.170 \\ 0.064 & 0.023 & 0.046 & 0.031 & 0.091 & 0.135 & 0.034 \\ 0.090 & 0.116 & 0.138 & 0.092 & 0.152 & 0.135 & 0.057 \\ 0.064 & 0.023 & 0.015 & 0.018 & 0.030 & 0.009 & 0.024 \\ 0.090 & 0.023 & 0.015 & 0.031 & 0.152 & 0.045 & 0.034 \\ 0.150 & 0.116 & 0.231 & 0.276 & 0.212 & 0.225 & 0.170 \end{pmatrix} \quad (8.3.13)$$

(2) 对行向量求和得

$$\begin{pmatrix} 2.763 \\ 1.076 \\ 0.425 \\ 0.780 \\ 0.185 \\ 0.390 \\ 1.381 \end{pmatrix} \quad (8.3.14)$$

(3) 行向量归一化得

$$\begin{pmatrix} 0.395 \\ 0.154 \\ 0.061 \\ 0.111 \\ 0.026 \\ 0.056 \\ 0.197 \end{pmatrix} \quad (8.3.15)$$

这样就计算出制度建设 (C_1) 的权重集:

$$W_1 = \{0.395, 0.154, 0.061, 0.111, 0.026, 0.056, 0.197\}$$

计算矩阵的最大特征根 $\lambda_{\max}$:

$$\lambda_{\max} = \frac{1}{n} \sum_{i=1}^{n} \frac{(AW_i)}{W_i} = 7.7905 \quad (8.3.16)$$

3. 对权重向量进行一致性检验

(1) 一致性指标:

$$CI = \frac{\lambda_{\max} - n}{n - 1} = (7.7905 - 7)/6 = 0.1317 \quad (8.3.17)$$

(2) 平均随机一致性指标:

$$RI = 1.32$$

(3) 随机一致性比率:

$$CR = CI/RI = 0.1317/1.32 = 0.0998 < 0.1$$

所以，判断矩阵有较好的一致性。

同理，通过专家咨询表中电网企业职业卫生管理的制度建设指标、资源投入指标、运作流程指标及综合指标分别进行重要性排序计算和一致性检验。检验结果表明，20份专家咨询表的各单项指标和对综合指标的总排序均具有一致性，最后我们计算出根据20份专家咨询表确定的各权重的平均值，确定了职业卫生管理评价指标的各权重，各权重计算结果如表8.7所示：

表8.7　权重计算结果

目标层	准则层	准则层权重	指标层	指标层权重	综合权重
职业卫生管理评价综合指数 C	制度建设（C_1）	0.456	C_{11}	0.203	0.093
			C_{12}	0.168	0.077
			C_{13}	0.150	0.068
			C_{14}	0.120	0.055
			C_{15}	0.098	0.045
			C_{16}	0.078	0.036
			C_{17}	0.183	0.083
	资源投入（C_2）	0.239	C_{21}	0.292	0.070
			C_{22}	0.300	0.072
			C_{23}	0.222	0.053
			C_{24}	0.186	0.044
	运作流程（C_3）	0.305	C_{31}	0.106	0.032
			C_{32}	0.090	0.027
			C_{33}	0.074	0.023
			C_{34}	0.097	0.030
			C_{35}	0.077	0.023
			C_{36}	0.123	0.038
			C_{37}	0.145	0.044
			C_{38}	0.100	0.031
			C_{39}	0.090	0.027
			C_{310}	0.098	0.030

4. 综合指数评价模型

由于影响职业卫生管理水平的因素比较多，采用综合指数法对职业卫生管理水平进行评价，综合指数法的基本思路是利用层次分析法计算的权重和各项指标的数值进行累乘，然后相加，最后计算出指标的综合评价指数。综合指数法较之于其他方法，可操作性强，方法简便，通俗易懂。综合指数法的评价模型为

$$Y = \sum_{i=1}^{3}\left(\sum_{j=1}^{n}X_k \times R_k\right)W_i \tag{8.3.18}$$

其中，Y 是综合评价值，W_i 是准则层权重，n 是指标层的指标个数，X_k 是指标层数，R_k

是指标层权重。   □

例 8.3 利润利用的层次分析法评价

背景：某企业决定利润的用途，总目标是希望能促进工厂更进一步发展。可供选择的方案有：作为奖金发给职工；扩建食堂、托儿所等福利设施；开办职工业余学校进行职工培训；建设图书馆或俱乐部等娱乐设施；引进新设备进行技术改造。衡量这些方案(措施)是否调动了职工的生产积极性；是否提高了企业的技术水平；是否改善了职工的物质文化生活状况。现在要对上述 5 种方案进行优劣性评价，或者说是按优劣顺序把这 5 种方案排列起来，以便从中选择一种方案付诸实施。

解 对此问题进行分析后，建立层次结构模型，如图 8.1 所示。

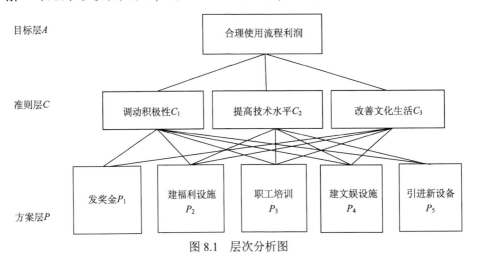

图 8.1 层次分析图

首先根据准则层 C 各因素相对于目标层的相对重要性构造比较矩阵并进行计算，所得判断矩阵 B 及相应计算结果如下：

$$B = \begin{pmatrix} 1 & \dfrac{1}{5} & \dfrac{1}{3} \\ 5 & 1 & 3 \\ 3 & \dfrac{1}{3} & 1 \end{pmatrix}$$

判断矩阵 B 的最大特征值 $\lambda_{max} = 3.0385$，最大特征值相应的正规化特征向量 $W^{(2)} = (W_1^{(2)}, W_2^{(2)}, W_3^{(2)})^T = (0.1042, 0.6372, 0.2583)^T$，一致性指标 $CI = 0.0193$，随机一致性指标 $RI = 0.58$ ($n = 3$)，所以一致性比率 $CR = \dfrac{CI}{RI} = 0.0332 < 0.10$，通过一致性检验，所以判断矩阵具有满意的一致性。所以对于目标层而言准则层次的 3 个准则的重要性次序的权值 $W^{(2)} = (W_1^{(2)}, W_2^{(2)}, W_3^{(2)})^T$ 同样求第 3 层(方案)对第 2 层每一元素(准则)的权向量。

(1)判断矩阵 B_1 (相对于调动生产积极性准则而言，各方案之间的相对重要性比较)及计算结果

$$B_1 = \begin{pmatrix} 1 & 3 & 5 & 4 & 7 \\ \dfrac{1}{3} & 1 & 3 & 2 & 5 \\ \dfrac{1}{5} & \dfrac{1}{3} & 1 & \dfrac{1}{2} & 3 \\ \dfrac{1}{4} & \dfrac{1}{2} & 2 & 1 & 3 \\ \dfrac{1}{7} & \dfrac{1}{5} & \dfrac{1}{3} & \dfrac{1}{3} & 1 \end{pmatrix}$$

最大特征值：$\lambda_{\max} = 5.126$，对应的正规化特征向量：$u_1^{(3)} = (0.491, 0.232, 0.092, 0.138, 0.046)^{\mathrm{T}}$。

CI $= 0.032$、RI $= 1.12$、CR $= 0.028 < 0.1$，通过一致性检验。

(2)判断矩阵 B_2（相对于提高技术水平准则而言，各方案之间的相对重要性比较）及计算结果

$$B_2 = \begin{pmatrix} 1 & \dfrac{1}{7} & \dfrac{1}{3} & \dfrac{1}{5} \\ 7 & 1 & 5 & 3 \\ 3 & \dfrac{1}{5} & 1 & \dfrac{1}{3} \\ 5 & \dfrac{1}{3} & 3 & 1 \end{pmatrix}$$

最大特征值：$\lambda_{\max} = 4.117$，对应的正规化特征向量：$u_2^{(3)} = (0.055, 0.564, 0.118, 0.263)^{\mathrm{T}}$。

CI $= 0.039$、RI $= 0.90$、CR $= 0.043 < 0.10$，通过一致性检验。

(3)判断矩阵 B_3（相对于改善职工生活状况准则而言，各方案之间的相对重要性比较）及计算结果

$$B_3 = \begin{pmatrix} 1 & 1 & 3 & 3 \\ 1 & 1 & 3 & 3 \\ \dfrac{1}{3} & \dfrac{1}{3} & 1 & 1 \\ \dfrac{1}{3} & \dfrac{1}{3} & 1 & 1 \end{pmatrix}$$

最大特征值：$\lambda_{\max} = 4$，对应的正规化特征向量 $u_3^{(3)} = (0.406, 0.406, 0.094, 0.094)^{\mathrm{T}}$。

CI $= 0$、RI $= 0.90$、CR $= 0 < 0.10$，通过一致性检验。

第三层对第一层总排序计算结果见表 8.8：

CI $= 0.028$、RI $= 0.9231$、CR $= 0.0305 < 0.10$，通过一致性检验。

计算结果表明五种方案优先次序为

P_3——办职工业余和短训班进行职工培训，权值为 0.393；

P_5——引进设备，进行企业技术改造，权值为 0.172；

表 8.8　　第三层对第一层总排序计算结果

C_1	C_2	C_3	层次 P 总排序权值	方案排序
0.104	0.637	0.285		
0.491	0	0.406	0.157	4
0.232	0.055	0.406	0.164	3
0.092	0.564	0.094	0.393	1
0.138	0.118	0.094	0.113	5
0.046	0.263	0	0.172	2

P_2——扩建职工住宅、食堂、托儿所等集体福利设施，权值为 0.164；

P_1——作为奖金发给职工，权值为 0.157；

P_4——建立图书馆、职工俱乐部等文化设施，权值为 0.113。

决策者可根据上述排序结果进行决策，应办职工业余和短训班进行职工培训。　　□

第四节　　TOPSIS 法

TOPSIS 法(逼近理想解排序法)是系统工程中有限方案多目标决策分析的一种常用方法。是基于归一化后的原始数据矩阵，找出有限方案中的最优方案和最劣方案，然后分别计算不同评价对象与最优方案和最劣方案的距离，获得各评价对象与最优方案的相对接近程度，以此作为评价优劣的依据。

(一)TOPSIS 法基本思想

TOPSIS 法是 Technique for Order Preference by Similarity to Ideal Solution 的缩写，其基本思路是定义决策问题的理想解和负理想解，然后在可行方案中找到一个方案，使其距理想解的距离最近，而距负理想解的距离最远。理想解一般是设想最好的方案，它所对应的各个属性至少达到各个方案中的最好值；负理想解是假定最坏的方案，其对应的各个属性至少不优于各个方案中的最劣值。方案排队的决策规则，是把实际可行解和理想解与负理想解作比较，若某个可行解最靠近理想解，同时又最远离负理想解，则此解是方案集的满意解。

(二)距离的测度

采用相对接近测度。设决策问题有 m 个目标 $f_j\,(j=1,2,\cdots,m)$，n 个可行解 $Z_i=(Z_{i1},Z_{i2},\cdots,Z_{im})\,(i=1,2,\cdots,n)$；并设该问题的规范化加权目标的理想解是 Z^*，其中，$Z^+=(Z_1^+,Z_2^+,\cdots,Z_m^+)$，用欧几里得范数作为距离的测度，则从任意可行解 Z_i 到 Z^+ 的距离为

$$S_i^+ = \sqrt{\sum_{j=1}^{m}(Z_{ij} - Z_j^+)^2} \quad (i=1,\cdots,n) \tag{8.4.1}$$

其中，Z_{ij} 为第 j 个目标对第 i 个方案(解)的规范化加权值。

同理，设 $\boldsymbol{Z}^- = (Z_1^-, Z_2^-, \cdots, Z_m^-)^{\mathrm{T}}$ 为问题的规范化加权目标的负理想解，则任意可行解 Z_i 到负理想解 $\boldsymbol{Z}^-$ 之间的距离为

$$S_i^- = \sqrt{\sum_{j=1}^{m}(Z_{ij} - Z_j^-)^2} \quad (i=1,\cdots,n) \tag{8.4.2}$$

那么，某一可行解对于理想解的相对接近度定义为

$$C_i = \frac{S_i^-}{S_i^- + S_i^+} \quad (0 \leqslant C_i \leqslant 1; i=1,\cdots,n) \tag{8.4.3}$$

于是，若 Z_i 是理想解，则相应的 $C_i = 1$；若 Z_i 是负理想解，则相应的 $C_i = 0$。Z_i 越靠近理想解，C_i 越接近于 1；反之，越接近负理想解，C_i 越接近于 0。那么，可以对 C_i 进行排队，以求出满意解。

（三）TOPSIS 法计算步骤

第一步：　设某一决策问题，其决策矩阵为 $\boldsymbol{A}$。由 $\boldsymbol{A}$ 可以构成规范化的决策矩阵 $\boldsymbol{Z}'$，其元素为 Z'_{ij}，且有

$$Z_{ij}' = \frac{f_{ij}}{\sqrt{\sum_{i=1}^{n} f_{ij}^2}} \quad (i=1,2,\cdots,n; j=1,2,\cdots m) \tag{8.4.4}$$

其中，f_{ij} 出决策矩阵给出：

$$\boldsymbol{A} = \begin{pmatrix} f_{11} & f_{12} & \cdots & f_{1m} \\ f_{21} & f_{22} & \cdots & f_{2m} \\ \vdots & \vdots & & \vdots \\ f_{n1} & f_{n2} & \cdots & f_{nm} \end{pmatrix} \tag{8.4.5}$$

第二步：构造规范化的加权决策矩阵 $\boldsymbol{Z}$，其元素 Z_{ij}

$$Z_{ij} = W_j Z'_{ij} \quad (i=1,\cdots,n; \ j=1,\cdots,m) \tag{8.4.6}$$

其中，W_j 为第 j 个目标的权。

第三步：确定理想解和负理想解。如果决策矩阵 $\boldsymbol{Z}$ 中元素 Z_{ij} 值越大表示方案越好，则

$$\boldsymbol{Z}^+ = (Z_1^+, Z_2^+, \cdots, Z_m^+) = \{\max_i Z_{ij} \big| j=1,2,\cdots,m\} \tag{8.4.7}$$

$$\boldsymbol{Z}^- = (Z_1^-, Z_2^-, \cdots, Z_m^-) = \{\min_i Z_{ij} \big| j=1,2,\cdots,m\} \tag{8.4.8}$$

第四步：计算每个方案到理想点的距离 S_i 和到负理想点的距离 S_i^-。

第五步：按式(8.4.3)计算 C_i，并按每个方案的相对接近度 C_i 的大小排序，找出满意解。

多目标综合评价排序的方法较多，各有其应用价值。在诸多评价方法中，TOPSIS法对原始数据的信息利用最为充分，其结果能精确反映各评价方案之间的差距，TOPSIS对数据分布及样本含量，指标多少没有严格的限制，数据计算亦简单易行。不仅适合小样本资料，也适用于多评价对象、多指标的大样本资料。利用TOPSIS法进行综合评价，可得出良好的可比性评价排序结果。

例 8.4 TOPSIS 法在医疗质量综合评价中的应用

试根据表 8.9 数据，采用 TOPSIS 法对某市人民医院 1995~1997 年的医疗质量进行综合评价。

表 8.9 某市人民医院 1995~1997 年的医疗质量

年度	床位周转次数	床位周转率(%)	平均住院日	出入院诊断符合率(%)	手术前后诊断符合率(%)	三日确诊率(%)	治愈好转率(%)	病死率(%)	危重病人抢救成功率(%)	院内感染率(%)
1995	20.97	113.81	18.73	99.42	99.80	97.28	96.08	2.57	94.53	4.60
1996	21.41	116.12	18.39	99.32	99.14	97.00	95.65	2.72	95.32	5.99
1997	19.13	102.85	17.44	99.49	99.11	96.20	96.50	2.02	96.22	4.79

解 在原始数据指标中，平均住院日、病死率、院内感染率三个指标的数值越低越好，这三个指标称为低优指标；其他指标数值越高越好，称为高优指标。低优指标可转化为高优指标，其方法为是绝对数低优指标 x 可使用倒数法 $\left(\dfrac{100}{x}\right)$，相对数低优指标 x 可使用差值法 $(1-x)$。这里，平均住院日采用倒数转化，病死率、院内感染率采用差值转化。转化后数据见表 8.10。

表 8.10 转化指标值

年度	床位周转次数	床位周转率(%)	平均住院日	出入院诊断符合率(%)	手术前后诊断符合率(%)	三日确诊率(%)	治愈好转率(%)	病死率(%)	危重病人抢救成功率(%)	院内感染率(%)
1995	20.97	113.81	5.34	99.42	99.80	97.28	96.08	97.43	94.53	95.40
1996	21.41	116.12	5.44	99.32	99.14	97.00	95.65	97.28	95.32	94.01
1997	19.13	102.85	5.73	99.49	99.11	96.20	96.50	97.98	96.22	95.21

根据表 8.10 数据，利用公式(8.4.4)进行归一化处理，得归一化矩阵值，如表 8.11。

$$Z_{ij} = \frac{f_{ij}}{\sqrt{\sum_{i=1}^{n} \left(f_{ij}\right)^2}} \tag{8.4.9}$$

例如，计算 1995 年床位周转次数归一化值，由公式(8.4.9)得

$$Z_{11} = \frac{20.97}{\sqrt{20.97^2 + 21.41^2 + 19.13^2}} = 0.509$$

其余归一化数值以此类推。

表 8.11　归一化矩阵值

年度	床位周转次数	床位周转率(%)	平均住院日	出入院诊断符合率(%)	手术前后诊断符合率(%)	三日确诊率(%)	治愈好转率(%)	病死率(%)	危重病人抢救成功率(%)	院内感染率(%)
1995	0.590	0.592	0.560	0.577	0.580	0.580	0.577	0.577	0.572	0.581
1996	0.602	0.604	0.570	0.577	0.576	0.578	0.575	0.576	0.577	0.572
1997	0.538	0.535	0.601	0.578	0.576	0.574	0.580	0.580	0.583	0.579

由式(8.4.7)和式(8.4.8)得最优方案和最劣方案：

$$\boldsymbol{Z}^+ = (Z_1^+, Z_2^+, \cdots, Z_m^+) = (0.602, 0.604, 0.601, 0.578, 0.580, 0.580, 0.580, 0.580, 0.583, 0.581)$$
$$(8.4.10)$$

$$\boldsymbol{Z}^- = (Z_1^-, Z_2^-, \cdots, Z_m^-) = (0.538, 0.535, 0.560, 0.577, 0.576, 0.574, 0.575, 0.576, 0.572, 0.572)$$
$$(8.4.11)$$

由式(8.4.10)、式(8.4.11)和式(8.4.1)、式(8.4.2)计算各年度 S^+ 和 S^-，见表 8.12。例如，计算 1997 年 S^+ 和 S^-：

$$S^+ = \sqrt{(0.602-0.538)^2 + (0.604-0.535)^2 + \cdots + (0.581-0.579)^2} = 0.094 \quad (8.4.12)$$

$$S^- = \sqrt{(0.538-0.538)^2 + (0.535-0.535)^2 + \cdots + (0.572-0.579)^2} = 0.044 \quad (8.4.13)$$

其余各年依次类推。

由式(8.4.3)计算各年度 C_i，见表 8.12。

其余各年以次类推。

表 8.12　不同年度指标值与最优值的相对接近程度及排序结果

年份	S^+	S^-	C_i	排序结果
1995	0.045	0.078	0.634	2
1996	0.034	0.095	0.736	1
1997	0.094	0.044	0.319	3

由表 8.12 的排序结果可知 1996 年医疗质量最好。　　　　　　　　　　□

例 8.5 TOPSIS 法在环境质量综合评价中的应用实例

解　在环境质量评价中，把每个样品的监测值和每级的标准值，分别看作 TOPSIS 法的决策方案，由 TOPSIS 法可以得到每个样品和每级标准值的 C_i 值，对 C_i 值大小排序，便可以得到每个样品的综合质量及不同样品间进行综合质量优劣比较。表 8.13 列出所选的参评要素和所确定的评判等级及其代表值。

表 8.13　某海湾沿岸海水侵染程度分级表

参评要素	分级			
	Ⅰ 级	Ⅱ 级	Ⅲ 级	Ⅳ 级
	(无或很轻侵染)	(轻度侵染)	(较严重侵染)	(严重侵染)
氯离子(mg/l)	100	400	800	2 200
矿化度(mg/l)	500	1 500	2 500	3 500
溴离子(mg/l)	0.25	1.25	2.50	9.00
$r\mathrm{HCO_3}/r\mathrm{Cl}$	1.00	0.31	0.14	0.02
纳吸附比	1.40	2.60	4.50	15.50

测得 $111^{\#}$ 和 $112^{\#}$ 水样的各参评要素值如表 8.14。

表 8.14　$111^{\#}$ 和 $112^{\#}$ 水样监测值

样品号	要素				
	氯离子(mg/l)	矿化度(mg/l)	溴离子(mg/l)	$r\mathrm{HCO_3}/r\mathrm{Cl}$	纳吸附比
$111^{\#}$	134.71	542.15	0	0.882	1.576
$112^{\#}$	152.44	721.18	0.20	1.267	1.366

取海水侵染Ⅰ～Ⅳ级标准值和 $111^{\#}$ 及 $112^{\#}$ 样品监测值构成 TOPSIS 法中的决策矩阵 A，那么

$$A = \begin{pmatrix} 100 & 500 & 0.25 & 1.000 & 1.400 \\ 400 & 1500 & 1.25 & 0.310 & 2.600 \\ 800 & 2500 & 2.50 & 0.140 & 4.500 \\ 2200 & 3500 & 9.00 & 0.020 & 15.500 \\ 134.71 & 542.15 & 0 & 0.882 & 1.576 \\ 152.44 & 721.18 & 0.20 & 1.267 & 1.366 \end{pmatrix} \tag{8.4.14}$$

由式(8.4.4)算出 A 的规范化矩阵 Z'

$$Z' = \begin{pmatrix} 0.042 & 0.107 & 0.027 & 0.535 & 0.085 \\ 0.168 & 0.321 & 0.133 & 0.166 & 0.158 \\ 0.335 & 0.535 & 0.265 & 0.075 & 0.272 \\ 0.922 & 0.749 & 0.954 & 0.011 & 0.937 \\ 0.056 & 0.116 & 0 & 0.472 & 0.095 \\ 0.064 & 0.154 & 0.021 & 0.678 & 0.083 \end{pmatrix}$$

因在制定海水侵染分级标准时，各因子的重要性已隐含在分级标准值中，因此，由标准值来确定权重，其计算式如下：

$$W_i = \frac{S_{i(n-1)}/S_i I}{\displaystyle\sum_{i=1}^{n} (S_{i(n-1)}/S_i I)} \tag{8.4.15}$$

其中，W_i 为 i 因子的权重；n 为标准分级数（$n=4$）；$S_{i(n-1)}$ 为 i 因子的第 $n-1$ 级标准值；S_iI 为 i 因子的第 I 级标准值。

式 (8.4.15) 适用于低优指标型因子，如氯离子、矿化度、溴离子、纳吸附比等，权重计算时用 S_{III}/S_I；而对高优指标型因子如 $r\mathrm{HCO}_3/r\mathrm{HCl}$，计算时用 S_{II}/S_{IV}。

通过计算得权重向量：$W^{T}=\begin{pmatrix}0.1918 & 0.1199 & 0.2397 & 0.3716 & 0.0771\end{pmatrix}$。

由式 (8.4.6) 得加权后的规范化矩阵 Z 为

$$Z=\begin{pmatrix}0.0081 & 0.0128 & 0.0065 & 0.1989 & 0.0065\\ 0.0322 & 0.0386 & 0.0319 & 0.0617 & 0.0121\\ 0.0643 & 0.0641 & 0.0635 & 0.0279 & 0.0209\\ 0.1768 & 0.0898 & 0.2288 & 0.0041 & 0.0719\\ 0.0107 & 0.0139 & 0 & 0.1754 & 0.0073\\ 0.0123 & 0.0185 & 0.0050 & 0.2520 & 0.0064\end{pmatrix}$$

由式 (8.4.7)、式 (8.4.8) 得

$$Z^{+}=\begin{pmatrix}0.1768 & 0.0898 & 0.2288 & 0.2520 & 0.0719\end{pmatrix} \tag{8.4.16}$$

$$Z^{-}=\begin{pmatrix}0.0081 & 0.0128 & 0 & 0.0041 & 0.0064\end{pmatrix} \tag{8.4.17}$$

最后，由式 (8.4.1)、式 (8.4.2) 和式 (8.4.3) 计算 S_i^{+}、S_i^{-} 和 C_i 值 (表 8.15)。

表 8.15　S_i^{+}、S_i^{-} 和 C_i 值

	I	II	III	IV	111#	112#
S_i^{+}	0.053 5	0.196 2	0.245 5	0.390 5	0.076 7	0.008 7
S_i^{-}	0.355 0	0.263 1	0.209 3	0	0.345 3	0.384 7
C_i	0.869 0	0.572 8	0.460 2	0	0.818 2	0.977 9

把 C_i 排序得 $C_{112}>C_I>C_{111}>C_{II}>C_{III}>C_{IV}$。

于是可知：112# 样品综合质量优于 111# 样品综合质量，112# 样品质量优于 I 级标准最低界限值，为 I 级；111# 样品质量介于 I 级和 II 级最低界限值之间，属于 II 级。因此，111# 样品为轻度侵染，112# 样品为无或很轻污染。由监测值也可以知道：111# 有 4 个因子达到 II 级，1 个因子达到 I 级；112# 有 2 个因子达到 II 级 (接近 I 级)，3 个因子达到 I 级。因此，本方法评价结果符合客观实际。　　　□

第五节　秩　和　比　法

秩和比法是我国统计学家田凤调教授于 1988 年提出的一种新的综合评价方法，它是利用秩和比 RSR (rank-sum ratio) 进行统计分析的一种方法，在多指标综合评价、统计预测预报、统计质量控制等方面得到广泛的应用。

(一)分 析 原 理

秩和比是一种将多项指标综合成一个具有 0~1 连续变量特征的统计量，多用于现成统计资料的再分析。不论所分析的问题是什么，计算的 RSR 越大越好。为此，在编秩时要区分高优指标和低优指标，有时还要引进不分高低的情况。例如，评价预期寿命、受检率、合格率等可视为高优指标；发病率、病死率、超标率为低优指标。在疗效评价中，不变率、微效率等可看作不分高低的指标。指标值相同时应编以平均秩次。秩和比综合评价法基本原理是在一个 n 行 m 列矩阵中，通过秩转换，获得无量纲统计量 RSR；在此基础上，运用参数统计分析的概念与方法，研究 RSR 的分布；以 RSR 值对评价对象的优劣直接排序或分档排序，从而对评价对象做出综合评价。

(二)分 析 步 骤

(1)编秩：将 n 个评价对象的 m 个评价指标列成 n 行 m 列的原始数据表。编出每个指标各评价对象的秩，其中高优指标从小到大编秩，低优指标从大到小编秩，同一指标数据相同者编平均秩。

(2)计算秩和比(RSR)：根据公式 $\text{RSR}_i = \sum_{j=1}^{m} \dfrac{R_{ij}}{m \times n}$ ($i = 1, 2, \cdots, n$)计算；R_{ij} 为第 i 行第 j 列元素的秩，最小 $\text{RSR} = 1/n$，最大 $\text{RSR} = 1$。当各评价指标的权重不同时，计算加权秩和比(WRSR)，其计算公式为 $\text{WRSR}_i = \dfrac{1}{n} \cdot \sum_{j=1}^{m} W_j R_{ij}$，$W_j$ 为第 j 个评价指标的权重，$\sum W_j = 1$ 通过秩和比(RSR)值的大小，就可对评价对象进行综合排序，这种利用 RSR 综合指标进行排序的方法称为直接排序。但是在通常情况下还需要对评价对象进行分档，特别是当评价对象很多时，如几十个或几百个评价对象，这时更需要进行分档排序，由此应首先找出 RSR 的分布。

(3)计算概率单位(Probit)：将 RSR(或 WRSR)值由小到大排成一列，值相同的作为一组，编制 RSR(或 WRSR)频率分布表，列出各组频数 f，计算各组累计频数 $\sum f$；确定各组 RSR(或 WRSR)的秩次范围 R 和平均秩次 $\overline{R}$；计算累计频率 $p = AR/n$；将百分率 p 转换为概率单位 Probit，Probit 为百分率 p 对应的标准正态离差 u 加 5。

(4)计算直线回归方程：以累计频率所对应的概率单位 Probit 为自变量，以 RSR(或 WRSR)值为因变量，计算直线回归方程，即 RSR(WRSR)=$a+b\times$Probit。

(5)分档排序：根据标准正态离差 μ 分档，分档数目可根据试算结果灵活掌握，最佳分档应该是各档方差一致，相差具有显著性，一般分 3~5 档，下面是常用分档数对应的百分位数及概率单位见表 8.16。

表 8.16　常用分档数及对应百分位数、概率单位

档数	百分位数 P	概率单位 Y	档数	百分位数 P	概率单位 Y
3	P15.866 以下	4.00 以下		P33.360	4.57~
	P15.866~	4.00~		P67.003~	5.44~
	P84.134~	6.00		P89.973~	6.28~
4	P6.681 以下	3.50 以下		P98.352~	7.14~
	P6.681~	3.50~	8	P1.222 以下	2.78 以下
	P50~	5.00`		P1.222`	2.78~
	P93.319~	6.50~		P6.681~	3.50~
5	P3.593 以下	3.20 以下		P22.663`	4.25~
	P3.593~	3.20~		P50~	5.00~
	P27.425~	4.40~		P77.337~	5.75~
	P72.575`	5.60~		P93.319~	6.50~
	P96.407`	6.80~		P98.678`	7.22~
6	P2.275 以下	3.00 以下	9	P0.990 以下	2.67 以下
	P2.275~	3.00~		P0.990~	2.67~
	P15.866~	4.00~		P4.746~	3.33~
	P50~	5.00~		P15.866~	4.00~
	P84.134~	6.00~		P37.070~	4.67~
	P97.725~	7.00`		P62.930~	5.33~
7	P1.168 以下	2.86 以下		P84.134`	6.0~
	P1.168~	2.86~		P95.254~	6.67~
	P10.027~	3.721~		P99.010~	7.33~

依据各分档情况下概率单位 Probit 值，按照回归方程推算所对应的 RSR（或 WRSR）估计值对评价对象进行分档排序。具体的分档数根据实际情况决定。

例 8.6 病区护士综合评价

某医院对护士考核有 4 个指标，分别是业务考核成绩（x_1）、操作考核结果（x_2）、科内测评（x_3）和工作量考核（x_4）。表 8.17 是某病区 8 名护士的考核结果：

表 8.17　某病区 8 名护士的考核结果

待评对象（n）	x_1	x_2	x_3	x_4
护士甲	86	优-	100	233.9
护士乙	92	良	98.2	192.9
护士丙	88	良	99.1	311.1
护士丁	72	良	95.5	274.9
护士戊	70	优	97.3	263.6
护士己	94	优	100	182.3
护士庚	84	良	91.97	220.6
护士辛	50	良	91.97	182.0

利用秩和比综合评价法对其进行综合评价。

解 根据秩和比综合评价法的评价步骤,第一步,分别对要评价的各项指标进行编秩,由于对护士考核的 4 个指标都是高优指标,所以对要评价的各项指标进行编秩如表 8.18。

表 8.18   评价的各项指标编秩

待评对象(n)	x_1	x_2	x_3	x_4
护士甲	86(5)	优(6)	100 (7.5)	233.9(5)
护士乙	92(7)	良(3)	98.2(5)	192.9(3)
护士丙	88(6)	良(3)	99.1(6)	311.1(8)
护士丁	72(3)	良(3)	95.5(3)	274.9(7)
护士戊	70(2)	优(7.5)	97.3(4)	263.6(6)
护士己	94(8)	优(7.5)	100(7.5)	182.3(2)
护士庚	84(4)	良(3)	91.97(1.5)	220.6(4)
护士辛	50(1)	良(3)	91.97(1.5)	182.0(1)

第二步,计算各指标的秩和比(RSR):

$$\mathrm{RSR}_i = \sum_{j=1}^{m} \frac{R_{ij}}{m \times n} \tag{8.5.1}$$

其中,m 为指标个数,n 为分组数, R_{ij} 为各指标的秩次,RSR 值即为多指标的平均秩次,其值越大越优。各护士 4 项护理考核指标编秩及 RSR 值如表 8.19。

如果将 8 名护士进行排序,则可根据 8 名护士的秩和比(RSR),按由大到小排列就可得到 8 名护士由好到差的所有排序;如果要将 8 名护士分成几档,则还需继续进行下列工作。

表 8.19   各护士 4 项护理考核指标编秩及 RSR 值

待评对象(n)	x_1	x_2	x_3	x_4	RSR
护士甲	86(5)	优-(6)	100 (7.5)	233.9(5)	0.7344
护士乙	92(7)	良(3)	98.2(5)	192.9(3)	0.5625
护士丙	88(6)	良(3)	99.1(6)	311.1(8)	0.7188
护士丁	72(3)	良(3)	95.5(3)	274.9(7)	0.5000
护士戊	70(2)	优(7.5)	97.3(4)	263.6(6)	0.6094
护士己	94(8)	优(7.5)	100(7.5)	182.3(2)	0.7813
护士庚	84(4)	良(3)	91.97(1.5)	220.6(4)	0.3906
护士辛	50(1)	良(3)	91.97(1.5)	182.0(1)	0.2031

第三步,确定 RSR 的分布:

将各指标的 RSR 值由小到大进行排列,计算向下累计频率,查《百分数与概率单位对照表》,求其所对应的概率单位值,见表 8.20。

表 8.20　概率单位值

RSR	f	累积频数	$\bar{R}$	$(\bar{R}/n)\times100\%$	Y
0.2031	1	1	1	12.5	3.8497
0.3906	1	2	2	25.0	4.3255
0.5000	1	3	3	37.5	4.6814
0.5625	1	4	4	50.0	5.0000
0.6094	1	5	5	62.5	5.3186
0.7188	1	6	6	75.0	5.6745
0.7344	1	7	7	87.5	6.1503
0.7813	1	8	8	96.9[1)	6.8663

其中，数据 $96.9^{1)}$ 是利用 $(1-\dfrac{1}{4n})\times100\%$ 估计的。

第四步，求回归方程：$\text{RSR}=A+BY$：

将概率单位值 Y 作为自变量，秩和比 RSR 作为因变量，经相关和回归分析，因变量 RSR 与自变量概率单位值 Y 具有线性相关（$r=0.9528$），线性回归方程为：$\text{RSR}=0.1877Y-0.4232$，经 F 检验，$F=59.078$，$P=0.0002$，这说明所求线性回归方程具有统计意义。

第五步，将 8 名护士进行分档，分多少档根据评价对象具体要求确定，如果将 8 名护士分为优良差三档，根据统计学家田凤调教授提供的一个分档标准，分档如表 8.21。

表 8.21　8 名护士分档表

等级	Y	RSR	分档
差	4 以下	0.3276 以下	护士辛
良	4～6	0.3276～0.703	护士乙　护士丁　护士戊　护士庚
优	6 以上	0.703 以上	护士甲　护士丙　护士己

说明：（1）本例评估护士的四个指标都是上优指标，所以指标越高秩次值越高，如果有些指标是下优指标，则指标越低秩次值越高。

（2）评估护士的四个指标都认为同等重要，可以认为具有相同的权重。如果认为评估护士的四个指标重要不同，则认为四个指标是具有不同的权重，例如在四个评估指标中，如果业务考核成绩占 40%、操作考核结果成绩占 30%、科内测评成绩占 10%、工作量考核成绩占 20%，则护士甲的 RSR 值计算为

$$\text{RSR}=(40\%\times5+30\%\times6+10\%\times7.5+20\%\times5)/8=0.69375 \tag{8.5.2}$$

类似可得到其他护士的 RSR 值，依据以上步骤就可得到护士的加权秩和比排序分档。　　　　　　　　　　　　　　　　　　　　　　　　　　　　　　　□

秩和比评价法是以非参数法为基础，对指标的选择无特殊要求，适于各种评价对象。此方法计算用的数值是秩次，可以消除异常值的干扰，合理解决指标值为零时在统计处理中的困惑，它融合了参数分析的方法，结果比单纯采用非参数法更为精确，既可以直

接排序，又可以分档排序，使用范围广泛，且不仅可以解决多指标的综合评价，也可用于统计测报与质量控制中。

但是秩和比评价法的缺点是排序的主要依据是利用原始数据的秩次，最终算得的RSR 值反映的是综合秩次的差距，而与原始数据的顺位间的差距程度大小无关，这样在指标转化为秩次时会失去一些原始数据的信息，如原始数据的大小差别等。

非整秩次秩和比法对 RSR 法的编秩方法作了一些改进，用类似于线性插值的方式进行编秩。所编秩次除最小和最大指标值必为整数外，其余基本上为非整数，故将改进后的 RSR 法称为"非整秩次秩和比法"，简称为非整秩次 RSR 法。

非整秩次 RSR 法的编秩方法：

对于高优指标：

$$R = 1 + (n-1)\frac{X - X_{\min}}{X_{\max} - X_{\min}} \tag{8.5.3}$$

对于低优指标：

$$R = 1 + (n-1)\frac{X_{\max} - X}{X_{\max} - X_{\min}} \tag{8.5.4}$$

其中，R 为秩次，n 为样本数，X 为原始指标值，$X_{\min}$、$X_{\max}$ 分别为最小、最大的原始指标值。

对于不分高低指标，不论指标值的大小，秩次一律为 $R = \frac{1+n}{2}$。偏（或稍）高优指标、偏（或稍）低优指标的秩次公式同 RSR 法。

习 题 8

1. 用层次分析法解决实际问题：你要购置一台个人电脑，考虑功能、价格等因素，如何做出决策？

2. 某物流企业需要采购一台设备，在采购设备时需要从功能、价格与可维护性三个角度进行评价，考虑应用层次分析法对 3 个不同品牌的设备进行综合分析评价和排序，从中选出能实现物流规划总目标的最优设备，其层次结构如图 8.2 所示。以 A 表示系统的总目标，判断层中 B_1 表示功能，B_2 表示价格，B_3 表示可维护性。C_1、C_2、C_3 表示备选的 3 种品牌的设备。

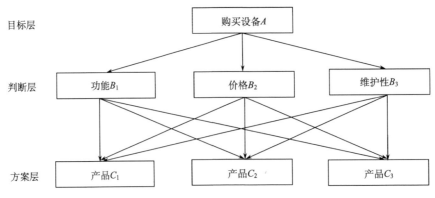

图 8.2 设备采购层次结构图

3. 大学生对 6 个网站购物评价指标的满意度如表 8.22 所示,利用秩和比法对各购物网站的综合满意度进行排序。

表 8.22 网站购物评价指标满意度

网站	产品价值	销售服务	售后服务	网络安全
网站 1	87.5	87.5	100	87.5
网站 2	75	87.5	87.5	87.5
网站 3	87.5	75	75	100
网站 4	75	62.5	87.5	100
网站 5	50	75	75	100
网站 6	62.5	75	75	100
标准	100	100	100	100

4. 利用模糊综合评价法对单位员工进行年终综合评定。考核因素集包括政治表现、工作能力、工作态度和工作成绩,评语集包括优秀、良好、一般、较差和差。假设个因素的权重为 $\{0.25, 0.2, 0.25, 0.3\}$,确定模糊综合评价矩阵,对每一个因素做出评价。

5. 为了客观地评价我国研究生教育的实际状况和各研究生院的教学质量,国务院学位委员会办公室组织过一次研究生院的评估。为了取得经验,先选 5 所研究生院,收集有关数据资料进行试评估,表 8.23 给出了部分数据,请利用 TOPSIS 法对 5 所研究生院进行综合评价。

表 8.23 5 所研究生院部分数据

研究生院序号	人均专著(本/人)	师生比	科研经费(万元/年)	逾期毕业率(%)
1	0.1	5	5000	4.7
2	0.2	6	6000	5.6
3	0.4	7	7000	6.7
4	0.9	10	10000	2.3
5	1.2	2	400	1.8

第九章 论文写作

第一节 引 言

前面的章节已向读者展示了数学建模(数学模型)的趣味性、有益性和挑战性。我们建立数学模型可能是为了娱乐,也可能是为了更好地认识周围的世界,但更多时候是为了帮助某些人或机构解决某个具体实际问题,也可能就是为了完成中国大学生数学建模竞赛(CUMCM)赛题和美国大学生数学建模竞赛(MCM/ICM)赛题。比如 MCM/ICM 赛题就有一个特别明显的特点:一般最后都要参赛队写一份 memo 或建议类的小短文,原因就是假设我们的雇主、委托人(他们几乎可以肯定不是数学家),他们仅仅想知道从模型中可以得出的结论及建议,归根结底,使他们理解我们的结论是最重要的。

本章的重点是如何书面描述我们的结论以及获得结论的方法,即科技论文的写作规范及相关注意点。内容主要是为数学建模竞赛写作服务。还有另一个目的:本书的主要读者是大学生,他们中有一部分人将来要成为科技工作者,本章要使他们充分认识到论文写作的重要性。

第二节 科技论文写作规范

结合相关文献和作者的经验,一篇科技论文从结构上包括如下 8 个必要的组成部分:题目、署名、摘要、关键词、引言、正文、结论和参考文献。通常把前四部分称为论文的前置部分,后四部分称为论文的主体部分。

题目

署名

摘要

关键词

引言

正文

结论

参考文献

这 8 个部分在论文中有不可替代的作用,要力图充分发挥各部分的作用。以下一一叙述其规范。

一、题　　目

题目是科技论文的中心和总纲。要求准确恰当、简明扼要、醒目规范、便于检索。一篇论文题目不要超出 20 个字。用小 2 号黑体加粗，居中。

二、署　　名

署名表示论文作者声明对论文拥有著作权、愿意文责自负，同时便于读者与作者联系。署名包括工作单位及联系方式。工作单位应写全称并包括所在城市名称及邮政编码，有时为进行文献分析，要求作者提供性别、出生年月、职务职称、电话号码、e-mail 等信息。

三、摘　　要

摘要是对论文的内容不加注释和评论的简短陈述，是文章内容的高度概括。主要内容包括：

（1）该项研究工作的内容、目的及其重要性；

（2）所使用的实验方法；

（3）总结研究成果，突出作者的新见解；

（4）研究结论及其意义。

中文摘要 200 字左右，中文名称的"内容摘要"用小 2 号黑体加粗，居中，其内容另起一行用小 4 号宋体（1.5 倍行距），每段起首空两格，回行顶格。

英文"摘要"项目名称规定为"Abstract"，用小 2 号 Times New Roman 字体加粗，居中，其内容另起一行用小 4 号 Times New Roman 字体，标点符号用英文形式。

四、关　键　词

关键词是为了满足文献标引或检索工作的需要而从论文中萃取出的、表示全文主题内容信息条目的单词、词组或术语，一般列出 3~8 个。

有英文摘要的论文，应在英文摘要的下方著录与中文关键词相对应的英文关键词（Key words）。

中文名称的"关键词"另起一行用小 4 号黑体加粗，内容用小 4 号黑体，一般不超过 8 个词，词间空一格。

英文"关键词"另起一行，项目名称规定为"Key words"，用小 4 号 Times New Roman 字体加粗，顶格，其内容接"Key words"后空一格，用小 4 号 Times New Roman 字体加粗，词间用分号";"隔开。

五、引 言

引言又称前言、导言、序言、绪论，它是一篇科技论文的开场白，由它引出文章，所以写在正文之前。引言也叫绪言、绪论。

引言的写作要求：

(1)引言应言简意赅，内容不得繁琐，文字不可冗长，应能对读者产生吸引力。学术论文的引言根据论文篇幅的大小和内容的多少而定，一般为 200～600 字，短则可不足100 字，长则可达 1000 字左右。

(2)比较短的论文可不单列"引言"一节，在论文正文前只写一小段文字即可起到引言的效用。

(3)引言不可与摘要雷同，不要写成摘要的注释。一般教科书中有的知识，在引言中不必赘述。

(4)学位论文为了需要反映出作者确已掌握了坚实的理论基础和系统的专门知识，具有开阔的科研视野，对研究方案作了充分论证，因此，有关于历史回顾和前人工作的综合评述，以及理论分析等，则可将引言单独写成一章，用足够的文字加以详细叙述。

(5)引言的目的应是向读者提供足够的背景知识，不要给读者悬念。作者在引言里不必对自己的研究工作或自己的能力过于表示谦意，但也不能自吹自擂，抬高自己，贬低别人。

六、正 文

正文是科技论文的主体，是用论据经过论证证明论点而表述科研成果的核心部分。正文占论文的主要篇幅，可以包括以下部分或内容：调查对象、基本原理、实验和观测方法、仪器设备、材料原料、实验和观测结果、计算方法和编程原理、数据资料、经过加工整理的图表、形成的论点和得出的结论等。

正文可分为几个段落来写，每个段落需列什么样的标题，没有固定的格式，但大体上可以有以下几个部分(以试验研究报告类论文为例)：

(1)理论分析；

(2)实验材料和方法；

(3)实验结果及其分析；

(4)结果的讨论。

具体要求有如下几点：

(1)论点明确，论据充分，论证合理；

(2)事实准确，数据准确，计算准确，语言准确；

(3)内容丰富，文字简练，避免重复、繁琐；

(4)条理清楚，逻辑性强，表达形式与内容相适应；

(5)不泄密，对需保密的资料应作技术处理。

具体格式要求：

(1) 文字统一用 5 号宋体，每段起首空两格，回行顶格，多倍行距，设置值为 1.25；

(2) 正文文中标题：

一级标题：标题序号为"一、"，用小 4 号宋体加粗，独占行，末尾不加标点；

二级标题：标题序号为"(一)"，用 5 号宋体加粗，独占行，末尾不加标点；

三级标题：标题序号为"1、"，用 5 号宋体加粗，若独占行，则末尾不加标点，若不独占行，标题后面须加句号；

四级标题：标题序号为"(1)"，用 5 号宋体，其余要求与三级标题相同；

五级标题：标题序号为"①"，用 5 号宋体，其余要求与三级标题相同。

注意： 每级标题的下一级标题应各自连续编号。

七、结　　论

科技论文一般在正文后面要有结论。结论是实验、观测结果和理论分析的逻辑发展，是将实验、观测得到的数据、结果，经过判断、推理、归纳等逻辑分析过程而得到的对事物的本质和规律的认识，是整篇论文的总论点。结论的内容主要包括：研究结果说明了什么问题，得出了什么规律，解决了什么实际问题或理论问题；对前人的研究成果作了哪些补充、修改和证实，有什么创新；本文研究的领域内还有哪些尚待解决的问题，以及解决这些问题的基本思路和关键。

对结论部分写作的要求如下：

(1) 应做到准确、完整、明确、精练。结论要有事实、有根据，用语斩钉截铁，数据准确可靠，不能含糊其辞、模棱两可。

(2) 在判断、推理时不能离开实验、观测结果，不做无根据或不合逻辑的推理和结论。

(3) 结论不是实验、观测结果的再现，也不是文中各段的小结的简单重复。

(4) 对成果的评价应公允，恰如其分，不可自鸣得意。证据不足时不要轻率否定或批评别人的结论，更不能借故贬低别人。

(5) 写作结论应十分慎重，如果研究虽然有创新但不足以得出结论的话，宁肯不写也不妄下结论，可以根据实验、观测结果进行一些讨论。

八、参 考 文 献

在科技论文中，凡是引用前人(包括作者自己过去)已发表的文献中的观点、数据和材料等，都要对它们在文中出现的地方予以标明，并在文末(致谢段之后)列出参考文献表。这项工作叫做参考文献著录。

参考文献著录的原则：

(1) 只著录最必要、最新的文献。

(2) 一般只著录公开发表的文献。

(3) 采用标准化的著录格式。

参考文献格式要求：

参考文献（即引文出处）的类型以单字母方式标识：M——专著，C——论文集，N——报纸文章，J——期刊文章，D——学位论文，R——报告，S——标准，P——专利；对于不属于上述的文献类型，采用字母"Z"标识。

参考文献一律置于文末。其格式如下：

（1）专著。示例：

[1] 张志建. 严复思想研究[M]. 桂林：广西师范大学出版社，1989.

[2] [英]蔼理士. 性心理学[M]. 潘光旦译注. 北京：商务印书馆，1997.

（2）论文集。示例：

[1] 伍蠡甫. 西方文论选[C]. 上海：上海译文出版社，1979.

[2] [俄]别林斯基. 论俄国中篇小说和果戈里君的中篇小说[A]. 伍蠡甫. 西方文论选：下册[C]. 上海：上海译文出版社，1979.

凡引专著的页码，加圆括号置于文中序号之后。

（3）报纸文章。 示例：

[1] 李大伦. 经济全球化的重要性[N]. 光明日报，1998-12-27,（3）.

（4）期刊文章。 示例：

[1] 郭英德. 元明文学史观散论[J]. 北京师范大学学报（社会科学版），1995（3）.

（5）学位论文。示例：

[1] 刘伟. 汉字不同视觉识别方式的理论和实证研究[D]. 北京：北京师范大学心理系，1998.

（6）报告。示例：

[1] 白秀水，刘敢，任保平. 西安金融、人才、技术三大要素市场培育与发展研究[R]. 西安：陕西师范大学西北经济发展研究中心，1998.

几类主要参考文献的格式如下（其中空格、标点照写）：

（1）连续出版物　作者. 文题[J]. 刊名，年，卷（期）：起始页码-终止页码.

（2）专著（或译著）　作者. 书名[M]. 译者. 出版地：出版者，出版年.

（3）论文集　作者. 文题[A]. 编者. 文集[C]. 出版地：出版者，出版年.

（4）学位论文　作者. 文题[D]. 所在城市：保存单位，年.

（5）专利文献　申请者. 专利名[P]. 国名及专利号，发布日期.

（6）技术标准　技术标准代号. 技术标准名称[S].

（7）技术报告　作者. 文题[R]. 报告代码及编号，地名：责任单位，年份.

（8）报纸文章　作者. 文题[N]. 报纸名，出版日期（版次）.

（9）在线文献（电子公告）　作者. 文题 [EB/OL]. http://…，日期.

（10）光盘文献（数据库）　作者. 文题 [DB/CD]. 出版地：出版者，出版日期.

（11）其他文献　作者. 文题 [Z]. 出版地：出版者，出版日期.

针对大学生数学建模竞赛论文特点，这里还要加入一类参考文献：网络资源。其格式如下：

（12）http://www.xuexila.com/lunwen/kejilunwen/2519743.html.

其他格式要求:

(1)表格:正文或附录中的表格一般包括表头、表体和表注三部分,编排的基本要求如下:

①表头。包括表号、标题、计量单位,用小 5 号黑体(居中),在表体上方与表格线等宽编排。其中,表号居左,格式为"表 l",全文表格连续编号;标题居中,格式为"XX表";计量单位居右,参考格式如为"计量单位:元"。

②表体。表体的四周端线使用粗实线(1.5 磅),其余表线用细实线 (0.5 磅)。表中数码文字一律使用小 5 号字。表格中的文字要注意上下居中对齐,数码位数也应对齐。

③表注。表注项文字写在表体下方,不必空行,用小 5 号宋体,按"(1)、(2)……"排列,表注的宽度不可大于表体的宽度。

(2)插图:插图包括图片(稿)、图序和图名,文章中的插图应遵循"图随文走"和"先见文后见图"的原则,图片(稿)画面应清晰、美观,幅面大小适当,应根据内容要求和版面允许放缩至需要大小和放置于适当位置。图序及图名置于图的下方居中,使用小 5 号黑体,其中,图序居左,图名居右,如:"图 2　上海大众销量和国内市场份额演变"。全文插图按出现的先后顺序统一编序,如"图 1、图 2……",图名以不超过 15 个汉字为宜。

(3)数字:文章中的数字,除了部分结构层次序数词、词组、惯用词、缩略语、具有修辞色彩语句中作为词素的数字、模糊数字必须使用汉字外,其他均应使用阿拉伯数字。同一文中,数字的表示方式应前后一致。

(4)标点符号:文章中的标点符号应正确使用,忌误用、混用标点符号,中英文标点符号应加以区分。

(5)计量单位:除特殊需要,论文中的计量单位应使用法定计量单位。

第三节　数学建模竞赛论文的特点和建议

大学生数学建模竞赛论文是由还没毕业的本科生在 72 小时内写出的有较浓学术味的文章。因此在写作时,除了要遵循一般科技论文的写作规律,还得充分考虑到竞赛的**特点**:一是时间紧迫,竞赛要求在 3 天时间内既要完成数学建模和程序编写,还要完成论文写作;二是竞赛过程中的所有工作都是 3 人分工合作完成,论文中要充分展示团队"好的"、"亮点的"工作;三是论文是反映一个参赛队工作成果的唯一方式,交卷后再没有更正或补充说明的机会。

根据数学建模竞赛论文的特点,建议小组内应有一主笔人,负责对文章的整体把握,其工作包括拟制写作提纲和论文的最后写作。写作提纲的拟制应建立在工作提纲的基础上,因为通过检查工作提纲才能清楚对照已完成的工作和得到的成果,以免遗漏应写入的内容。写作提纲写出后,应在小组内讨论、修改和确认,然后再开始写作。论文写出后,小组内其他成员必须参与论文的检查与修改工作,这一方面是因为每个成员可以检查一下自己的工作是否都被准确地表达出来了;另一方面也是因为习惯性思维,主笔人一般不容易检查出自己的错误。当然,要在如此短的时间内做好所有这些工作和环节,队员需要具有良好的掌握时间节奏的能力,这可以在赛前有意识地加以训练。

一般来说，论文写作是在竞赛时段的后段，这时也是最疲乏的时候。为了做到有条不紊，胸有成竹，忙而不乱，负责各部分工作的队员应养成良好的工作习惯，随时将自己的工作完整地记录下来，提供给论文写作者作为基础材料，并供论文讨论时使用，因为你对自己的工作最了解，所以最有发言权。

最终提交的论文是竞赛组委会对小组建模竞赛工作作出评价的唯一依据，它与学位论文和发表科研论文最大不同点是：学位论文可以根据指导教师的意见修改，论文答辩时还可以进一步补充说明；发表学术论文，也有根据审稿人的意见进行修稿的机会。而提交后的建模参赛论文就没有任何修正的机会。竞赛章程规定对论文的评价应以"四性"为主要标准，即以假设的合理性、建模的创造性、结果的正确性和文字表述的清晰性为主要标准。这也是竞赛论文的一大特点。

以下是一位参加过几次数学建模正式比赛的大学生网友，结合指导老师的指导意见以及其亲身感受，提出的一些建议，从"当事人"的视角提供参考。

从论文写作时间上来看，比赛题目给出之后，最好要在两三个小时内选定题目(当然不要着急，要等十分确定之后再去选)，3 人商量选定题目之后，负责论文写作的同学就可以立即着手去写问题重述并给出论文的大体格式即若干个大标题(提醒一下：问题重述一定要用自己的话简练的去说，切忌照抄问题，这样会导致查重时被认为是抄袭直接枪毙掉)。做完这些之后，负责写论文的同学需要投入建模过程中，跟上负责建模的同学的思路，并可以给出若干建议。在与建模同学的交流过程中可以写出符号说明、模型假设(这个最好是建模的同学给出)。此后基本上是依次写模型建立与求解、问题分析、模型检验与改进(模型验证、误差分析、灵敏度分析)、模型评价(模型优缺点)、摘要、关键字、参考文献、附录、题目。

从论文写作的格式上来看，有如下几点需要注意：

(1)论文中的符号一律要用公式编辑器打出来，不要简单的斜体或者直接就是印刷体；

(2)论文的公式要有编号，编号要对上下对齐；

(3)论文里的图表要分开标注，从图 1 到图 N，表 1 到表 N，图名在图下，表名在表上(也可以图 1.1，表 2.3 这样标注，不过不提倡)；

(4)论文里的空行要按照统一标准，大标题下空几行，小标题下空几行，图表上空一行，图表下空一行，有时为了美观，需要适当删掉空行，这个要自己斟酌；

(5)论文里的图里要有图标，防止打印出来后，彩图变成黑白的没法看；

(6)论文里的符号要清晰有序，不要前后重复造成混乱；

(7)具体的字体行间距论文架构需要谨慎参考当年的比赛通知；

总体上来说，论文的写作要贯穿三天，而且最好要有一个人主要负责，论文的写作言语上尽量简练易懂。调论文的格式往往需要好几个小时，不要低估了这个工作量。虽然论文格式规定上只占 5 分，但实际上可能占到很多，所以说格式很重要。

最后，给出如下的检查论文的提纲。首先是关于写作提纲的检查目录：

(1)层次结构是否分明、清晰简洁？

(2)文章中是否充分强调了重点内容？

(3)关键性段落是否有遗漏？

(4)段落的先后顺序是否得当？

(5)标题是否醒目准确？

(6)讨论问题的深度是否适当？

(7)论文或材料是否完备无缺？多余部分是否已删除？

(8)实例的来源是否很清楚？

对于已完成的初稿，浏览全文并仔细考虑如下问题：

(1)是否已阐述清楚问题？

(2)内容是否明确、富有建设性？

(3)摘要是否清楚、简练、准确？

(4)整篇文章是否文字通顺、正确？

(5)结论的推导是否有逻辑上的谬误？

(6)是否遗漏了可能的解答结果？

(7)文中各种符号是否恰当、前后一致？

(8)文中是否有意思含混的语句？

(9)实例、数值、计划和插图是否正确？

(10)是否有逻辑或拼写的错误？

第四节　美国大学生数学建模竞赛的特点和建议

本节内容是针对参加美国大学生数学建模竞赛(MCM/ICM)而言的。大学生们遇到的最大挑战来自于语言，这也是中国大学生参与美国大学生数学建模竞赛的最大特点。对于用英文写作论文，我们的建议就是多读，多模仿。熟悉英文的论文规范是第一步，以下是《中国科学》论文格式规范：

Manuscript format

Contributions are required of a concise, focused account of the findings and reliable essential data. They should be well organized and written clearly and simply, avoiding exhaustive tables and figures. Authors are advised to use internationally agreed nomenclature, express all measurements in SI units, and quote all the relevant references.

Title: Titles must be limited to no more than 20 words, and should be concise, indexable, and informative for a broad scientific audience. Authors should avoid using colons, questions, nonstandard abbreviations, etc. in titles.

Author (s): Authorship should be limited to those who have contributed substantially to the work in the following aspects: experimental design and data analysis; manuscript preparation and correction.

The order of the authors listed should be agreed by all the coauthors, and every author should have the responsibility for the published content.

Family names are written in upper case, and they appear before given names. The email address of the corresponding author is required.

Author affiliation: The affiliation should be the institution where the work was done. Complete addresses are required with post codes.

Abstract: An abstract is a summary of the content of the manuscript. It should briefly describe the research purpose, method, result and conclusion. The extremely professional terms, special signals, figures, tables, chemical structural formula, and equations should be avoided here, and citation of references is not allowed.

Keywords: A list of three to eight keywords should follow the abstract. The chosen keywords are required to reflect the theme of a manuscript.

Text: A paper should begin with a brief introduction of the significance of the author's research. Nomenclature, signal and abbreviation should be defined at their initial appearance. All the figures and tables should be numbered in numerical order.

Introduction: Being the most important part of an article, the introduction introduces the relevant research background and the progress in 2 or 3 years, then presents the problem to be solved in this article, and finally briefly describes the method adopted in this work. Before the end, the aim of the research should be mentioned. Subtitle is forbidden in this part, and introduction of the article structure is considered unnecessary.

Materials and method: This part introduces the materials, method and experimental procedure of the author's work, so as to allow others to repeat the work published based on this clear description.

Discussion and conclusions: Conclusions should be derived from the observation and experimental results, and comparison with other relevant results is considered helpful to further proving the results. Repeated data should be avoided, and conclusions and suggestions are required to be clearly expressed. New hypotheses and recommendations may be proposed when warranted.

Figures and tables: Figures and tables should be numerically numbered, inserted in the text, and cited in order within the text. The figures should have resolution not lower than 600 dpi and clear lines of 5 px, with signals and letters in Arial at 7 pt. A space should always be maintained between the variable and the unit.

Equations: An equation is numerically numbered (Arabic numeral), and has the number put on its right side.

Acknowledgements: The author expresses his/her thanks to the people helping with this work, and acknowledges the valuable suggestions from the peer reviewers. Financial support appears here, with grant number(s) following. The full title of each fund is required.

References: Reference citation is regarded as an important indicator of the paper quality. If the relevant references, especially the results published in 2 to 3 years are not cited in the paper, or most citations are from the author's publications, the editor will consider this paper unattractive. The author-year system is used in the text. References should be cited in text using author name(s) and the date of publication.

Reference format

1. For an author's name, full spelling of family name appears before abbreviation of given name, with a spacing in the middle.

2. The article title should be identified by an initial capital letter with the remainder of the title in lowercase.

3. For correct abbreviations of journal titles, refer to ISO, e.g., *Chin Sci Bull* for *Chinese Science Bulletin*, *Sci China Ser D-Earth Sci* for *Science in China Series D: Earth Sciences*, *Sci China Earth Sci* for *SCIENCE CHINA Earth Sciences*.

4. For books and proceedings, the initial letter is capitalized for all the notional words and for function words with more than 4 letters.

5. The publications in languages with non-Latin alphabets should be translated into English, and a notation such as "(in Chinese)" must be added behind the title of the article or book.

6. Do not forget to list the editor names of the proceedings, the publisher, the publishing address, and the beginning and terminating pages.

7. Unpublished materials or the papers to appear but without volume number cannot be cited as references, except for the one with DOI.

Reference examples are given as follows:

• **Journal**

Hermann J, Spandler C, Hack A, Korsakov A V. 2006. Aqueous fluids and hydrous melts in high-pressure and ultra-high pressure rocks: Implications for element transfer in subduction zones. Lithos, 92: 399–417

Payne D K, Sullivan M D, Massie M J. 1996. Women's psychological reactions to breast cancer. Semin Oncol, 23 (Suppl 2): 89–97

• **Monograph**

Norman I J, Redfern S J. 1996. Mental Health Care for Elderly People. New York: Churchill Livingstone

• **Proceedings**

Polito V S. 1983. Calmodulin and calmodulin inhibitors: Effect on pollen germination and tube growth. In: Mulvshy D L, Ottaviaro E, eds. Pollen: Biology and Implication for Plant Breeding. New York: Elsevier. 53–60

Cecil T E, Chern S S. 1989. Dupin submanifolds in Lie sphere geometry. In: Jiang B J, Peng C K, Hou Z X, et al, eds. Differential Geometry and Topology. Lect Notes in Math, Vol 1369. Berlin: Springer-Verlag. 1–44

• **Conference proceedings**

Minor H E. 2000. Spillways for high velocities. In: Zurich V E, Minor H E, Hager W H, eds. Proceedings of International Workshop on Hydraulics of Stepped Spillways, Rotterdam, the Netherlands. 3–10

• Dissertation

Tang H J. 2002. Ecological studies on phytoplankton of the shallow, eutrophic Lake Donghu. Dissertation for Doctoral Degree. Wuhan: Institute of Hydrobiology, Chinese Academy of Sciences

• Technical report

Phillips N A. 1979. The Nested Grid Model. NOAA Technical Report NWS22

• User manual

Wang D L, Zhu J, Li Z K, et al. 1999. User Manual for QTKMapper Version 1.6

• Software

Ludwig K R. 2003. ISOPLOT 3.00: A Geochronological Toolkit for Microsoft Excel. California: Berkeley Geochronology Center

• CD

Anderson S C, Poulsen K B. 2002. Anderson's Electronic Atlas of Hematology. Philadelphia: Lippincott Wilkins

和国际著名期刊《Science》的论文规范:

Format and style of main manuscript

For the main manuscript, *Science* prefers to receive a single complete file that includes all figures and tables in Word's .docx format (Word 2007, 2010, or 2008 or 2011 for a Mac)-**download a copy of our Word template here**. The Supplementary Material should be submitted as a single separate file in .docx or PDF format To aid in the organization of Supplementary Materials, we recommend using or following the **Microsoft Word template supplied here**.

LaTeX users should use our LaTeX template and either convert files to Microsoft Word .docx or submit a PDF file [**see our LaTeX instructions here**].

Use double spacing throughout the text, tables, figure legends, and References and Notes. Electronic files should be formatted for U.S. letter paper. Technical terms should be defined. Symbols, abbreviations, and acronyms should be defined the first time they are used. All tables and figures should be cited in numerical order. For best results use Times and Symbol fonts only.

Manuscripts should be assembled in the following order:

(For easy accurate assembly, **download a copy of our Word template here.**)

So that we can easily identify the parts of your paper, even if you do not use our template, please begin each section with the specific key words listed below, some of which are followed by a colon. Several of these headings are optional, for example, not all papers will include tables, or supplementary material. Please do not use paragraph breaks in the title, author list, or abstract.

Title:

One Sentence Summary:

Authors:

Affiliations:

Abstract:

Main Text:

References and Notes

Acknowledgements:

List of Supplementary materials:

Fig. #: (Begin each figure caption with a label, "Fig. 1." for example, as a new paragraph) (or **Scheme #**)

Table #: (Begin each table caption with a label "Table 1.", etc. as a new paragraph)

Supplementary Materials:

Titles should be no more than 96 characters (including spaces).

Short titles should be no more than 40 characters (including spaces).

One-sentence summaries capturing the most important point should be submitted for Research Articles, Reports and Reviews. These should be a maximum of 125 characters and should complement rather than repeat the title

Authors and their affiliated institutions, linked by superscript numbers, should be listed beneath the title on the opening page of the manuscript.

Abstracts of Research Articles and Reports should explain to the general reader why the research was done, what was found and why the results are important. They should start with some brief BACKGROUND information: a sentence giving a broad introduction to the field comprehensible to the general reader, and then a sentence of more detailed background specific to your study. This should be followed by an explanation of the OBJECTIVES/METHODS and then the RESULTS. The final sentence should outline the main CONCLUSIONS of the study, in terms that will be comprehensible to all our readers. The Abstract is distinct from the main body of the text, and thus should not be the only source of background information critical to understanding the manuscript. Please do not include citations or abbreviations in the Abstract. The abstract should be 125 words or less. For Perspectives and Policy Forums please include a one-sentence abstract.

Main Text is not divided into sub-headings for Reports. Subheadings are used only in Research Articles, and Reviews. Use descriptive clauses, not full sentences. Two levels of subheadings may be used if warranted; please distinguish them clearly. The manuscript should start with a brief introduction describing the paper's significance. The introduction should provide sufficient background information to make the article intelligible to readers in other disciplines, and sufficient context that the significance of the experimental findings is clear. Technical terms should be defined. Symbols, abbreviations, and acronyms should be defined the first time they are used. All tables and figures should be cited in numerical order. All data must be shown either in the main text or in the Supplementary Materials or must be available in an established database with accession details provided in the acknowledgements section. References to unpublished materials are not allowed to substantiate significant conclusions of the paper.

References and Notes are numbered in the order in which they are cited, first through the text, then through the figure and table legends and finally through Supplementary Materials. Place citation numbers for references and notes within parentheses, italicized: (*18, 19*) (*18-20*) (*18, 20-22*). There should be only one reference list covering citations in the paper and Supplementary Materials. We will include the full reference list online, but references found only in the Supplementary Materials will be suppressed in print. Each reference should have a unique number; do not combine references or embed references in notes. Any references to in-press manuscripts at the time of submission should be given a number in the text and placed, in correct sequence, in the references and notes. We do not allow citation to personal communications, and unpublished or "in press" references are not allowed at the time of publication. We do allow citations to papers posted at arXiv or bioRxiv. Do not use op. cit., ibid., or et al. (in place of the complete list of authors' names). Notes should be used for information aimed at the specialist (e.g., procedures) or to provide definitions or further information to the general reader that are not essential to the data or arguments. Notes can cite other references (by number). Journal article references should be complete, including the full list of authors, the full titles, and the inclusive pagination. Titles are displayed in the online HTML version, but not in the print or the PDF versions of papers. See *Science* <u>Citation Style</u> below for details of citation style.

Acknowledgments should be gathered into a paragraph after the final numbered reference. This section should start by acknowledging non-author contributions, and then should provide information under the following headings **Funding:** include complete funding information;

Authors contributions: a complete list of contributions to the paper (we encourage you to follow the **CRediT** model), **Competing interests:** competing interests of any of the authors must be listed (all authors must also fill out the **Conflict of Interest form**). Where authors have no competing interests, this should also be declared. **Data and materials availability:** Any restrictions on materials such as MTAs. Accession numbers to any data relating to the paper and deposited in a public database. If all data is in the paper and supplementary materials include the sentence "all data is available in the manuscript or the supplementary materials." (All data, code, and materials used in the analysis must be available to any researcher for purposes of reproducing or extending the analysis.)

List of Supplementary Materials After the Acknowledgments list your supplementary items as shown below.

Supplementary Materials

Materials and Methods

Table S1 – S2

Fig S1 – S4

References (26 – 32)

Movie S1

Tables should be included after the references and should supplement, not duplicate, the text. They should be called out within the text and numbered in the order of their citation in the text. The first sentence of the table legend should be a brief descriptive title. Every vertical column should have a heading, consisting of a title with the unit of measure in parentheses. Units should not change within a column. Footnotes should contain information relevant to specific entries or parts of the table.

Figure legends should be double-spaced in numerical order. A short figure title should be given as the first line of the legend. No single legend should be longer than 200 words. Nomenclature, abbreviations, symbols, and units used in a figure should match those used in the text. Any individually labeled figure parts or panels (A, B, etc.) should be specifically described by part name within the legend.

Figures should be called out within the text. Figures should be numbered in the order of their citation in the text. For initial submission, Figures should be embedded directly in the .docx or PDF manuscript file. See **below** for detailed instructions on preparation of and preferred formats for your figures. **Schemes** (e.g., structural chemical formulas) can have very brief legends or no legend at all. Schemes should be sequentially numbered in the same fashion as figures.

主要参考文献

白其峥. 2000. 数学建模案例分析[M]. 北京: 海洋出版社.

边肇祺, 张学工. 2000.模式识别. 2 版[M]. 北京: 清华大学出版社.

蔡锁章. 2000. 数学建模原理与方法[M]. 北京: 海洋出版社.

陈理荣. 1999. 数学建模导论[M]. 北京: 北京邮电学院出版社.

范金城, 梅长林. 2002. 数据分析[M]. 北京: 科学出版社.

高惠璇. 2005. 应用多元统计分析[M]. 北京: 北京大学出版社.

韩中庚. 2005. 数学建模方法及其应用[M]. 北京: 高等教育出版社.

胡运权. 2002. 运筹学习题集. 3 版[M]. 北京: 清华大学出版社.

姜启源, 谢金星, 邢文训, 等. 2010. 大学数学实验. 2 版[M]. 北京: 清华大学出版社.

姜启源, 谢金星, 叶俊. 2005. 数学模型. 3 版[M]. 北京: 高等教育出版社.

姜启源, 谢金星, 叶俊. 2011. 数学模型. 4 版[M]. 北京: 高等教育出版社.

雷功炎. 1999. 数学模型讲义[M]. 北京: 北京大学出版社.

李火林. 1997. 数学模型及方法[M]. 南昌: 江西高校出版社.

李尚志. 1996. 数学建模竞赛教程[M]. 南京: 江苏教育出版社.

李涛, 贺勇军, 刘志俭. 2000. Matlab 工具箱应用指南:应用数学篇[M]. 北京: 电子工业出版社.

米红, 张文璋. 2000. 实用现代统计分析方法及 SPSS 应用[M]. 北京: 当代中国出版社.

南京地区工科院校数学建模与工业数学讨论班. 1996. 数学建模与实验[M]. 南京: 河海大学出版社.

齐欢. 1996. 数学模型方法[M]. 武汉: 华中理工大学出版社.

盛骤, 谢式千, 潘承毅. 1989. 概率论与数理统计. 2 版[M]. 北京: 高等教育出版社.

司守奎, 孙玺菁. 2011. 数学建模算法与应用[M]. 北京: 国防工业出版社.

唐焕文, 贺明峰. 2002. 数学模型引论. 2 版[M]. 北京: 高等教育出版社.

唐旭清, 王林君, 方伟, 等. 2015. 数值计算方法[M]. 北京: 科学出版社.

王惠文. 1999. 偏最小二乘回归方法及其应用[M]. 北京: 国防工业出版社.

王树禾. 1996. 数学模型基础[M]. 合肥: 中国科学技术大学出版社.

王松桂, 陈敏, 陈立萍. 1999. 线性统计模型:线性回归与方差分析[M]. 北京: 高等教育出版社.

王竹溪, 郭敦仁. 1965. 特殊函数概论[M]. 北京: 科学出版社.

吴翔, 吴孟达, 成礼智. 1999. 数学建模的理论与实践[M]. 长沙: 国防科技大学出版社.

萧树铁. 1999. 数学实验[M]. 北京: 高等教育出版社.

谢金星, 邢文训, 王振波. 2000. 网络优化[M]. 北京: 清华大学出版社.

谢云荪, 张志让. 1999. 数学实验[M]. 北京: 科学出版社.

徐全智, 杨晋浩. 2008. 数学建模. 2 版[M]. 北京: 高等教育出版社.

徐振源, 过榴晓, 张荣, 等. 2012. 复杂系统中的广义同步[M]. 北京: 北京师范大学出版社.

杨启帆, 方道元. 1999. 数学建模[M]. 杭州: 浙江大学出版社.

叶其孝. 1998. 大学生数学建模竞赛辅导教材(三)[M]. 长沙: 湖南教育出版社.

张润楚. 2006. 多元统计分析[M]. 北京: 科学出版社.

张万龙, 魏岿. 2014. 数学建模方法与案例[M]. 北京: 国防工业出版社.

赵静, 但琦. 2000. 数学建模与数学实验[M]. 北京: 高等教育出版社.

周建兴, 岂兴明, 矫津毅, 等. 2015. MATLAB 从入门到精通. 2 版[M]. 北京: 人民邮电出版社.

《运筹学》教材编写组. 2012. 运筹学. 4 版[M]. 北京: 清华大学出版社.

Barnes B, Fulford G R. 2015. Mathematical modelling with case studies: using maple and MATLAB, Third Edition[J]. New York: Crc Press.

Hastings A, Powell T. 1991. Chaos in a three-species food chain[J]. Ecology, 72(3):896-903.

Prajneshu M. 1980. Time-dependent solution of the logistic model for population growth in random environment[J]. Journal of Applied Probability, 17(4):1083-1086.

Shi H B, Li W T, Lin G. 2010. Positive steady states of a diffusive predator–prey system with modified Holling-Tanner functional response[J]. Nonlinear Analysis Real World Applications, 11(5):3711-3721.

Shults J, Whitt M C, Kumanyika S. 2004. Analysis of data with multiple sources of correlation in the framework of generalized estimating equations[J]. Statistics in Medicine, 23(20):3209-3226.